AutoCAD 2020

机械设计
从入门到精通

实战案例
视频版

周 涛 主编　　　刘 浩 吴 伟 副主编

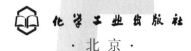

化学工业出版社
·北京·

内 容 简 介

本书从实际应用出发，按照制图习惯和流程，详细介绍了利用 AutoCAD 进行机械制图和机械设计的方法，内容包括：快速入门、二维绘图设计、二维绘图编辑、图块与外部参考绘图、绘图标注、参数化绘图、图层管理、绘图模板定制、工程图视图、典型机械制图、三维实体设计、图形文件转换及打印。本书列举了大量操作实例，融合了数字化设计理论、原则及经验，同时配套视频课程讲解，能够帮助读者快速掌握 AutoCAD 软件操作技能，并深刻理解使用 AutoCAD 进行机械设计的思路和方法，从而在实际应用中能够真正实现举一反三、灵活应用。对于有一定基础的读者，本书也能使其在技能技巧和设计水平上得到一定提升。

本书提供了丰富的学习资源，包括：全书视频精讲＋同步电子书＋素材源文件＋手机扫码看视频＋读者交流群＋专家答疑＋作者直播等。

本书内容全面，实例丰富，可操作性强，可作为广大工程技术人员的 AutoCAD 自学教程和参考书籍，也可供机械设计相关专业师生学习使用。

图书在版编目（CIP）数据

AutoCAD 2020 机械设计从入门到精通：实战案例视频版/周涛主编. —北京：化学工业出版社，2022.1
ISBN 978-7-122-40120-5

Ⅰ.①A… Ⅱ.①周… Ⅲ.①机械设计-计算机辅助设计-AutoCAD 软件 Ⅳ.①TH122

中国版本图书馆 CIP 数据核字（2021）第 210220 号

责任编辑：曾 越　　　　　　　　　文字编辑：孙月蓉
责任校对：杜杏然　　　　　　　　　装帧设计：王晓宇

出版发行：化学工业出版社（北京市东城区青年湖南街 13 号　邮政编码 100011）
印　　装：大厂聚鑫印刷有限责任公司
787mm×1092mm　1/16　印张 18¾　字数 493 千字　2022 年 2 月北京第 1 版第 1 次印刷

购书咨询：010-64518888　　　　　　　售后服务：010-64518899
网　　址：http://www.cip.com.cn
凡购买本书，如有缺损质量问题，本社销售中心负责调换。

定　　价：79.80 元

前 言

AutoCAD 是 Autodesk 公司开发的一款计算机辅助设计软件，主要用于二维绘图、详细绘制、设计文档和基本三维设计，现已经成为国际上广为流行的绘图工具，广泛用于机械设计、电子工业、土木建筑、城市规划、园林规划、装饰装潢等行业。本书主要从实际应用出发，全面系统地介绍 AutoCAD 软件在机械设计及产品设计方面的实际应用。

一、编写目的

软件只是一个工具，学习软件的主要目的是为了更好、更高效地帮助我们完成实际工作，所以在学习过程中一定不要只学习软件本身的一些基本操作，学习软件的重点一定要放在思路与方法的学习以及方法与技巧的灵活掌握上，同时还要多总结、多归纳、多举一反三，否则很难将软件这个工具真正灵活运用到我们实际工作中。这正是笔者编写本书的初衷。

二、本书内容

本书在写作中从实际应用出发，体系完整，内容丰富，案例具有针对性，各章内容如下：

第 1 章主要介绍 AutoCAD 软件的一些基础知识，包括用户界面、文件操作、图形基本操作及软件设置等，方便读者对 AutoCAD 软件有一个初步的认识与了解。

第 2 章主要介绍 AutoCAD 二维绘图设计，包括二维图形绘制工具及一些辅助绘图工具，掌握这些绘图工具能够完成各种二维图形的绘制。

第 3 章主要介绍 AutoCAD 二维绘图编辑，包括二维图形编辑工具及编辑方法，同时还涉及视图及视口操作。

第 4 章主要介绍 AutoCAD 图块与外部参考绘图，包括创建图块、保存图块、插入图块及图块属性操作，同时还包括外部参考绘图操作等。

第 5 章主要介绍 AutoCAD 绘图标注，包括尺寸标注、尺寸公差标注、基准标注、形位公差标注、表面粗糙度标注、多重引线标注、文本标注及表格操作等。

第 6 章主要介绍 AutoCAD 参数化绘图，包括几何约束、参数化尺寸标注、参数化绘图方法与技巧、参数管理器操作等。

第 7 章主要介绍 AutoCAD 图层管理，图层是 AutoCAD 中一个非常重要的绘图工具，包括图层创建与管理等。

第 8 章主要介绍 AutoCAD 绘图模板定制，包括模板图框绘制、标题栏定制、模板属性定义、模板保存及调用等。

第 9 章主要介绍 AutoCAD 工程图视图，主要从机械设计实际应用出发详细介绍机械制图中各种视图及轴测图的绘制。

第 10 章主要介绍 AutoCAD 典型机械制图，包括机械设计中轴套零件、盘盖零件、叉架零件、箱体零件、齿轮零件、弹簧零件及装配图绘制。

第 11 章主要介绍 AutoCAD 三维实体设计，包括三维实体基本操作、三维图形绘制及编辑工具，还有三维实体设计的实际应用等。

第 12 章主要介绍 AutoCAD 图形文件转换及打印，包括 CAD 版本转换及 CAD 与其他三维设计软件之间的转换，这也是实际绘图设计中比较重要的问题。

三、本书特点

内容全面，快速入门

本书详细介绍了 AutoCAD 的使用方法和设计思路，内容涵盖基础操作、二维绘图设计、二维绘图编辑、图块与外部参考绘图、绘图标注、参数化绘图、图层管理、绘图模板定制、工程图视图、典型机械制图、三维实体设计、图形文件转换及打印。本书根据实际产品设计的流程编写，内容循序渐进，结构编排合理，符合初学者的学习特点，能够帮助读者真正实现快速入门的学习效果。

案例丰富，实用性强

本书所有知识点都辅以大量原创实例，讲解过程中将设计思路、设计理念与软件操作充分融合，使读者知其然并知其所以然，真正做到活学活用，举一反三，帮助读者将软件更好地运用到实际工作中。

视频讲解，资源丰富

本书针对每个知识点都准备了对应原始素材文件及视频讲解。模型素材文件都是在 AutoCAD 2020 环境中创建的原创模型，读者在学习每个知识点时最好一边看书，一边听视频讲解，然后根据视频讲解打开相应文件进行练习，这样学习效果会更好。同时为了方便读者学习，本书提供了读者交流群、在线答疑、直播课等服务。以上资源可扫描二维码获取。

四、关于作者

本书由武汉卓宇创新计算机辅助设计有限公司技术团队编写，由周涛主编，刘浩、吴伟副主编，同时参加本书编写的还有冯姚冰、侯俊飞、徐盛丹、白玉帅、涂彪等。武汉卓宇创新计算机辅助设计有限公司技术团队由一群来自企业一线的资深工程师组建而成，长期致力于提供最专业的 CAD/CAM/CAE 软件的定制培训，具有丰富的实战经验及教学经验。公司目前已成功为中国航天科工、中国原子能、大庆油田、华北油田、西马克、万家乐燃气具、东风本田、中晶环境、中钞设计制版、湖北正奥、范尼韦尔等企业提供专业的企业内训及技术支持，深受业界好评。

笔者多年以来一直从事机械设计及产品设计工作，积累了丰富的实战经验，同时有着十余年的 AutoCAD 软件培训教学经验，常年为国内著名企业、高校及世界 500 强企业等提供内训及技术支持，也帮助这些企业解决了很多实际问题。笔者的这些宝贵经验使其对软件设计使用及规范要求有着全面系统的理解，读者在学习和使用软件时也一定要注意。

本书可作为高等学校教材，也可作为培训与继续教育用书，还可供工程技术人员参考使用。另外，考虑到本书作为教材及培训用书方面的配套需求，提供了与书稿内容对应的练习素材文件及 PPT 课件，读者可扫描二维码自行下载。

由于笔者水平有限，难免有不足之处，恳请读者批评指正。

编　者

第1章　AutoCAD快速入门 ·· 001

1.1　AutoCAD 2020用户界面 ··········· 001
　1.1.1　开始界面 ······················ 001
　1.1.2　自学界面 ······················ 003
　1.1.3　绘图界面 ······················ 004
1.2　AutoCAD文件操作 ··············· 009
　1.2.1　新建文件 ······················ 009
　1.2.2　打开文件 ······················ 010
　1.2.3　保存与另存为文件 ········· 010
1.3　AutoCAD图形基本操作 ········· 011
　1.3.1　平移图形 ······················ 011

1.3.2　缩放图形 ······················ 011
1.3.3　旋转图形 ······················ 012
1.4　AutoCAD环境设置 ··············· 013
　1.4.1　设置状态栏 ··················· 013
　1.4.2　设置绘图选项 ··············· 013
　1.4.3　设置绘图单位 ··············· 015
　1.4.4　设置图形界限 ··············· 015
1.5　AutoCAD快捷键 ··················· 016
　1.5.1　命令快捷键 ··················· 016
　1.5.2　键盘快捷键 ··················· 017

第2章　二维绘图设计 ·· 019

2.1　绘图辅助工具 ····················· 019
　2.1.1　绘图坐标系 ··················· 019
　2.1.2　正交模式 ······················ 022
　2.1.3　栅格和捕捉 ··················· 022
　2.1.4　极轴追踪 ······················ 023
　2.1.5　对象捕捉 ······················ 024
2.2　二维绘制工具 ····················· 026
　2.2.1　绘制直线 ······················ 026
　2.2.2　绘制多段线 ··················· 029
　2.2.3　绘制圆 ························· 030
　2.2.4　绘制圆弧 ······················ 031
　2.2.5　绘制矩形 ······················ 033
　2.2.6　绘制多边形 ··················· 035
　2.2.7　绘制椭圆与椭圆弧 ········· 036
　2.2.8　绘制多线 ······················ 037
2.3　辅助图形绘制 ····················· 043

2.3.1　绘制样条曲线 ··············· 043
2.3.2　绘制构造线 ··················· 044
2.3.3　绘制射线 ······················ 046
2.3.4　绘制多点 ······················ 046
2.3.5　绘制等分线 ··················· 047
2.3.6　绘制面域 ······················ 048
2.3.7　绘制圆环 ······················ 049
2.3.8　绘制云线 ······················ 050
2.3.9　创建填充图形 ··············· 050
2.4　二维绘图实例 ····················· 052
　2.4.1　垫片截面图形绘制 ········· 052
　2.4.2　太极图形绘制 ··············· 052
　2.4.3　支座截面图形绘制 ········· 052
　2.4.4　支承板截面图形绘制 ······ 053
　2.4.5　夹具定位截面图形绘制 ··· 053
　2.4.6　主轴箱截面图形绘制 ······ 053

第3章　二维绘图编辑 ·· 054

3.1　图形编辑工具 ····················· 054
　3.1.1　圆角 ·························· 054
　3.1.2　倒角 ·························· 055
　3.1.3　删除与修剪 ··················· 056
　3.1.4　延伸 ·························· 057

3.1.5　移动 ·························· 057
3.1.6　复制 ·························· 057
3.1.7　旋转 ·························· 058
3.1.8　偏移 ·························· 059
3.1.9　镜像 ·························· 060

3.1.10 阵列 ……………………… 060
3.1.11 缩放 ……………………… 062
3.1.12 分解 ……………………… 063
3.1.13 合并 ……………………… 063
3.2 使用控制点编辑图形 ……… 064
3.2.1 控制点类型 ……………… 064
3.2.2 控制点操作 ……………… 065
3.3 编辑对象特性 ……………… 066
3.3.1 编辑对象特性操作 ……… 066
3.3.2 "特性"面板 …………… 068
3.3.3 特性匹配 ………………… 069
3.4 图形显示控制 ……………… 069
3.4.1 视图操作 ………………… 069
3.4.2 视口操作 ………………… 071

3.5 图形测量与分析 …………… 073
3.5.1 基本测量 ………………… 074
3.5.2 测量面积 ………………… 075
3.5.3 测量体积与质量属性 …… 077
3.6 绘图编辑实例 ……………… 078
3.6.1 阀体垫圈图形绘制 ……… 078
3.6.2 排风扇壳体图形绘制 …… 078
3.6.3 三孔垫圈图形绘制 ……… 078
3.6.4 调节片轮廓图形绘制 …… 078
3.6.5 手机轮廓图形绘制 ……… 078
3.6.6 水杯轮廓图形绘制 ……… 078
3.6.7 显示器轮廓图形绘制 …… 078
3.6.8 油箱壳体轮廓图形绘制 …… 079

第4章 图块与外部参考绘图 ……………………………………………………… 080

4.1 图块绘图 …………………… 080
4.1.1 创建块 …………………… 080
4.1.2 写块 ……………………… 081
4.1.3 插入块 …………………… 081
4.1.4 块属性 …………………… 083
4.2 外部参考绘图 ……………… 085
4.2.1 加载外部参考 …………… 085

4.2.2 剪裁外部参考 …………… 086
4.2.3 调整外部参考 …………… 087
4.3 图块与外部参考绘图实例 … 088
4.3.1 螺母座、螺栓连接绘图 … 088
4.3.2 螺母座标题栏插入 LOGO
图片 ……………………… 088

第5章 绘图标注 …………………………………………………………………… 090

5.1 绘图标注基础 ……………… 090
5.2 中心线标注 ………………… 091
5.2.1 中心线 …………………… 091
5.2.2 圆心标记 ………………… 092
5.3 尺寸标注 …………………… 093
5.3.1 尺寸标注基础 …………… 093
5.3.2 尺寸标注样式 …………… 104
5.3.3 尺寸标注操作 …………… 109
5.3.4 编辑尺寸标注 …………… 113
5.4 尺寸公差标注 ……………… 116
5.5 基准标注 …………………… 117
5.5.1 创建基准符号 …………… 117
5.5.2 标注基准符号 …………… 119
5.6 形位公差标注 ……………… 120
5.6.1 一般形位公差 …………… 120
5.6.2 带引线形位公差 ………… 121

5.7 表面粗糙度标注 …………… 123
5.7.1 创建粗糙度符号 ………… 123
5.7.2 标注粗糙度 ……………… 124
5.8 多重引线标注 ……………… 126
5.8.1 多重引线样式 …………… 126
5.8.2 多重引线标注方法 ……… 127
5.9 文本标注 …………………… 128
5.9.1 文本基础 ………………… 128
5.9.2 文字样式 ………………… 129
5.9.3 文本标注方法 …………… 129
5.10 绘图表格 …………………… 131
5.10.1 表格样式 ………………… 131
5.10.2 表格创建方法 …………… 132
5.11 绘图标注实例 ……………… 135
5.11.1 底座零件绘图标注 ……… 135
5.11.2 螺母座零件绘图标注 …… 136

第6章　参数化绘图 ……………………… 138

6.1　参数化绘图基础 …………… 138
6.2　几何约束 …………………… 139
6.2.1　几何约束设置 …………… 139
6.2.2　几何约束类型 …………… 140
6.2.3　几何约束实例 …………… 145
6.3　参数化尺寸标注 …………… 146
6.4　参数化绘图方法与技巧 …… 147
6.4.1　参数化绘图过程 ……… 147

6.4.2　分析图形 ………………… 147
6.4.3　绘制图形大体轮廓 ……… 148
6.4.4　处理图形中的几何约束 …… 151
6.4.5　标注图形尺寸 …………… 152
6.5　参数管理器 ………………… 152
6.6　参数化绘图实例 …………… 154
6.6.1　叉架轮廓绘图 ………… 154
6.6.2　三孔垫片绘图 ………… 154

第7章　图层管理 ………………………… 156

7.1　绘图图线 …………………… 156
7.1.1　图线属性 ………………… 156
7.1.2　图线画法及注意事项 …… 157
7.2　创建图层 …………………… 157
7.2.1　图层概述 ………………… 157
7.2.2　图层工具 ………………… 157
7.2.3　创建图层 ………………… 158

7.2.4　创建图层总结 …………… 163
7.3　管理图层 …………………… 163
7.3.1　删除图层 ………………… 164
7.3.2　图层基本操作 …………… 165
7.3.3　管理图层状态 …………… 166
7.4　图层管理实例：支架零件
　　　工程图 …………………… 167

第8章　绘图模板定制 …………………… 169

8.1　绘图模板定制基础 ………… 169
8.1.1　绘图模板定制作用 ……… 169
8.1.2　绘图模板定制要求 ……… 170
8.2　新建绘图模板文件 ………… 170
8.3　绘图模板属性设置 ………… 170
8.3.1　设置基本属性 …………… 170
8.3.2　设置绘图单位 …………… 171
8.3.3　设置图形界限 …………… 171
8.3.4　设置标注样式 …………… 171
8.3.5　设置图层 ………………… 173

8.4　创建绘图模板图框 ………… 174
8.5　创建绘图模板标题栏 ……… 176
8.5.1　创建标题栏格式 ………… 176
8.5.2　定义标题栏属性 ………… 176
8.5.3　创建标题栏块 …………… 177
8.6　装配绘图模板并保存 ……… 178
8.7　调用绘图模板 ……………… 179
8.8　绘图模板应用案例：某企业 A2
　　　绘图模板定制 …………… 181

第9章　工程图视图 ……………………… 183

9.1　零件视图绘制 ……………… 183
9.1.1　基本三视图 ……………… 183
9.1.2　全剖视图 ………………… 185
9.1.3　半剖视图 ………………… 185
9.1.4　阶梯剖视图 ……………… 186
9.1.5　旋转剖视图 ……………… 187
9.1.6　局部视图 ………………… 188

9.1.7　局部剖视图 ……………… 188
9.1.8　局部放大视图 …………… 189
9.1.9　移出断面图 ……………… 190
9.1.10　破断视图 ……………… 190
9.1.11　辅助视图 ……………… 191
9.1.12　加强筋剖视图 ………… 191
9.2　轴测图绘制 ………………… 192

9.2.1　轴测图绘制准备 ············ 192
9.2.2　轴测图绘制实例 ············ 192
9.3　机械制图实例 ················· 196

9.3.1　上盖零件绘图 ············ 196
9.3.2　基体零件绘图 ············ 196

第10章　典型机械制图 ··· 199

10.1　轴套零件制图 ················· 199
10.1.1　轴套零件结构特点分析 ····· 199
10.1.2　轴套零件制图要求及
规范 ······················· 199
10.1.3　轴套零件制图实例：轴 ····· 200
10.2　盘盖零件制图 ················· 203
10.2.1　盘盖零件结构特点分析 ····· 203
10.2.2　盘盖零件制图要求及
规范 ······················· 203
10.2.3　盘盖零件制图实例：
法兰盘 ··················· 204
10.3　叉架零件制图 ················· 206
10.3.1　叉架零件结构特点分析 ····· 206
10.3.2　叉架零件制图实例：
支架 ······················· 206
10.4　箱体零件制图 ················· 208
10.4.1　箱体零件制图关键点 ······· 208
10.4.2　箱体零件典型结构制图 ····· 209

10.4.3　箱体零件制图实例：
齿轮箱 ··················· 209
10.5　齿轮零件制图 ··············· 213
10.5.1　齿轮零件制图要求及
规范 ······················· 213
10.5.2　齿轮零件制图实例 ········· 214
10.6　弹簧零件制图 ··············· 216
10.6.1　弹簧零件制图要求与
规范 ······················· 216
10.6.2　弹簧零件制图实例：压缩
弹簧 ······················· 217
10.7　装配体制图 ················· 218
10.7.1　装配体制图要求与规范 ····· 219
10.7.2　装配体制图实例：
起吊座 ··················· 220
10.8　典型机械制图案例：虎钳
装配图 ······················· 224

第11章　三维实体设计 ··· 228

11.1　三维实体设计基础 ············ 228
11.1.1　三维实体设计作用 ········· 228
11.1.2　三维实体设计环境 ········· 228
11.1.3　三维实体设计工具 ········· 230
11.2　三维实体基本操作 ············ 231
11.2.1　模型控制 ··············· 231
11.2.2　模型显示 ··············· 231
11.3　基本几何体 ················· 233
11.3.1　长方体 ················· 233
11.3.2　圆柱体 ················· 233
11.3.3　圆锥体 ················· 234
11.3.4　球体 ··················· 234
11.3.5　棱锥体 ················· 234
11.3.6　楔体 ··················· 235
11.3.7　圆环体 ················· 235

11.4　三维实体建模 ··············· 235
11.4.1　拉伸 ··················· 235
11.4.2　旋转 ··················· 236
11.4.3　扫掠 ··················· 237
11.4.4　放样 ··················· 238
11.5　布尔运算 ··················· 238
11.5.1　并集 ··················· 238
11.5.2　差集 ··················· 239
11.5.3　交集 ··················· 239
11.6　三维实体编辑 ··············· 239
11.6.1　圆角边 ················· 239
11.6.2　倒角边 ················· 241
11.6.3　倾斜面 ················· 242
11.6.4　抽壳 ··················· 242
11.6.5　剖切 ··················· 243

11.7 三维实体修改 ······················· 243
11.7.1 移动、复制、旋转 ··········· 243
11.7.2 缩放 ······························· 245
11.7.3 镜像 ······························· 246
11.7.4 阵列 ······························· 246
11.8 绘图视图与坐标系 ··············· 249
11.8.1 绘图视图 ······················· 249
11.8.2 绘图坐标系 ··················· 251

11.9 三维实体标注 ····················· 254
11.10 使用三维模型创建工程图
       视图 ································· 255
11.10.1 创建工程图视图操作 ······ 256
11.10.2 创建高级工程图视图 ······ 258
11.11 三维实体设计案例 ·············· 262
11.11.1 支座零件三维建模 ········· 262
11.11.2 阀体零件三维建模 ········· 263

第 12 章 图形文件转换及打印 ··· 265

12.1 图形文件转换 ····················· 265
12.1.1 CAD 版本转换 ··········· 265
12.1.2 CAD 文件转换 PDF 文件 ··· 266
12.1.3 CAD 与三维设计软件的

        转换 ······························· 268
12.2 图形文件打印 ····················· 282
12.2.1 图形文件打印操作 ········· 282
12.2.2 图形文件批量打印 ········· 282

附录 AutoCAD 常用快捷键 ··· 285

附表 1 常用 CTRL 快捷键 ············ 285
附表 2 常用功能键 ······················· 285
附表 3 绘图命令快捷键 ················· 285
附表 4 修改命令快捷键 ················· 286

附表 5 视窗缩放快捷键 ················· 286
附表 6 尺寸标注快捷键 ················· 286
附表 7 对象特性快捷键 ················· 287

第1章

AutoCAD快速入门

　　AutoCAD（Autodesk Computer Aided Design）是 Autodesk（欧特克）公司首次于 1982 年开发的一款计算机辅助设计软件，主要用于二维绘图、详细绘制、设计文档和基本三维设计，现已经成为国际上广为流行的绘图工具，广泛用于机械设计、电子工业、土木建筑、城市规划、园林规划、装饰装潢、服装加工等领域。

1.1　AutoCAD 2020 用户界面

　　学习 AutoCAD 之前需要首先熟悉 AutoCAD 用户界面，了解 AutoCAD 软件环境的功能分布，为后面进一步学习 AutoCAD 打好基础。

1.1.1　开始界面

　　安装 AutoCAD 后，在电脑桌面双击 AutoCAD 图标，系统启动 AutoCAD 软件，此时系统首先进入 AutoCAD 的开始界面，如图 1-1 所示。

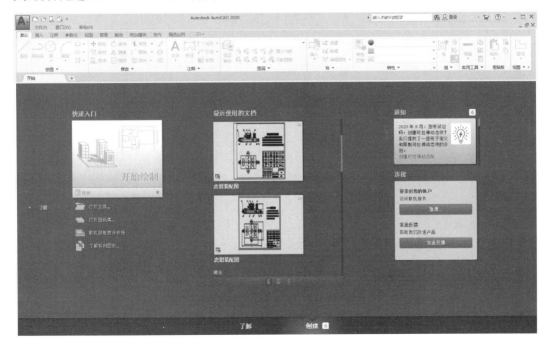

图 1-1　开始界面

💡 **说明：** 启动 AutoCAD 有多种方法，此处介绍的是一种较为方便、快捷的启动方法。除此以外，还可以在桌面上选中 AutoCAD 图标 **A** 单击鼠标右键，在弹出的快捷菜单中选择"打开"命令启动 AutoCAD 软件。或是从电脑桌面"开始"菜单中依次选择"所有程序"→"Autodesk"→"AutoCAD 2020"→"AutoCAD 2020"命令启动 AutoCAD 软件。读者可自行尝试，此处不再赘述。

AutoCAD 的开始界面主要包括"快速入门""最近使用的文档""通知"及"连接"四个区域。

（1）快速入门

在"快速入门"区域提供了快速使用 AutoCAD 软件的操作方法，便于用户快速使用 AutoCAD 软件，下面对其进行具体介绍。

① 单击"开始绘制"区域，系统直接进入 AutoCAD 绘图环境绘图。另外，在"开始绘制"区域下方单击"样板"区域的 ▼ 按钮展开"样板"区域，如图 1-2 所示，用户可直接选择需要的样板（绘图模板）进行绘图；单击"创建新图纸集"按钮，系统弹出如图 1-3 所示的"创建图纸集"对话框，用于指导用户创建图纸集文件。

图 1-2　选择绘图样板

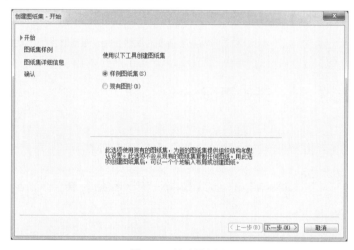

图 1-3　创建图纸集

② 单击"打开文件"区域可打开已有的图形文件，如图 1-4 所示。

③ 单击"打开图纸集"区域可打开已有的图纸集文件，如图 1-5 所示。

图 1-4　打开文件

图 1-5　打开图纸集

④ 单击"联机获取更多图板"区域，系统弹出 AutoCAD 模板下载页面，方便用户下载 AutoCAD 模板文件，如图 1-6 所示。

图 1-6　模板文件下载页面

⑤ "了解图例图形"区域方便用户打开系统提供的各种图例文件，也方便用户查看和调用 AutoCAD 示例文件，如图 1-7 所示。

（2）最近使用的文档

在"最近使用的文档"区域显示的都是最近使用 AutoCAD 打开过的文档，用户可以在该区域中快速打开这些文档，不用从文件夹中查找。

（3）通知

在"通知"区域显示 AutoCAD 软件的一些实时更新及通知信息。

（4）连接

在"连接"区域提供了用户登录及反馈

图 1-7　打开示例文件

接口，方便用户登录 Autodesk 账户获取联机服务，同时还可以提交使用 AutoCAD 软件的反馈意见。

1.1.2　自学界面

在 AutoCAD 的开始界面单击左侧的"了解"字符，系统切换至如图 1-8 所示的自学界面（了解界面）。该界面实际上是 AutoCAD 提供的一个快速自学的界面，帮助用户快速自学 AutoCAD 软件，主要包括"新增功能""快速入门视频""学习提示"及"联机资源"四个区域，下面对它们分别进行具体介绍。

说明：在了解界面右侧单击"创建"字符，系统返回至开始界面，读者可自行操作，此处不再赘述。

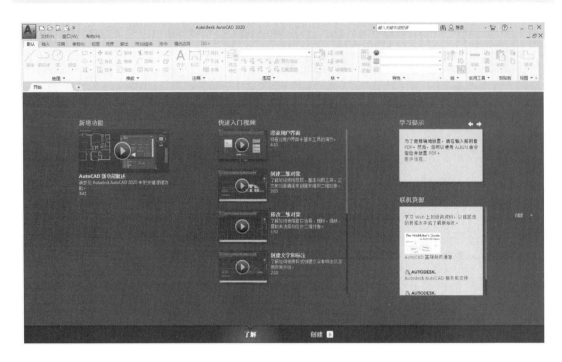

图 1-8　了解界面

（1）新增功能

在"新增功能"区域提供了 AutoCAD 当前版本新增功能视频，方便用户学习 Auto-CAD 当前版本的新增功能。

（2）快速入门视频

在"快速入门视频"区域提供了 AutoCAD 常用操作及主要功能的快速学习视频，方便初学者快速自学 AutoCAD 软件。

（3）学习提示

在"学习提示"区域单击"更多信息"字符，系统弹出如图 1-9 所示的 AutoCAD 2020 帮助页面，帮助用户学习 AutoCAD 知识点。

（4）联机资源

在"联机资源"区域单击不同的位置，系统将弹出不同的页面，帮助用户获取不同的联机资源，单击"AutoCAD 基础知识漫游"字符，系统继续弹出如图 1-9 所示的 AutoCAD 2020 帮助页面，帮助用户学习更多 AutoCAD 知识。

1.1.3　绘图界面

熟悉 AutoCAD 的开始界面及了解界面后，打开练习文件：cad_jxsj\ch01 start\虎钳装配图。系统进入 AutoCAD 2020 绘图界面，如图 1-10 所示，下面具体介绍 AutoCAD 绘图界面。

（1）主菜单

在 AutoCAD 用户界面左上角单击 按钮，系统展开如图 1-11 所示的主菜单，主菜单

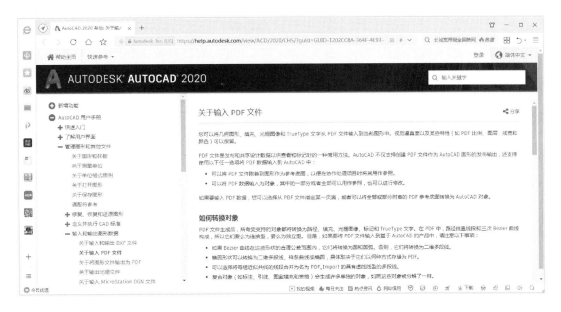

图 1-9 AutoCAD 2020 帮助页面

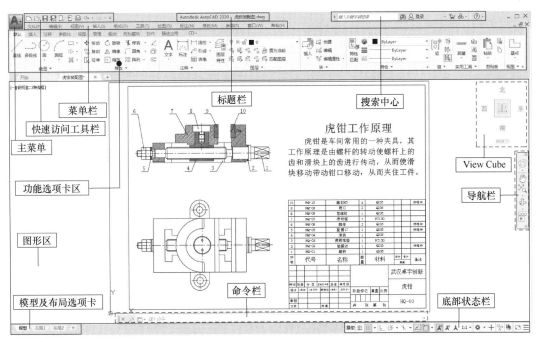

图 1-10 AutoCAD 2020 绘图界面

中提供了 AutoCAD 常用文件操作命令，包括"新建""打开""保存"及"打印"等命令，同时还显示当前及最近打开的文档。另外，单击"选项"按钮 选项 ，系统会弹出如图 1-12 所示的"选项"对话框，可使用该对话框设置软件环境。

（2）快速访问工具栏

在快速访问工具栏中提供了常用命令按钮，这些命令与主菜单中的命令一样，用户可直接在快速访问工具栏中单击相应的命令按钮进行操作，提高了操作效率。

图 1-11　主菜单

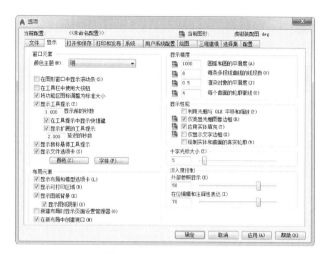

图 1-12　"选项"对话框

在快速访问工具栏中单击 ▼ 按钮，系统弹出如图 1-13 所示的快捷菜单，帮助用户定制快速访问工具栏。在快捷菜单中选择命令（如"工作空间"命令），在快速访问工具栏中将显示命令图标，如图 1-14 所示，快速访问工具栏中增加了"工作空间"图标。

另外，在快速访问工具栏中任意位置单击鼠标右键，系统弹出如图 1-15 所示的快捷菜单，帮助用户快速设置快速访问工具栏。

工作空间

图 1-14　自定义快速访问工具栏

图 1-13　快捷菜单（一）

图 1-15　快捷菜单（二）

（3）标题栏

标题栏区域显示当前 AutoCAD 软件版本信息及打开的文档名称信息。

（4）搜索中心

在搜索中心区域提供了搜索及登录工具。例如用户想知道"copy"（复制）的相关操作，只需要在搜索框中输入"copy"字符，如图 1-16 所示，回车后系统弹出如图 1-17 所示的"Autodesk AutoCAD 2020-帮助"页面，在该页面中可以查看搜索结果。

 说明：灵活使用搜索中心能够极大帮助初学者快速自学 AutoCAD 软件。

图 1-16　搜索中心搜索"copy"

图 1-17 Autodesk AutoCAD 2020-帮助

（5）菜单栏

菜单栏中提供了 AutoCAD 所有的命令工具及设置。在菜单栏中单击鼠标右键，在弹出的快捷菜单中取消选中"显示菜单栏"命令，界面中将不再显示菜单栏；在快速访问工具栏中单击 ▼ 按钮，在快捷菜单中选中"显示菜单栏"命令，界面中恢复菜单栏显示。菜单栏下拉菜单中的各项内容请扫码观看视频讲解。

（6）功能选项卡区

功能选项卡区是用户界面中很重要的区域，该区域将常用命令按照不同的功能分为不同的选项卡，包括"默认""插入""注释""参数化""视图""管理""输出""附加模块""协作"及"精选应用"等选项卡。

功能选项卡区默认显示样式如图 1-18 所示，在功能选项卡区域顶部单击 ▼ 按钮，系统弹出快捷菜单，用于设置功能选项卡区的显示样式。选择"最小化为选项卡"命令，结果如图 1-19 所示；选择"最小化为面板标题"命令，结果如图 1-20 所示；选择"最小化为面板按钮"命令，结果如图 1-21 所示。

图 1-18 功能选项卡区

图 1-19 最小化为选项卡

图 1-20 最小化为面板标题

图 1-21 最小化为面板按钮

说明：默认情况下一般选择"循环浏览所有项"命令，此时单击功能选项卡区域的 按钮循环切换功能选项卡区域的显示样式。

（7）View Cube

使用 View Cube 工具调整模型视图定向，方便用户从不同视图方位查看模型，默认情况下，View Cube 在二维（平面）空间显示如图 1-22 所示，单击其中的旋转按钮或方位按钮可以对二维模型进行旋转查看，单击 按钮切换至三维空间，此时 View Cube 显示如图 1-23 所示，便于用户对模型进行三维动态查看，如图 1-24 所示。

说明：在功能选项卡区域的"视图"选项卡中单击"View Cube"按钮 ，可以设置 View Cube 工具是否显示在图形区中。

图 1-22　二维（平面）空间显示

图 1-23　三维空间显示

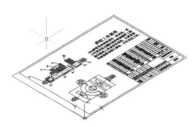
图 1-24　三维动态查看

（8）导航栏

使用导航栏来对模型进行平移、缩放或旋转等控制。单击 按钮系统弹出如图 1-25 所示的导航控制盘，使用该导航控制盘查看模型。单击 按钮平移模型（与按住鼠标中键移动模型是一样的）；单击 按钮将模型调整到图形区中央最大化显示；单击 按钮旋转模型；单击 按钮以动画快照形式查看模型。

说明：在功能选项卡区域的"视图"选项卡中单击"导航栏"按钮 ，可以设置导航栏是否显示在图形区中。

（9）图形区

图形区也叫绘图区或工作区，是 AutoCAD 中进行图形设计及编辑的主要区域，是整个用户界面中最大的一个区域。

（10）命令栏

图形区底部中间位置为命令栏，如图 1-26 所示，选择不同的命令，系统在命令栏中会显示不同的命令信息。同时还可以在命令栏中设置命令参数。

图 1-25　导航控制盘

图 1-26　命令栏

例如要绘制一条直线，直线的两个端点分别是（0,0）和（100,50），要绘制这样的直线可以直接在命令栏中输入如下命令及参数：

首先在命令栏输入"LINE"并回车，表示启用"LINE"（直线）命令（输入命令时不区分大小写）。

然后在命令栏输入"0，0"并回车，表示定义直线的起始端点（0,0）。

最后在命令栏输入"@100，50"并回车，表示定义直线的结束端点（100,50）。

此时命令栏中将显示全部的命令输入信息，如图1-26所示。

（11）模型及布局选项卡

进入AutoCAD后，系统自动进入模型及布局选项卡中的"模型"选项卡。"模型"选项卡用于管理和显示当前文档中的所有图形文件；"布局"选项卡用于管理和显示需要发布或打印部分图形的图形文件，如图1-27所示，在该选项卡区域单击 ➕ 按钮新建布局。

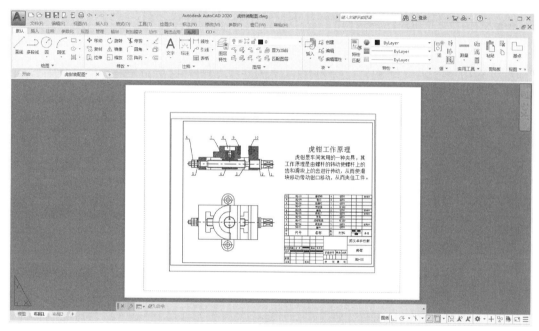

图 1-27　模型及布局选项卡

（12）底部状态栏

底部状态栏主要用于对绘图过程中使用的各种辅助工具进行设置，包括模型与图纸空间工具的设置、正交开关工具的设置、捕捉工具的设置、模型空间工具的设置等。实际图形设计中要灵活设置这些工具，这样既能够保证精确绘图，同时还能够提高绘图效率。

1.2 AutoCAD 文件操作

正式学习和使用AutoCAD软件之前需要首先了解文件基本操作，本节主要介绍常用文件操作，包括新建文件、打开文件、保存文件及文件另存为等操作。

1.2.1 新建文件

在AutoCAD中任何一个项目的真正开始都是从新建文件开始的。在快速访问工具栏中单击"新建"按钮 ▢，系统弹出如图1-28所示的"选择样板"对话框，在该对话框中可以选择合适的样板（模板）文件，本例选择"acad"样板文件，单击"打开"按钮，系统进入 AutoCAD 绘图环境，在该环境中进行图形设计。

> **说明：** 新建文件的另外一种方法是在开始界面的快速入门区域单击"开始绘制"区域，系统使用默认的样板（模板）新建文件并进入 AutoCAD 绘图环境。

1.2.2 打开文件

打开文件是在 AutoCAD 软件中打开已经存在的 AutoCAD 文件或其他格式的文件。在快速访问工具栏中单击"打开"按钮📂，系统弹出如图 1-29 所示的"选择文件"对话框，在该对话框中选择需要打开的文件（本例选择"cad_jxsj \ ch01 start \ 虎钳装配图"文件），单击"打开"按钮，系统进入 AutoCAD 绘图环境。

1.2.3 保存与另存为文件

完成图形文件设计后需要将文件保存下来。对新建的文件在快速访问工具栏中单击"保存"按钮💾（或单击"另存为"按钮），系统弹出如图 1-30 所示的"图形另存为"对话框，在该对话框中设置文件名称及文件类型，单击"保存"按钮，完成图形文件保存。

图 1-28 "选择样板"对话框　　　　图 1-29 "选择文件"对话框

在"图形另存为"对话框的"文件类型"下拉列表中设置保存的文件类型，如图 1-31 所示，可以将当前图形文件保存为其他格式的文件或较低版本 AutoCAD 文件，以便在较低版本的 AutoCAD 中打开图形文件。

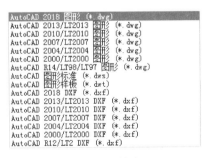

图 1-30 "图形另存为"对话框　　　　图 1-31 文件类型

（💡）**说明：** 保存或另存为文件时可以将当前文件保存为四种格式，其中 dwg 为 AutoCAD 源文件格式，dws 为 AutoCAD 图形标准文件格式，dwt 为 AutoCAD 图形样板（模板）文件格式，dxf 为 AutoCAD DXF 文件格式，在 AutoCAD 中默认保存为 dwg 文件格式。

1.3　AutoCAD 图形基本操作

在使用 AutoCAD 软件的过程中经常需要对图形文件进行平移、缩放或旋转操作，关于图形文件的平移、缩放或旋转操作在本章前面几节也有一些简单介绍，本节将总结介绍 AutoCAD 图形基本操作，为后面进一步学习 AutoCAD 打好基础。

学习本节内容时打开练习文件"cad_jxsj \ ch01 start \ 虎钳装配图"进行练习。

1.3.1　平移图形

平移图形是对图形文件进行平行移动，主要有以下四种方法。

方法一：直接按住鼠标中键对图形文件进行平移。

方法二：在导航栏中单击 🖐 按钮，然后按住鼠标左键平移模型。按 ESC 键可退出平移操作（或在空白位置单击鼠标右键，在弹出的快捷菜单中选择"退出"命令）。如果需要重复使用该平移操作，直接按空格键即可。

方法三：在空白位置单击鼠标右键，在系统弹出的如图 1-32 所示的快捷菜单中选择"平移"命令，然后按住鼠标左键平移模型。退出及重复使用平移操作同方法二。

方法四：在命令栏中输入"PAN"字符并回车，然后按住鼠标左键平移模型。退出及重复使用该平移操作同方法二。

对比以上四种平移图形的方法，最方便、快捷的方法是直接按住鼠标中键平移图形。

1.3.2　缩放图形

缩放图形是对图形文件进行放大或缩小，主要有以下两种方法：

方法一：直接滚动鼠标滚轮对图形进行放大或缩小。

方法二：在空白位置单击鼠标右键，在系统弹出的如图 1-32 所示的快捷菜单中选择"缩放"命令，按住鼠标左键缩放图形。按 ESC 键可退出缩放操作（或在空白位置单击鼠标右键，在弹出的快捷菜单中选择"退出"命令），如果需要重复使用缩放操作，直接按空格键即可。

对比以上两种缩放图形的方法，最方便、快捷的方法是直接滚动鼠标滚轮缩放图形。

（💡）**说明：** 默认情况下使用鼠标滚轮缩放图形时，向前滚动鼠标滚轮会放大图形，向后滚动鼠标滚轮会缩小图形，这种缩放规则与绝大多数软件的鼠标操作刚好相反，如果用户有使用其他软件的经历，会对此感觉很别扭，因此建议读者将 AutoCAD 的这种鼠标滚轮缩放操作设置成与其他绝大多数软件的鼠标操作同步，也就是说当向前滚动鼠标滚轮时缩小图形，当向后滚动鼠标滚轮时放大图形。设置方法是在用户界面左上角单击 A 按钮，在弹出的主菜单中单击"选项"按钮，系统弹出"选项"对话框，在对话框的"三维建模"选项卡的"三维导航"区域选中"反转鼠标滚轮缩放"选项，如图 1-33 所示。

图 1-32　快捷菜单

图 1-33　"选项"对话框

1.3.3　旋转图形

在 AutoCAD 中旋转图形包括两种方式：一种是旋转二维（平面）图形，另外一种是旋转三维模型。下面具体介绍这两种方式的旋转图形操作。

对于二维（平面）图形，直接使用 View Cube 工具中的"逆时针旋转"或"顺时针旋转"按钮（如图 1-34 所示）可将二维（平面）图形绕着垂直于电脑屏幕的轴向方向进行旋转。

对于三维模型的设计，经常需要旋转三维模型以便查看三维模型结构（此处打开练习文件"cad_jxsj \ ch01 start \ 基座三维模型"进行练习），一般包括以下三种旋转方法。

方法一：按住 Shift＋鼠标中键直接旋转三维模型。

方法二：在导航栏中单击 ⊕ 按钮，按住鼠标左键旋转模型，此时 View Cube 工具如图 1-35 所示。使用 View Cube 工具旋转模型会更加准确、更加高效。按 ESC 键可退出旋转操作（或在空白位置单击鼠标右键，在弹出的快捷菜单中选择"退出"命令）。如果需要重复使用该旋转操作，直接按空格键即可。

方法三：在命令栏中输入"3DORBIT"并按住鼠标左键旋转模型，如图 1-36 所示。另外，在命令栏中输入"3DO（3DORBIT）"字符，按住鼠标左键也可以旋转模型。退出及重复使用该平移操作同方法二。

对比以上三种旋转模型方法，最方便快捷的方法是按住 Shift＋鼠标中键旋转模型。

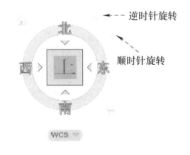

图 1-34　旋转按钮

图 1-35　三维空间显示

图 1-36　旋转三维模型

1.4 AutoCAD 环境设置

使用 AutoCAD 之前有必要根据个人喜好或设计要求对 AutoCAD 软件环境进行必要的设置，下面具体介绍状态栏、绘图选项、绘图单位及图形界限的设置操作。

1.4.1 设置状态栏

实际图形设计中经常需要设置状态栏以满足精确绘图、高效绘图的要求，底部状态栏中的设置比较多，此处不做全面讲解，只介绍其中比较常用的设置。

① 单击 ▦ 按钮设置图形栅格的显示与隐藏。

② 单击 ⌐ 开启正交模式，此时只能绘制水平直线或竖直直线。

③ 单击 ⌑ 按钮系统弹出如图 1-37 所示的对象捕捉菜单，用于设置对象捕捉。此时在绘图时可以自动捕捉图形中选中的特殊对象。在对象捕捉菜单中选择"对象捕捉设置"命令，系统弹出如图 1-38 所示的"草图设置"对话框，其中"对象捕捉"选项卡用于对象捕捉的详细设置。

④ 单击 **1:1** ▾ 按钮，系统弹出如图 1-39 所示的比例菜单，用于设置绘图比例。

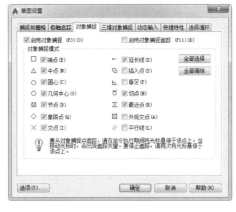

| 图 1-37 对象捕捉菜单 | 图 1-38 "草图设置"对话框 | 图 1-39 绘图比例菜单 |

⑤ 单击 ☰ 按钮，系统弹出如图 1-40 所示的自定义菜单，在该菜单中设置状态栏。在该自定义菜单中选中"线宽"命令，选中后在状态栏中增加了"线宽"按钮，如图 1-41 所示，单击"线宽"按钮 ≣，此时在图形上显示线宽效果，如图 1-42 所示。

1.4.2 设置绘图选项

在用户界面左上角单击 ▲ 按钮，在弹出的主菜单中单击"选项"按钮 选项，系统弹出"选项"对话框，在该对话框中进行绘图选项设置，下面介绍一些常用设置。

（1）设置"文件"选项卡

在"选项"对话框单击"文件"选项卡，如图 1-43 所示，在该选项卡中设置各种文件的搜索路径、文件名称及文件位置等，比如在定制图形样板（绘图模板）时需要知道样板文件位置。在"文件"选项卡列表中依次展开"样板设置"→"图形样板文件位置"节点，如图 1-43 所示，图形样板文件位置如图 1-44 所示。

线宽按钮

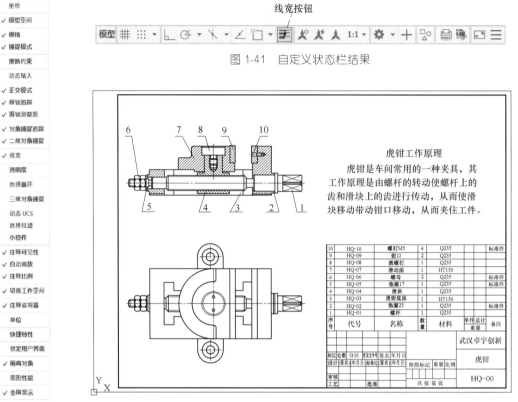

图 1-41　自定义状态栏结果

图 1-40　自定义菜单

图 1-42　显示线宽效果

图 1-43　设置"文件"选项卡

图 1-44　图形样板文件位置

（2）设置"显示"选项卡

在"选项"对话框单击"显示"选项卡，用于设置显示选项，如图 1-45 所示。在"窗口元素"区域的"颜色主题"下拉列表中设置用户界面颜色主题；单击"颜色"按钮，系统弹出如图 1-46 所示的"图形窗口颜色"对话框，在该对话框中设置图形区颜色；单击"字体"按钮，系统弹出如图 1-47 所示的"命令行窗口字体"对话框，在该对话框中定义命令行窗口字体。

图 1-45　设置"显示"选项卡

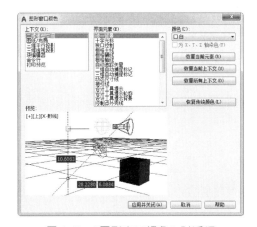

图 1-46　"图形窗口颜色"对话框

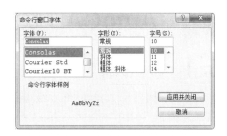

图 1-47　"命令行窗口字体"对话框

1.4.3　设置绘图单位

绘图之前需要正确设置绘图单位，不同行业不同领域需要设置不同的绘图单位。机械设计一般使用 mm（毫米）作为绘图单位，而建筑设计一般使用 cm（厘米）或 m（米）作为绘图单位。

选择下拉菜单"格式"→"单位"命令（或直接在命令栏输入"UNITS"并回车），系统弹出如图 1-48 所示的"图形单位"对话框，在该对话框中设置绘图单位。

在"长度"区域设置长度类型及精度；在"角度"区域设置角度类型、精度及方向，选中"顺时针"选项，表示设置顺时针方向为角度标注的正方向；在"插入时的缩放单位"区域设置当前文档中的绘图单位。本例均使用系统默认的设置即可。

1.4.4　设置图形界限

图形界限是指图形文件的最大边界，设置图形界限可确保当以特定的比例打印时，创建的图形不会超过特定的图纸空间大小，所以设置图形界限是非常有必要的。

在 AutoCAD 中，图形界限实际上是一个矩形区域，一般通过定义图形界限的两个对角点来确定图形界限大小，下面具体介绍设置图形界限操作。

选择下拉菜单"格式"→"图形界限"命令（或直接在命令栏输入"LIMITS"并回车），此时在命令栏显示如图 1-49 所示字符，提示用户设置图形界限的左下角点，默认为（0,0），直接回车即接受（0,0）为图形界限左下角点。

完成左下角点定义后，在命令栏显示如图 1-50 所示的字符，提示用户设置图形界限右上角点，本例输入"420，297"并回车，此时图形界限大小相当于 420mm×297mm 的矩形区域。

图 1-48 "图形单位"对话框

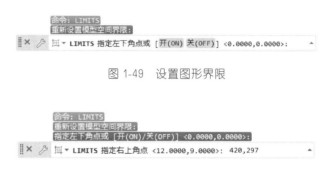

图 1-49 设置图形界限

图 1-50 设置图形界限

1.5 AutoCAD 快捷键

1.5.1 命令快捷键

AutoCAD 提供了大量的图形绘制工具及图形编辑工具，为了提高绘图效率，需要快速、准确选择这些命令，主要包括以下两种方法。

第一种方法是直接在选项卡区域单击命令图标。如要绘制直线，可以直接在"默认"选项卡的"绘图"区域单击"直线"按钮 ，即可在图形区绘制直线。

第二种方法是直接在命令栏中输入命令指令。如要绘制直线，可以直接在命令栏中输入"直线"指令"LINE"并回车，如图 1-51 所示，即可在图形区绘制直线。

在以上介绍的第二种方法中，为了进一步提高绘图效率，还可以直接输入命令的"简化指令"，也就是快捷指令（命令快捷键）。如需要绘制直线可以直接在命令栏中输入"L"并回车，如图 1-52 所示，因为 L 是系统规定的"直线"命令的快捷键。另外，在命令栏输入"L"并回车，然后稍作停顿，此时在命令栏上方显示以 L 开头的命令列表（图 1-53），从命令列表中可以选择更多的命令。

图 1-51 输入命令指令

图 1-52 输入命令快捷键"L"

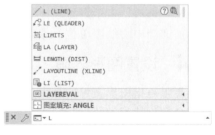

图 1-53 命令列表

在 AutoCAD 中系统提供了常用命令快捷键。选择下拉菜单"工具"→"自定义"→"编辑程序参数"命令，系统弹出如图 1-54 所示的"acad-记事本"窗口，在该窗口中可以查看系统自带的快捷键，如"3A"表示三维阵列，"A"表示绘制圆弧。

系统自带的快捷键有些比较复杂，难以记忆，不利于提高绘图效率，这种情况下可以自定义快捷键，在"acad-记事本"窗口中直接编辑快捷键指令即可。如要定义"直线"命令快捷键为"ZX"，可以在"acad-记事本"窗口中输入"ZX，＊LINE"，如图 1-55 所示，然后选择"文件"→"保存"命令保存快捷键设置。

> 💡 **说明**：在自定义快捷键时，原则上不建议直接修改系统自带的快捷键，因为会影响到其他人使用 AutoCAD 软件。应该在保留系统自带快捷键的基础上重新新建快捷键，这样当自己使用软件时可以使用自定义的快捷键，当其他人使用软件时依然可以使用系统自带的快捷键，互不影响。

图 1-54　"acad-记事本"窗口

图 1-55　自定义快捷键

完成快捷键自定义后一定要重启软件使设置生效，然后在命令栏输入"ZX"并回车，如图 1-56 所示，表示启用"直线"命令，此时可以直接在图形区绘制直线。

图 1-56　输入快捷键"ZX"

1.5.2　键盘快捷键

除命令快捷键外，另外一种快捷键是键盘快捷键。所谓键盘快捷键是指需要同时按住键盘上的"CTRL"键或"SHIFT"键组合的快捷键。选择下拉菜单"工具"→"自定义"→"界面"命令，系统弹出如图 1-57 所示的"自定义用户界面"对话框。在"自定义用户界面"对话框中单击"自定义"选项卡，在左侧"所有文件中的自定义设置"区域列表中选择"键盘快捷键"→"快捷键"对象，然后在右侧"快捷方式"区域列表中查看全部的键盘快捷键

（如"打开文件"的快捷键是"CTRL＋O"），选中需要设置的快捷键对象，在"信息"区域
的"访问"区域列表中设置即可。对于这些键盘快捷键，建议最好不要自行设置，直接按照
系统自带的使用即可。

图 1-57 "自定义用户界面"对话框

为了帮助读者记忆 AutoCAD 系统自带的常用快捷键，本书专门列举了 AutoCAD 常用
快捷键，具体请参看本书附录。

第2章

二维绘图设计

二维绘图是 AutoCAD 软件最基本的一项功能，主要用于二维（平面）图形的绘制，在机械设计中主要用于绘制二维工程图，本章将全面系统介绍二维绘图工具、方法及实例。

2.1 绘图辅助工具

实际绘图中为了保证绘图的准确性与高效性，需要熟练掌握各种绘图辅助工具，包括绘图坐标系、正交模式、栅格和捕捉、极轴追踪及对象捕捉等。

2.1.1 绘图坐标系

绘图坐标系主要用于精确定位图形绘制位置，在 AutoCAD 绘图环境中提供一个绘图坐标系 UCS（用户坐标系），同时在图形区规定了绘图原点，坐标为（0,0）。默认情况下，绘图坐标系 UCS 固定在图形区的左下角位置，原点并不显示在坐标系上，如图 2-1 所示。此时移动图纸，原点位置将一起移动，但是坐标系位置始终不变。

此处打开练习文件"cad_jxsj\ch02 draw\2.1\ucs01"进行练习。

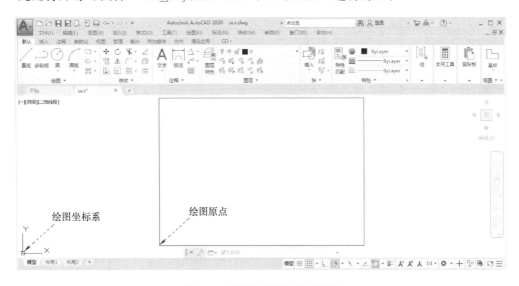

图 2-1　绘图坐标系与绘图原点

为了绘图的方便，可以将绘图坐标系设置到绘图原点位置：选择下拉菜单"视图"→"显示"→"UCS 图标"→"原点"命令后，系统将坐标系显示到原点位置，如图 2-2 所示。此时移动图纸，坐标系将随着原点的位置一起移动。

💡 **说明**：设置坐标系显示到原点位置后，再次选择下拉菜单"视图"→"显示"→"UCS 图标"→"原点"命令，系统会将坐标系再次固定到图形区左下角位置。

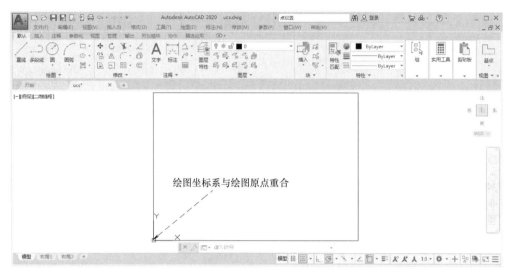

图 2-2　设置绘图坐标系与绘图原点重合

　　绘图坐标系的主要作用就是精确定位图形位置。如图 2-3 所示的图形，绘制这个图形的关键是确定图形中四个顶点的位置，为了确定这四个点的位置，需要使用坐标系进行定位。如果将图形左下角端点视为坐标系原点（相当于从原点绘制图形），如图 2-4 所示，那么该点的坐标即为（0,0），其余三个点坐标如图 2-5 所示，在 AutoCAD 中使用"直线"命令（或"多段线"命令）即可根据各点坐标绘制需要的图形。

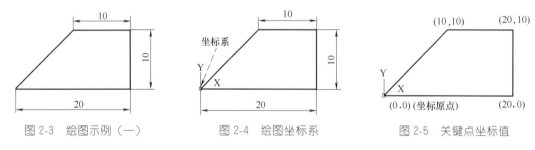

图 2-3　绘图示例（一）　　　　图 2-4　绘图坐标系　　　　图 2-5　关键点坐标值

　　在 AutoCAD 中只提供了一个世界坐标系，在实际绘图中，根据绘图需要创建合适的用户坐标系能够有效提高绘图效率。如图 2-6 所示的绘图示例，已经完成了如图 2-7 所示的图形绘制，需要继续绘制图中的圆，绘制圆的关键是确定圆心位置，这种情况下应该首先创建合适的用户坐标系，然后使用坐标系确定圆心位置，下面进行具体介绍。

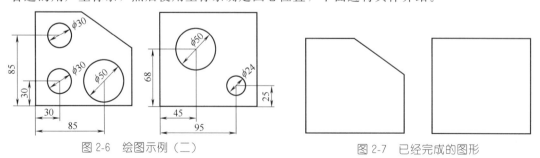

图 2-6　绘图示例（二）　　　　　　　　　　　图 2-7　已经完成的图形

此处打开练习文件 "cad_jxsj\ch02 draw\2.1\ucs03" 进行练习。

（1）在左侧视图中绘制圆

左侧视图中一共有三个圆，下面首先创建坐标系，然后使用坐标系绘制圆。

步骤1 创建左侧视图用户坐标系。选择 "工具"→"新建 UCS"→"原点" 命令，选择如图 2-8 所示的顶点作为坐标系原点，表示在该顶点位置创建坐标系。

 说明： 定义坐标系原点后，根据绘图尺寸要求可以确定三个圆的圆心坐标，上部 $\phi30$ 圆的圆心坐标为（30,85），下部 $\phi30$ 圆的圆心坐标为（30,30），$\phi50$ 圆的圆心坐标为（85,30）。

步骤2 重命名并保存坐标系。在图形区选中创建的坐标系单击右键，系统弹出如图 2-9 所示的快捷菜单，在该快捷菜单中选择 "命名 UCS"→"保存" 命令，系统提示：UCS 输入保存当前 UCS 的名称或 [?]：。在命令栏中输入 "ucs01" 并回车，完成坐标系命令及保存。

步骤3 绘制下部 $\phi30$ 的圆。根据绘图要求，按照以下步骤绘制圆：

在 "默认" 选项卡的 "绘图" 区域中单击 ⊙ 按钮，系统提示：CIRCLE 指定圆的圆心或 [三点(3P) 两点(2P) 切点、切点、半径(T)]：。在命令栏中输入 "30，30" 并回车，表示圆心坐标为（30,30），系统提示：CIRCLE 指定圆的半径或 [直径 (D)]：。在命令栏中输入 "D" 并回车，表示使用直径绘制圆，系统提示：CIRCLE 指定圆的直径：。在命令栏中输入 "30" 并回车，表示圆直径为 30mm，完成第一个圆的绘制。

步骤4 绘制其余圆。参照步骤3操作完成其余两个圆的绘制，如图 2-10 所示。

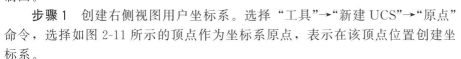 **说明：** 具体操作请参考随书视频讲解。

（2）在右侧视图中绘制圆

右侧视图中一共有两个圆，下面首先创建坐标系，然后使用坐标系绘制圆。

步骤1 创建右侧视图用户坐标系。选择 "工具"→"新建 UCS"→"原点" 命令，选择如图 2-11 所示的顶点作为坐标系原点，表示在该顶点位置创建坐标系。

扫码看
视频讲解

图 2-8 定义坐标原点

图 2-9 快捷菜单

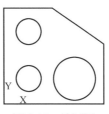
图 2-10 绘制圆

图 2-11 定义坐标原点

 说明： 定义坐标系原点后，根据绘图尺寸要求可以确定两个圆的圆心坐标，$\phi50$ 圆的圆心坐标为（45,68），$\phi24$ 圆的圆心坐标为（95,25）。

步骤2 重命名并保存坐标系。在图形区选中创建的坐标系单击鼠标右键，在系统弹出的快捷菜单中选择 "命名 UCS"→"保存" 命令，系统提示：UCS 输入保存当前 UCS 的名称

或［?］：。在命令栏中输入"ucs02"并回车，完成坐标系命令及保存。

步骤 3　绘制圆。参照左侧视图绘制圆步骤 3 操作完成其余两个圆的绘制，如图 2-12 所示。

> 💡 **说明**：具体操作请参考随书视频讲解。

（3）坐标系管理与设置

完成坐标系创建后，选择下拉菜单"工具"→"命名 UCS"命令，系统弹出如图 2-13 所示的"UCS"对话框，可以在该对话框管理左右坐标系。选中"世界"选项，单击"置为当前"按钮，表示重新将世界坐标系设置为当前坐标系。

选择下拉菜单"视图"→"显示"→"UCS 图标"→"特性"命令，系统弹出如图 2-14 所示的"UCS 图标"对话框，在该对话框中设置 UCS 属性，包括 UCS 图标样式、UCS 图标大小及颜色等，读者可自行操作。

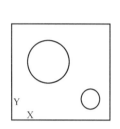
图 2-12　绘制其余圆

图 2-13　"UCS"对话框

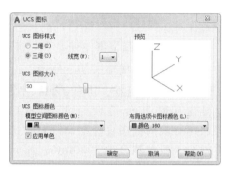
图 2-14　"UCS 图标"对话框

2.1.2　正交模式

使用"直线"命令绘图时，默认为非正交模式，主要用于绘制倾斜直线，如图 2-15 所示。如果需要快速、高效绘制水平或竖直直线，需要使用正交模式。

在底部状态栏中单击 ⌐ 按钮，如图 2-16 所示，系统开启正交模式，此时选择"直线"命令时，系统只能绘制水平线或竖直线，如图 2-17 所示。

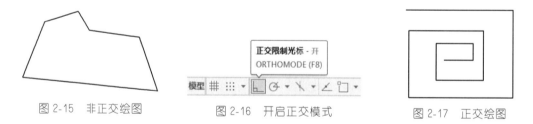

图 2-15　非正交绘图　　　　图 2-16　开启正交模式　　　　图 2-17　正交绘图

2.1.3　栅格和捕捉

在底部状态栏中单击 ⊞ 按钮，如图 2-18 所示，系统在图形区显示图形栅格，如图 2-19 所示。在底部状态栏中右键单击 ⁞⁞⁞ 按钮，在弹出的快捷菜单中选择"栅格捕捉"命令，然后单击 ⁞⁞⁞ 按钮，如图 2-20 所示，此时在图形区可以捕捉栅格进行绘图，如图 2-21 所示。在绘制一些轮廓较复杂的图形时灵活地使用栅格捕捉能够极大提高图形绘制效率。

在底部状态栏中右键单击 ⁞⁞⁞ 按钮，在弹出的快捷菜单中选择"捕捉设置"命令，系统弹出如图 2-22 所示的"草图设置"对话框。在对话框的"捕捉和栅格"选项卡中选中"启用捕捉"选项，表示在绘图中启用捕捉功能，在该选项下方设置捕捉属性，包括捕捉间距及捕捉类型等；选中"启用栅格"选项，表示显示图形栅格，在该选项下方设置栅格属性，包括栅格样式、栅格间距及栅格行为等。

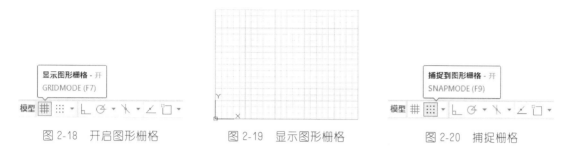

图 2-18 开启图形栅格　　　　图 2-19 显示图形栅格　　　　图 2-20 捕捉栅格

说明： 在"栅格样式"区域选中"二维模型空间"选项，表示在二维模型空间显示点栅格，如图 2-23 所示。点栅格是另外一种栅格样式。

图 2-21 捕捉栅格绘图　　　　图 2-22 设置捕捉和栅格　　　　图 2-23 显示点栅格

2.1.4 极轴追踪

在底部状态栏中单击如图 2-24 所示的 ⊘ 按钮可以启用极轴追踪模式，来捕捉极限位置进行绘图。默认情况下使用极轴追踪模式可以捕捉 0°位置（水平位置）及 90°位置（竖直位置）进行绘图，如图 2-25 和图 2-26 所示。

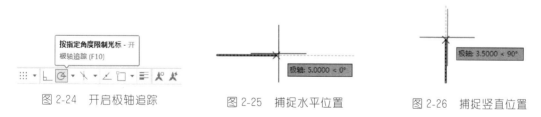

图 2-24 开启极轴追踪　　　　图 2-25 捕捉水平位置　　　　图 2-26 捕捉竖直位置

实际绘图中，用户还可以根据绘图需要设置极轴追踪的增量角或捕捉角，这样在绘图时，系统将根据设置的增量角或捕捉角进行高效绘图。如图 2-27 所示的图形示例，图形中包括 30°和 45°的斜线，这种图形可以使用极轴追踪快速绘制。

步骤 1 打开练习文件：cad_jxsj\ch02 draw\2.1\polar_axis。

步骤 2　设置极轴追踪。在底部状态栏中右键单击 ⊘ 按钮，系统弹出如图 2-28 所示的"草图设置"对话框，在对话框的"极轴追踪"选项卡设置极轴追踪。

① 选中"启用极轴追踪"选项，表示开启极轴追踪。

② 在"增量角"文本框中设置增量角为"30"，表示按照 30°进行极轴追踪。

③ 选中"附加角"选项，单击"新建"按钮，设置角度为"45"，表示捕捉 45°特殊位置。用户根据绘图需要，还可以设置更多附加角。

步骤 3　绘制 30°斜线。在"默认"选项卡中单击"直线"按钮 ╱ ，选择水平直线左端点为直线起点，向上移动鼠标，当鼠标接近 30°时系统弹出如图 2-29 所示的极轴追踪线，表示捕捉 30°位置，在合适位置单击鼠标完成 30°斜线绘制。

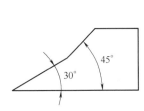
图 2-27　图形示例

图 2-28　设置极轴追踪

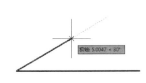
图 2-29　绘制 30°斜线

步骤 4　绘制 45°斜线。继续向上移动鼠标，当鼠标接近 45°时系统弹出如图 2-30 所示的极轴追踪线，表示捕捉 45°位置，在合适位置单击鼠标完成 45°斜线绘制。

步骤 5　绘制水平直线。继续向右移动鼠标，当鼠标接近水平时出现如图 2-31 所示的极轴追踪线，表示捕捉水平位置，将鼠标移动到底部水平直线右端点正上方位置（不要单击），此时出现竖直对齐捕捉线，表示直线端点与底部直线端点竖直对齐，单击鼠标，完成水平直线绘制。

步骤 6　绘制竖直直线。移动鼠标捕捉到底部直线右端点，此时在图形中出现"端点"捕捉标记，如图 2-32 所示，单击鼠标完成竖直直线绘制。

> 💡 **说明**：本例图形绘制中主要是介绍极轴追踪的应用，不用考虑直线长度，关于直线绘制以及直线长度等问题将在本章后面小节具体介绍。

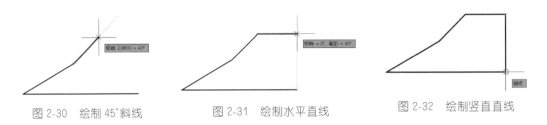

图 2-30　绘制 45°斜线　　　　图 2-31　绘制水平直线　　　　图 2-32　绘制竖直直线

2.1.5　对象捕捉

对象捕捉用于捕捉图形中的特殊位置进行精确绘图，在实际绘图中灵活使用对象捕捉工具能够极大提高绘图效率。在底部状态栏中单击如图 2-33 所示的 □ 按钮启动对象捕捉，右键单击 □ 按钮，系统弹出如图 2-34 所示的对象捕捉菜单，可使用该菜单设置对象捕捉模式，也可在该菜单中选择"对象捕捉设置"命令，待系统弹出如图 2-35 所示的"草图设置"对话框，在对话框的"对象捕捉"选项卡中设置对象捕捉。

图 2-33 开启对象捕捉　　图 2-34 对象捕捉菜单　　图 2-35 设置对象捕捉

如图 2-36 所示的图形，图形最外侧是一个矩形，中间菱形四个顶点分别与矩形四条边的中点重合，中间圆的圆心在中间直线的中点位置，同时与菱形四条边相切，现在已经完成了如图 2-37 所示图形绘制，需要继续完成剩余图形的绘制，下面具体介绍其绘制步骤。

步骤 1 打开练习文件：cad_jxsj\ch02 draw\2.1\object_catch。

步骤 2 启用对象捕捉。在底部状态栏中单击 □ 按钮启动对象捕捉。

步骤 3 启用极轴追踪。在底部状态栏中单击 ⌖ 按钮启动极轴追踪。

步骤 4 绘制水平直线。在"默认"选项卡中单击"直线"按钮 ╱ ，捕捉左侧竖直直线上端点为起点，捕捉水平极轴，向右拖动鼠标，将鼠标移动到底部水平直线右端点正上方位置（不要单击），此时出现如图 2-38 所示的捕捉线，单击鼠标，完成水平直线绘制。

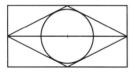

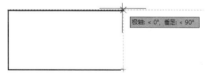

图 2-36 图形示例　　图 2-37 已经完成结构　　图 2-38 捕捉对齐点

步骤 5 绘制竖直直线。移动鼠标捕捉到底部直线右端点，此时在图形中出现"端点"捕捉标记，如图 2-39 所示，单击鼠标完成竖直直线绘制并结束"直线"命令。

步骤 6 绘制菱形。选择"直线"命令，捕捉上部水平直线中点为直线起点，如图 2-40 所示，然后移动鼠标，依次捕捉矩形各边中点绘制菱形，结果如图 2-41 所示。

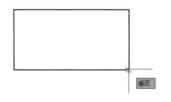

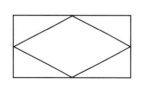

图 2-39 捕捉垂足（端点）　　图 2-40 捕捉中点　　图 2-41 绘制菱形

步骤 7 绘制中间直线。选择"直线"命令，捕捉菱形左端点为直线起点，移动鼠标捕捉菱形右端点为直线终点，完成直线绘制，结果如图 2-42 所示。

步骤 8　绘制中间圆。在"默认"选项卡中单击"圆"按钮⊙，捕捉中间直线的中点为圆心，如图 2-43 所示，移动鼠标，捕捉如图 2-44 所示菱形边上与圆相切的垂足（切点）位置绘制圆，在空白位置单击右键，选择"确认"命令，结束绘制。

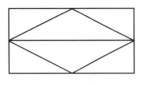

图 2-42　绘制直线

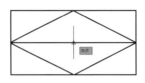

图 2-43　捕捉直线中点

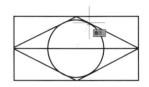

图 2-44　捕捉垂足（切点）

2.2　二维绘制工具

2.2.1　绘制直线

直线是二维绘图中最常用的图形绘制工具，下面介绍几种常用的直线绘制方法。

（1）直线基本操作

选择"直线"命令主要有两种方法：一种方法是在"默认"选项卡中单击"直线"按钮╱，另外一种方法是直接在命令栏中输入"L"或输入"LINE"并回车。

① 绘制单条直线。选择"直线"命令后，首先单击一点确定直线起点，然后拖动鼠标在另外一个位置单击确定直线终点，最后按 ESC 键（或在终点位置单击鼠标右键，在弹出的快捷菜单中选择"确认"命令）结束直线绘制，此时将得到如图 2-45 所示的单条直线。

② 绘制连续直线。选择"直线"命令后，首先单击一点确定直线起点，然后拖动鼠标在另外一个位置单击以确定第二个点，继续拖动鼠标到合适位置单击以确定更多经过点，最后按 ESC 键（或在终点位置单击鼠标右键，在弹出的快捷菜单中选择"确认"命令）结束直线绘制，使用这种方法来绘制连续直线，如图 2-46 所示。

（2）使用坐标点绘制直线

如果知道直线上每个点的坐标值，可以通过输入点坐标的方式绘制精确直线。如图 2-47 所示的直线，直线两个端点坐标分别为（0,0）（坐标原点）和（5,5）。像这种直线的绘制需要输入直线两点坐标，选择"直线"命令，首先在命令栏输入"0，0"作为起点坐标，然后输入"5，5"作为终点坐标，此时将得到如图 2-47 所示的直线。

图 2-45　单条直线

图 2-46　连续直线

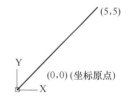

图 2-47　根据坐标点绘制直线

使用坐标点绘制直线时一定要注意，输入坐标的方式包括绝对坐标与相对坐标两种方式。绝对坐标是指每个点坐标值都是相对于坐标原点（0,0）的计算值，相对坐标是指每个点坐标值都是相对于上一个点的计算值，两种方式绘制直线结果完全不一样。

下面继续以如图 2-47 所示的直线为例说明绝对坐标与相对坐标的输入方式。选择"直线"命令，选择直线上部端点为起点，在命令栏输入"10，5"作为直线终点，此处"10，5"表示绝对坐标，结果如图 2-48 所示；如果在命令栏输入"@10，5"作为直线终点，此处"@10，5"表示相对坐标，结果如 2-49 所示。

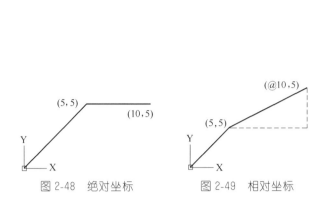

图 2-48　绝对坐标　　　　图 2-49　相对坐标

图 2-50　设置动态输入

（3）使用动态输入方式绘制直线

如果需要准确高效地绘制直线，还可以使用动态输入方式。在底部状态栏中单击 ⋮⋮⋮ ▼ 后的 ▼ 按钮，在弹出的菜单中选择"捕捉设置"命令，系统弹出如图 2-50 所示的"草图设置"对话框，在对话框中单击"动态输入"选项卡，在该选项卡中选中"启用指针输入"选项，表示在绘制图形时可以使用动态输入方式绘制直线。

如图 2-51 所示的图形，图形中三条正交边长度是已知的，这种情况使用动态输入将非常高效。选择"直线"命令，在底部状态栏中单击 ⌐ 开启正交模式，首先在合适位置单击鼠标以确定图形左下角点，向右拖动鼠标，在输入框中输入直线长度为"8"（默认单位为mm），如图 2-52 所示，继续向上拖动鼠标，设置长度为"6"，向左拖动鼠标，设置长度为"5"，命令栏此时如图 2-53 所示，最后在底部状态栏中再次单击 ⌐ 关闭正交模式，选择左下角点封闭图形。

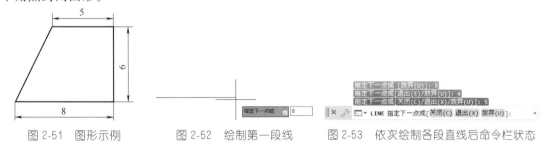

图 2-51　图形示例　　　图 2-52　绘制第一段线　　　图 2-53　依次绘制各段直线后命令栏状态

（4）绘制角度直线

绘制角度直线主要有以下两种方法。

第一种方法是直接在命令栏中按照"长度＜角度"的格式输入命令，系统将按照给定长度及角度绘制直线。如图 2-54 所示的直线，直线长度为 10，直线与水平方向夹角为 30°，要绘制这种直线，首先设置直线起点，然后在命令栏输入"@10＜30"并回车即可。

第二种方法是使用动态输入方式绘制角度直线。选择"直线"命令后，首先在动态输入框中输入直线长度为 10，然后按 TAB 键切换至角度输入框并输入角度为"30"［默认单位为（°）］，如图 2-55 所示，回车后将得到如图 2-54 所示的角度直线。

说明：绘制角度直线时，系统默认角度值是按照逆时针方向绘制的，如果是顺时针方向，需要在角度值前面加"-"号。

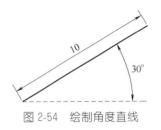

图 2-54　绘制角度直线

图 2-55　动态输入长度与角度

（5）绘制相切直线

相切直线是实际绘图中的一种典型结构，如图 2-56 所示的相切直线，现在已经完成了如图 2-57 所示图形的绘制，需要继续绘制图中的相切直线，下面具体介绍。

步骤 1　打开练习文件：cad_jxsj\ch02 draw\2.2\line。

步骤 2　选择"直线"命令，系统提示：LINE 指定第一个点：。

步骤 3　在命令栏中输入"TAN"并回车，表示绘制相切直线，系统提示：LINE 到。

步骤 4　将鼠标移动到左边圆弧大概相切的位置直到出现如图 2-58 所示的"递延切点"字符，表示捕捉圆弧切点，单击鼠标左键确定直线起点，系统提示：LINE 指定下一点或[放弃(U)]：。

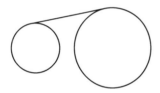

图 2-56　绘制相切直线

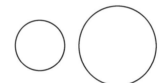

图 2-57　已经完成的结构

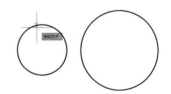

图 2-58　捕捉第一个切点

步骤 5　在命令栏中输入"TAN"并回车，表示绘制相切直线，系统提示：LINE 到。

步骤 6　将鼠标移动到右边圆弧大概相切的位置直到出现如图 2-59 所示的"递延切点"字符，表示捕捉圆弧切点，单击鼠标左键确定直线终点，完成相切直线的绘制。

（6）绘制直线实例

如图 2-60 所示的图形，主要是由正交直线及角度直线绘制而成，下面具体介绍。

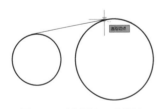

图 2-59　捕捉第二个切点

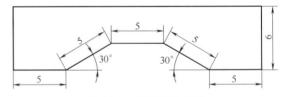

图 2-60　绘制直线实例

步骤 1　选择"直线"命令，系统提示：LINE 指定第一个点：。

步骤 2　在任意位置单击以确定直线第一个点，系统提示：LINE 指定下一点或[放弃(U)]：。

步骤 3　在底部状态栏中单击 启动正交模式，向右拖动鼠标，在动态输入框中输入直线长度为"5"并回车，系统提示：LINE 指定下一点或 [退出 (E) 放弃 (U)]：。

步骤 4　在底部状态栏中单击 取消正交模式，在动态输入框中输入直线长度为"5"，按 TAB 键切换，然后输入直线角度为"30"并回车，系统提示：LINE 指定下一点或 [关闭 (C) 退出 (X) 放弃 (U)]：。

步骤5 在底部状态栏中单击L启动正交模式，向右拖动鼠标，在动态输入框中输入直线长度为"5"并回车，系统提示：LINE 指定下一点或 [关闭 (C) 退出 (X) 放弃 (U)]：。

步骤6 在底部状态栏中单击L取消正交模式，在动态输入框中输入直线长度为"5"，按 TAB 键切换，然后输入直线角度为"－30"并回车，系统提示：LINE 指定下一点或 [关闭 (C) 退出 (X) 放弃 (U)]：。

步骤7 在底部状态栏中单击L启动正交模式，向右拖动鼠标，在动态输入框中输入直线长度为"5"并回车，系统提示：LINE 指定下一点或 [关闭 (C) 退出 (X) 放弃 (U)]：。

步骤8 向上拖动鼠标，在动态输入框中输入直线长度为"6"并回车，系统提示：LINE 指定下一点或 [关闭 (C) 退出 (X) 放弃 (U)]：。

步骤9 向左拖动鼠标，注意捕捉直线端点与图形起点位置竖直对齐，系统提示：LINE 指定下一点或 [关闭 (C) 退出 (X) 放弃 (U)]：。

步骤10 在命令栏输入"C"并回车，表示封闭图形。

2.2.2 绘制多段线

使用"多段线"命令来绘制由一系列直线或弧线相互连接的图形，这些图形也可以使用"直线"命令或"圆弧"命令绘制，但是使用"多段线"命令绘制的直线和圆弧是一个整体图形，可以对其进行整体的操作，这是"多段线"最主要的特点。

（1）多段线基本操作

选择"多段线"命令主要有两种方法：一种方法是在"默认"选项卡中单击"多段线"按钮，另外一种方法是直接在命令栏中输入"PL"（PLINE)并回车。

如图 2-61 所示的四边形图形，像这种图形可以直接使用多段线快速绘制。选择"多段线"命令，首先在任意位置单击以确定四边形的起点，然后拖动鼠标以确定四边形其余三个顶点，最后连接到起点完成四边形绘制。

（2）精确绘制多段线

下面以如图 2-62 所示图形为例介绍精确绘制多段线方法。

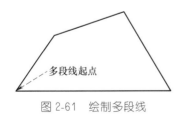

图 2-61　绘制多段线

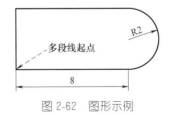

图 2-62　图形示例

步骤1 选择"多段线"命令，系统提示：PLINE 指定起点：。

步骤2 在任意位置单击以确定如图 2-62 所示多段线起点，系统提示：PLINE 指定下一个点或[圆弧(A) 半宽(H) 长度(L) 放弃(U) 宽度(W)]：。

步骤3 在底部状态栏中单击L开启正交模式，向右拖动鼠标，开启动态输入，在输入框中输入直线长度为"8"并回车，系统提示：PLINE 指定下一点或 [圆弧(A) 闭合(C) 半宽(H) 长度(L) 放弃(U) 宽度(W)]：。

步骤4 在命令栏输入"A"并回车，表示接下来绘制圆弧，系统提示：PLINE [角度(A) 圆心(CE) 闭合(CL) 方向(D) 半宽(H) 直线(L) 半径(R) 第二个点(S) 放弃(U) 宽度(W)]：。

步骤5 在命令栏输入"A"并回车，表示使用角度绘制圆弧，系统提示：PLINE 指定夹角：。

步骤6 在命令栏输入"180"并回车，表示圆弧夹角为"180"，系统提示：PLINE 指定圆弧的端点（按住 Ctrl 键以切换方向）或 [圆心(CE) 半径(R)]：。

步骤7 在命令栏输入"R"并回车，表示定义圆弧半径，系统提示：PLINE 指定圆弧的半径：。

步骤8 在命令栏输入"2"并回车，表示圆弧半径为 2mm，系统提示：PLINE 指定圆弧的弦方向(按住 Ctrl 键以切换方向)<0>：。

步骤9 在直线上方单击，表示在直线上方绘制圆弧，系统提示：PLINE [角度(A) 圆心(CE) 闭合(CL) 方向(D) 半宽(H) 直线(L) 半径(R) 第二个点(S) 放弃(U) 宽度(W)]：。

步骤10 在命令栏输入"L"并回车，表示接下来绘制直线，系统提示：PLINE 指定下一点或 [圆弧(A) 闭合(C) 半宽(H) 长度(L) 放弃(U) 宽度(W)]：。

步骤11 向左拖动鼠标，注意捕捉直线端点与图形起点位置竖直对齐，系统提示：PLINE 指定下一点或 [圆弧(A) 闭合(C) 半宽(H) 长度(L) 放弃(U) 宽度(W)]：。

步骤12 在命令栏输入"C"并回车，表示封闭多段线，完成图形绘制。

2.2.3 绘制圆

使用"圆"命令来绘制各种圆图形，AutoCAD 中提供了多种圆绘制方法。

（1）选择"圆"命令

选择"圆"命令主要有两种方法：一种方法是在"默认"选项卡中单击 ⊙ 旁的 ▼ 按钮，展开如图 2-63 所示的圆菜单，在该菜单中选择"圆"命令（包括六种绘制圆的方法）；另外一种方法是直接在命令栏中输入"CIRCLE"并回车。

（2）使用半径/直径绘制圆

使用半径/直径绘制圆就是选定圆心后，输入圆的半径或直径绘制圆。接下来首先使用半径绘制如图 2-64 所示的圆，然后在此基础上绘制直径为 7mm 的圆，如图 2-65 所示。

图 2-63　圆菜单

图 2-64　使用半径绘制圆

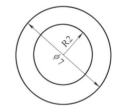

图 2-65　使用直径绘制圆

步骤1 选择"圆"命令，系统提示：CIRCLE 指定圆的圆心或 [三点(3P) 两点(2P) 切点、切点、半径(T)]：。

步骤2 在任意位置单击以确定圆心位置，系统提示：CIRCLE 指定圆的半径或 [直径(D)]：。

步骤3 在命令栏输入"2"并回车，表示圆的半径为 2mm，如图 2-64 所示。

步骤 4　按空格键继续绘制圆，系统提示：CIRCLE 指定圆的圆心或[三点(3P)两点(2P)切点、切点、半径(T)]:。

步骤 5　选择步骤 2 绘制圆的圆心，系统提示：CIRCLE 指定圆的半径或[直径(D)]〈2.0000〉:。

步骤 6　在命令栏输入"D"并回车，表示使用直径绘制圆，系统提示：CIRCLE 指定圆的直径〈4.0000〉:。

步骤 7　在命令栏输入"7"并回车，表示圆的直径为 7mm，如图 2-65 所示。

（3）其他绘制圆方法

除了使用圆心与半径或圆心与直径绘制圆以外，AutoCAD 还提供了另外四种绘制圆的方法，下面以如图 2-66 所示的参考图形为例介绍其余四种绘制圆的方法。

步骤 1　打开练习文件：cad_jxsj\ch02 draw\2.2\circle。

步骤 2　使用两点绘制圆。在圆菜单中选择 ⊘两点命令，选择如图 2-67 所示的两个点为参考点，系统以选择的两点连线为直径绘制圆。

步骤 3　使用三点绘制圆。在圆菜单中选择 ⊘三点命令，选择如图 2-68 所示的三个点为参考点，系统通过三个点绘制圆。

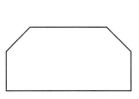

图 2-66　参考图形

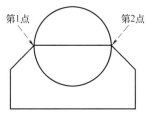

图 2-67　使用两点绘制圆

图 2-68　使用三点绘制圆

步骤 4　使用两相切及半径绘制圆。在圆菜单中选择 ⊘相切,相切,半径命令，首先选择如图 2-69 左侧竖直直线及底部直线为参考线，在命令栏输入半径为"1.5"，系统绘制一个同时与选择的两条参考线相切、半径为 1.5mm 的圆。

步骤 5　使用三相切绘制圆。在圆菜单中选择 ⊘相切,相切,相切命令，选择如图 2-70 所示的顶部直线、左侧斜线及左侧竖直直线为参考，系统绘制一个同时与三条参考线相切的圆。

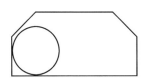

图 2-69　使用两相切及半径绘制圆

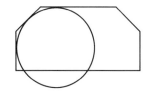

图 2-70　使用三相切绘制圆

2.2.4　绘制圆弧

"圆弧"命令用于绘制各种非整圆的圆弧，下面对其进行具体介绍。

（1）选择"圆弧"命令

选择"圆弧"命令主要有两种方法：一种方法是在"默认"选项卡中单击 ⌒ 旁的 ▼ 按钮，展开如图 2-71 所示的圆弧菜单，在该菜单中选择"圆弧"命令（包括 11 种绘制圆弧的方法）；另外一种方法是直接在命令栏中输入"ARC"并回车。

（2）绘制圆弧方法

下面以如图2-72所示的参考图形为例介绍圆弧绘制方法。

步骤1 打开练习文件：cad_jxsj\ch02 draw\2.2\arc。

步骤2 使用三点绘制圆弧。在圆弧菜单中选择 三点 命令，依次选择三个点为参考点，系统以选择的三点绘制圆弧，如图2-73所示。

步骤3 使用起点、圆心、端点绘制圆弧。在圆弧菜单中选择 起点,圆心,端点 命令，依次选择起点、圆心及端点，系统以选择的参考点绘制圆弧，如图2-74所示。

步骤4 使用起点、圆心、角度绘制圆弧。在圆弧菜单中选择 起点,圆心,角度 命令，依次选择起点及圆心，在命令栏输入圆弧角度为"30"，系统根据选择的起点及圆心，还有给定的圆弧角度绘制圆弧，如图2-75所示。

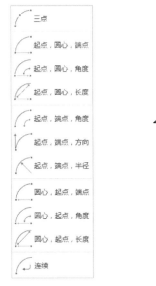

图 2-71 圆弧菜单

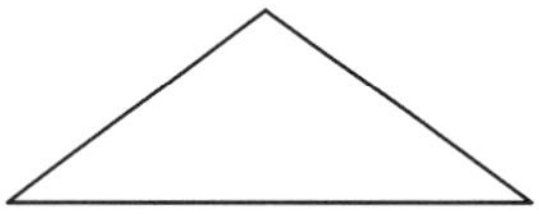

图 2-72 参考图形

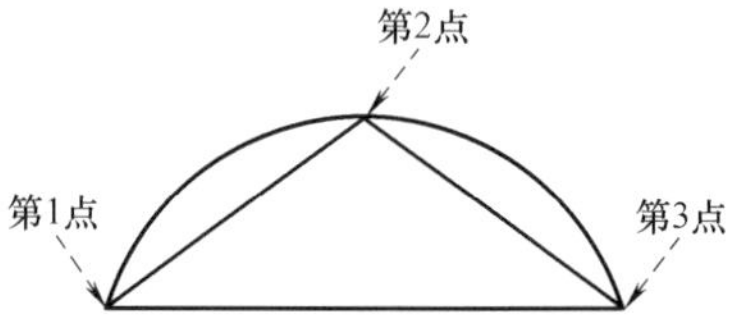

图 2-73 三点绘制圆弧

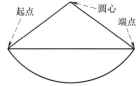

图 2-74 起点、圆心、端点绘制圆弧

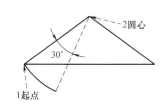

图 2-75 起点、圆心、角度绘制圆弧

步骤5 使用起点、圆心、长度绘制圆弧。在圆弧菜单中选择 起点,圆心,长度 命令，依次选择起点及圆心，在命令栏输入圆弧弦长为"6"，系统根据选择的起点及圆心，还有给定的圆弧弦长绘制圆弧，如图2-76所示。

步骤6 使用起点、端点、角度绘制圆弧。在圆弧菜单中选择 起点,端点,角度 命令，依次选择起点及端点，在命令栏输入圆弧夹角为"120"，系统根据选择的起点及端点，还有给定的圆弧中心夹角绘制圆弧，如图2-77所示。

步骤7 使用起点、端点、方向绘制圆弧。在"圆弧"菜单中选择 起点,端点,方向 命令，依次选择如图2-78所示的起点及端点，然后选择方向参考点，系统根据选择的起点及端点，还有方向参考绘制圆弧（圆弧与方向参考相切），如图2-78所示。

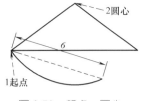

图 2-76 起点、圆心、
长度绘制圆弧

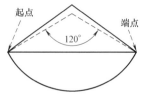

图 2-77 起点、端点、
角度绘制圆弧

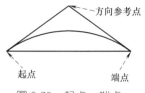

图 2-78 起点、端点、
方向绘制圆弧

步骤 8　使用起点、端点、半径绘制圆弧。在"圆弧"菜单中选择 起点.端点.半径命令，依次选择起点与端点，在命令栏输入圆弧半径为"6"，系统以选择的起点及端点，还有给定的圆弧半径绘制圆弧，如图 2-79 所示。

步骤 9　使用圆心、起点、端点绘制圆弧。在"圆弧"菜单中选择圆心.起点.端点命令，依次选择圆心起点及端点，系统以选择的参考点绘制圆弧，如图 2-80 所示。

步骤 10　使用圆心、起点、角度绘制圆弧。在"圆弧"菜单中选择圆心.起点.角度命令，依次选择圆心与起点，在命令栏输入圆弧角度为"30"，系统以选择的圆心及起点，还有给定的圆弧角度绘制圆弧，如图 2-81 所示。

图 2-79　起点、端点、半径绘制圆弧

图 2-80　圆心、起点、端点绘制圆弧

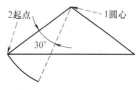
图 2-81　圆心、起点、角度绘制圆弧

步骤 11　使用圆心、起点、长度绘制圆弧。在"圆弧"菜单中选择圆心.起点.长度命令，依次选择圆心与起点，在命令栏输入圆弧弦长为"6"，系统以选择的圆心及起点，还有给定的圆弧弦长绘制圆弧，如图 2-82 所示。

步骤 12　使用连续方法绘制圆弧。在"圆弧"菜单中选择连续命令，系统自动以上一个圆弧终点作为起点连续绘制圆弧，如图 2-83 所示。

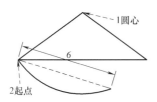
图 2-82　圆心、起点、长度绘制圆弧

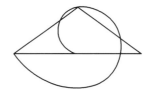
图 2-83　连续方法绘制圆弧

2.2.5　绘制矩形

"矩形"命令用于绘制矩形，AutoCAD 提供了多种矩形绘制方法，包括一般矩形、倒角矩形、圆角矩形、宽度矩形等，下面具体介绍其操作。

（1）选择矩形命令

选择"矩形"命令主要有两种方法：一种方法是在"默认"选项卡中单击"矩形"按钮，另外一种方法是直接在命令栏中输入"RECTANG"并回车（注：指令不区分大小写）。

（2）绘制一般矩形

一般矩形如图 2-84 所示，下面以此为例介绍一般矩形绘制方法。

步骤 1　选择"矩形"命令，系统提示：RECTANG 指定第一个角点或 ［倒角(C) 标高(E) 圆角(F) 厚度(T) 宽度(W)］：。

步骤 2　在任意位置单击以确定矩形第一个角点，系统提示：RECTANG 指定另一个角

点或 [面积(A) 尺寸(D) 旋转(R)]:。

步骤 3　在命令栏输入"@10, 6"并回车，完成矩形的绘制。

（3）绘制倒角矩形

倒角矩形如图 2-85 所示，下面以此为例介绍倒角矩形绘制方法。

步骤 1　选择"矩形"命令，系统提示：RECTANG 指定第一个角点或 [倒角(C) 标高(E) 圆角(F) 厚度(T) 宽度(W)]:。

步骤 2　在命令栏输入"C"并回车，表示绘制倒角矩形，系统提示：RECTANG 指定矩形的第一个倒角距离〈0.0000〉:。

步骤 3　在命令栏输入"1"并回车，表示第一个倒角尺寸为 1mm，系统提示：RECTANG 指定矩形的第二个倒角距离〈1.0000〉:。

步骤 4　在命令栏输入"1"并回车，表示第二个倒角尺寸为 1mm，系统提示：RECTANG 指定第一个角点或 [倒角(C) 标高(E) 圆角(F) 厚度(T) 宽度(W)]:。

步骤 5　在任意位置单击以确定矩形第一个角点，系统提示：RECTANG 指定另一个角点或 [面积(A) 尺寸(D) 旋转(R)]:。

步骤 6　在命令栏输入"@10, 6"并回车，完成倒角矩形的绘制。

（4）绘制圆角矩形

圆角矩形如图 2-86 所示，下面以此为例介绍圆角矩形绘制方法。

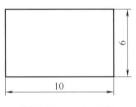
图 2-84　一般矩形

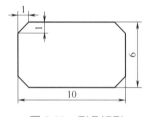
图 2-85　倒角矩形

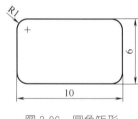
图 2-86　圆角矩形

步骤 1　选择"矩形"命令，系统提示：RECTANG 指定第一个角点或 [倒角(C) 标高(E) 圆角(F) 厚度(T) 宽度(W)]:。

步骤 2　在命令栏输入"F"并回车，表示绘制圆角矩形，系统提示：RECTANG 指定矩形的圆角半径〈1.0000〉:。

步骤 3　在命令栏输入"1"并回车，表示圆角半径为 1mm，系统提示：RECTANG 指定第一个角点或 [倒角(C) 标高(E) 圆角(F) 厚度(T) 宽度(W)]:。

步骤 4　在任意位置单击以确定矩形第一个角点，系统提示：RECTANG 指定另一个角点或 [面积(A) 尺寸(D) 旋转(R)]:。

步骤 5　在命令栏输入"@10, 6"并回车，完成圆角矩形的绘制。

（5）绘制宽度矩形

宽度矩形如图 2-87 所示，下面以此为例介绍宽度矩形绘制方法。

步骤 1　选择"矩形"命令，系统提示：RECTANG 指定第一个角点或 [倒角(C) 标高(E) 圆角(F) 厚度(T) 宽度(W)]:。

步骤 2　在命令栏输入"W"并回车，表示绘制宽度矩形，系统提示：RECTANG 指定矩形的线宽〈0.0000〉:。

步骤 3　在命令栏输入"1"并回车，表示矩形宽度为 1mm，系统提示：RECTANG 指定第一个角点或 [倒角(C) 标高(E) 圆角(F) 厚度(T) 宽度(W)]:。

步骤 4　在任意位置单击以确定矩形第一个角点，系统提示：RECTANG 指定另一个角点或〔**面积(A) 尺寸(D) 旋转(R)**〕：。

步骤5 在命令栏输入"@10，6"并回车，完成宽度矩形的绘制。

💡 **说明：**本例绘制的宽度矩形中带有圆角，这是因为前面绘制的矩形中定义过圆角，所以后面再绘制矩形时默认情况下也是带有圆角的，如果需要编辑圆角参数，可以在步骤3时在命令栏输入"F"并回车，然后设置圆角参数即可。

（6）绘制旋转角度矩形

旋转角度矩形如图2-88所示，下面以此为例介绍旋转角度矩形绘制方法。

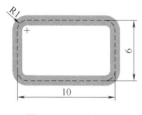

图2-87 宽度矩形

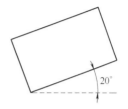

图2-88 旋转角度矩形

步骤1 选择"矩形"命令，系统提示：RECTANG 指定第一个角点或〔**倒角(C) 标高(E) 圆角(F) 厚度(T) 宽度(W)**〕：。

步骤2 在命令栏输入"W"并回车，表示设置矩形宽度，系统提示：RECTANG 指定矩形的线宽〈1.0000〉：。

步骤3 在命令栏输入"0"并回车，表示矩形宽度为0mm，系统提示：RECTANG 指定第一个角点或〔**倒角(C) 标高(E) 圆角(F) 厚度(T) 宽度(W)**〕：。

步骤4 在命令栏输入"F"并回车，表示设置矩形圆角，系统提示：RECTANG 指定矩形的圆角半径〈1.0000〉：。

步骤5 在命令栏输入"0"并回车，表示矩形圆角半径为0mm，系统提示：RECTANG 指定第一个角点或〔**倒角(C) 标高(E) 圆角(F) 厚度(T) 宽度(W)**〕：。

步骤6 在任意位置单击以确定矩形第一个角点，系统提示：RECTANG 指定另一个角点或〔**面积(A) 尺寸(D) 旋转(R)**〕：。

步骤7 在命令栏输入"R"并回车，表示旋转矩形，系统提示：RECTANG 指定旋转角度或〔**拾取点(P)**〕〈0〉：。

步骤8 在命令栏输入"20"并回车，表示矩形旋转角度为20°，系统提示：RECTANG 指定另一个角点或〔**面积(A) 尺寸(D) 旋转(R)**〕：。

步骤9 在命令栏输入"D"并回车，表示设置矩形尺寸，系统提示：RECTANG 指定矩形的长度〈10.0000〉：。

步骤10 在命令栏输入"10"并回车，表示矩形长度为10mm，系统提示：RECTANG 指定矩形的宽度〈6.0000〉：。

步骤11 在命令栏输入"6"并回车，表示矩形宽度为6mm，系统提示：RECTANG 指定另一个角点或〔**面积(A) 尺寸(D) 旋转(R)**〕：。

步骤12 在合适位置单击以确定矩形另一个角点位置，完成旋转角度矩形绘制。

2.2.6 绘制多边形

使用"多边形"命令用于绘制任意边数的正多边形，下面具体介绍。

（1）选择多边形命令

选择"多边形"命令主要有两种方法：一种方法是在"默认"选项卡中选择 ⬜ ▼下的 🔷多边形命令，另外一种方法是直接在命令栏中输入"POLYGON"并回车。

（2）绘制内接圆多边形

参考圆如图 2-89 所示，下面以此为例介绍如图 2-90 所示内接圆多边形绘制。

步骤 1 打开练习文件：cad_jxsj\ch02 draw\2.2\polygon。

步骤 2 选择"多边形"命令，系统提示：POLYGON_polygon 输入侧面数〈5〉:。

步骤 3 在命令栏输入"5"并回车，表示绘制正五边形，系统提示：POLYGON 指定正多边形的中心点或[边(E)]:。

步骤 4 选择参考圆的圆心为正多边形中心点，系统提示：POLYGON 输入选项[内接于圆(I) 外切于圆(C)]〈C〉:。

步骤 5 在命令栏输入"I"并回车，表示绘制内接圆正多边形，系统提示：POLYGON 指定圆的半径:。

步骤 6 在命令栏输入"4"并回车，表示参考圆半径为 4mm，完成内接圆多边形绘制。

（3）绘制外切圆多边形

外切圆多边形如图 2-91 所示，外切圆多边形绘制方法与内接圆多边形绘制方法类似，需要在以上介绍绘制内接圆多边形步骤 5 时在命令栏输入"C"，表示绘制外切圆类型，然后在步骤 6 中设置参考圆半径为 4mm，具体操作此处不再赘述。

图 2-89　参考圆

图 2-90　内接圆多边形

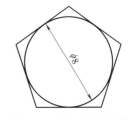

图 2-91　外切圆多边形

2.2.7　绘制椭圆与椭圆弧

"椭圆"命令用于绘制椭圆或椭圆弧，下面对其进行具体介绍。

（1）选择"椭圆"命令

选择"椭圆"命令主要有两种方法：一种方法是在"默认"选项卡中单击 ⬭ 旁的 ▼ 按钮，展开如图 2-92 所示的椭圆菜单，在该菜单中选择"椭圆"命令（包括三种绘制椭圆的方法）；另外一种方法是直接在命令栏中输入"ELLIPSE"并回车。

（2）使用圆心绘制椭圆

下面以如图 2-93 所示的椭圆为例介绍使用圆心绘制椭圆的方法。

步骤 1 在"椭圆"菜单中选择 ⬭圆心命令，系统提示：ELLIPSE 指定椭圆的中心点:。

步骤 2 在任意位置单击以确定椭圆中心点，系统提示：ELLIPSE 指定轴的端点:〈正交 开〉。

步骤 3 在底部状态栏单击 ∟ 开启正交模式，在水平方向拖动鼠标，然后在命令栏输入"8"并回车，表示定义椭圆长半轴长度为 8mm，系统提示：ELLIPSE 指定另一条半轴长度或［旋转(R)］：。

步骤 4　在命令栏输入"4"并回车，表示定义短半轴长度为 4mm，完成椭圆绘制。

提示：使用轴和端点绘制椭圆的方法不常用，此处不再赘述。

（3）绘制椭圆弧

下面以如图 2-94 所示的椭圆弧为例介绍椭圆弧绘制方法。

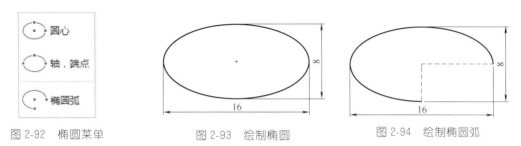

图 2-92　椭圆菜单　　　　　图 2-93　绘制椭圆　　　　　图 2-94　绘制椭圆弧

步骤 1　在"椭圆"菜单中选择 ⌒椭圆弧 命令，系统提示：ELLIPSE 指定椭圆弧的轴端点或［中心点(C)］：。

步骤 2　在命令栏输入"C"并回车，表示使用中心点绘制椭圆弧，系统提示：EL-LIPSE 指定椭圆弧的中心点：。

步骤 3　在任意位置单击以确定椭圆弧中心点，系统提示：ELLIPSE 指定轴的端点：。

步骤 4　在底部状态栏单击 ⌐ 开启正交模式，在水平方向拖动鼠标，然后在命令栏输入"8"并回车，表示定义椭圆弧长半轴长度为 8mm，系统提示：ELLIPSE 指定另一条半轴长度或［旋转(R)］：。

步骤 5　在命令栏输入"4"并回车，表示定义短半轴长度为 4mm，系统提示。EL-LIPSE 指定起点角度或［参数(P)］：。

步骤 6　在命令栏输入"0"并回车，表示椭圆弧起始角度为 0°，系统提示。ELLIPSE 指定端点角度或［参数(P) 夹角(I)］：。

步骤 7　在命令栏输入"270"并回车，表示椭圆弧终止角度为 270°，完成椭圆弧的绘制。

2.2.8　绘制多线

多线是由多条平行且连续的直线段组成的一种复合线，绘制一条多线相当于一次性绘制多条平行直线，主要用于建筑制图，因为建筑制图中一般需要使用多线表达砖墙的厚度效果，另外在焊件绘图中应用也比较广泛，下面具体介绍多线的绘制、样式及编辑方法。

（1）使用"多线"命令

系统默认多线是由两条平行线组成的，下拉菜单"绘图"→"多线"命令用于绘制多线，下面以如图 2-95 所示图形为例介绍多线的绘制方法。

步骤 1　打开练习文件：cad_jxsj\ch02 draw\2.2\mline。

步骤 2　选择下拉菜单"绘图"→"多线"命令，系统提示：MLINE 指定起点或［对正(J) 比例(S) 样式(ST)］：。

步骤 3　在命令栏输入"S"并回车，表示设置多线比例，系统提示：MLINE 输入多线比例 〈5.00〉：。

步骤 4　在命令栏输入"5"并回车，系统提示：MLINE 指定起点或［对正(J) 比例(S) 样式(ST)］：。

💡 **说明：**系统默认多线尺寸为 1mm，在实际绘制多线时，通过设置多线比例来控制多线距离。系统默认多线比例为 5，也就是说多线中两条平行线之间的距离为默认值的 5 倍，即多线距离为 5mm。

步骤 5 在底部状态栏中启用"正交"模式，按照绘制直线的方法绘制多线：首先水平向右绘制多线，长度为 100mm，然后竖直绘制，长度为 50mm，然后水平向左绘制，长度为 50mm，然后竖直向下绘制，长度为 20mm，然后水平向左绘制，长度为 50mm，绘制到最后一段时，在命令栏输入"C"并回车封闭多线，结果如图 2-95 所示。

💡 **说明：**在绘制多线时，输入的每一段长度应该以多线内侧尺寸为准。

（2）设置多线样式

绘制多线后无法修改多线样式，所以在正式绘制多线之前需要首先设置多线样式。例如现在需要绘制如图 2-96 所示的多线图形，也就是中心带中心线的多线（系统默认多线不带中心线），多线距离为 10mm，下面以此为例介绍设置多线样式操作。

步骤 1 选择命令。选择下拉菜单"格式"→"多线样式"命令，系统弹出如图 2-97 所示的"多线样式"对话框，在该对话框中可设置并管理多线样式。

步骤 2 新建多线样式。在"多线样式"对话框中单击"新建"按钮，系统弹出如图 2-98 所示的"创建新的多线样式"对话框，输入新样式名称为"m10"，单击"继续"按钮。

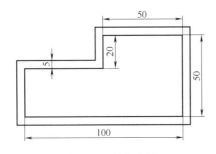

图 2-95　绘制多线

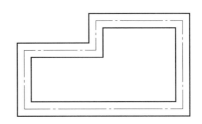

图 2-96　设置多线样式

图 2-97　"多线样式"对话框

图 2-98　新建多线样式

步骤 3 定义多线样式。新建多线样式后系统弹出"新建多线样式：M10"对话框如图 2-99 所示，可以在该对话框中定义多线样式（包括样式说明、多线属性等）。下面对其进行具体介绍。

① 在"说明"文本框中输入"10mm 多线"对新建的多线样式进行说明。

② 在"图元"区域的列表中设置多线距离。因为系统默认多线距离为 1mm，所以两侧偏移距离分别为 0.5mm 和 −0.5mm，如果要设置多线距离为 10mm，需要设置两侧偏移距离为"5"和"−5"，分别在图元列表中选中需要设置的偏移对象，然后在下方的"偏移"文本框中输入两侧各自的偏移距离即可，如图 2-99 所示。

③ 添加线。根据本例要求，需要在多线中添加中心线，单击"添加"按钮，系统添加一条无偏移的线，也就是中心位置的线。单击"线型"按钮，系统弹出如图 2-100 所示的"选择线型"对话框，在对话框中选择"CENTER×2"线型，单击"确定"按钮，此时在多线列表中得到添加的中心线，如图 2-101 所示，单击"确定"按钮。

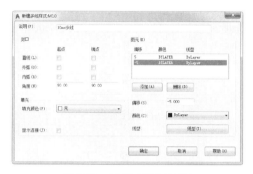

图 2-99　设置名称及偏移

图 2-100　选择线型

步骤 4　管理多线样式。完成多线定义后系统返回至"多线样式"对话框，如图 2-102 所示，在该对话框中可管理多线样式：可以将选中样式设置为当前样式，也可以新建新的样式，还可以对多线样式进行修改、重命名、删除等。单击"保存"按钮，可以保存新建的多线样式，如图 2-103 所示；单击"加载"按钮可以加载多线样式，如图 2-104 所示。

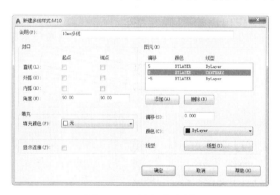

图 2-101　添加中心线

图 2-102　管理多线

图 2-103　保存多线样式

图 2-104　加载多线样式

> 💡 **说明**：在管理多线样式时如果将样式设置为当前样式，就无法对样式进行新建、修改等操作，这一点需要读者特别注意。

步骤5 使用新建多线样式绘图。按照上一步操作将新建的多线样式设置为当前样式，选择下拉菜单"绘图"→"多线"命令，按照如图2-96所示尺寸要求绘制多线，注意设置多线比例为1，其余采用系统默认设置，结果如图2-97所示。

以上介绍了多线样式设置的基本操作，接下来具体介绍多线样式的一些常用属性，包括封口样式、填充样式、连接属性及添加线属性等。

在"新建多线样式"对话框的"封口"区域可以设置多线封口样式，包括直线、外弧、内弧及角度四种，在对应样式后面选中"起点"选项表示添加起点封口，选中"端点"选项表示添加终点封口，四种封口样式效果如图2-105所示。

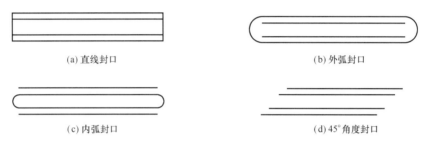

(a) 直线封口   (b) 外弧封口

(c) 内弧封口   (d) 45°角度封口

图 2-105   四种封口样式

在"新建多线样式"对话框的"填充"区域可以设置多线填充颜色，在下拉列表中选择"洋红"颜色，结果如图2-106所示。

在"新建多线样式"对话框中选中"显示连接"选项，表示在绘制多线的拐角位置显示连接线，如图2-107所示，这种样式在焊件绘图中应用比较广泛。

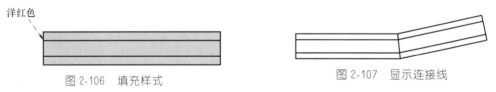

洋红色

图 2-106   填充样式   图 2-107   显示连接线

在"新建多线样式"对话框的"图元"区域可以根据实际需要添加多条线，添加线后一定要正确设置偏移距离来控制多线之间的距离。如图2-108所示，添加两条线（一共四条线），偏移分别设为"0.25"和"－0.25"，结果如图2-109所示。

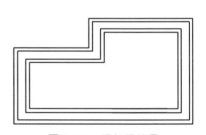

图 2-108   添加线   图 2-109   添加线结果

（3）编辑多线

绘制多线同样需要对多线进行修剪，但是无法使用"修剪"命令对多线进行修剪，需要使用专门的命令对多线进行编辑。选择下拉菜单"修改"→"对象"→"多线"命令，系统弹出如图 2-110 所示的"多线编辑工具"对话框，可使用该对话框编辑多线。下面以如图 2-111 所示的多线图形为例介绍编辑多线的操作。

💡 **说明**：学习本小节内容时打开文件："cad_jxsj \ch02 draw \2.2 \mline_edit"进行练习。

图 2-110 "多线编辑工具"对话框

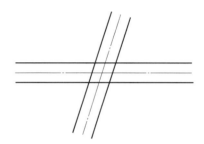

图 2-111 多线图形

① 十字编辑。"多线编辑工具"对话框中第一列工具用于对相交的多线进行十字编辑，包括十字闭合、十字打开及十字合并三种样式。

单击"十字闭合"按钮，首先选择图 2-111 中水平多线，然后选择倾斜多线，结果如图 2-112 所示（选择多线的先后顺序不同编辑结果不同）。

单击"十字打开"按钮，首先选择图 2-111 中水平多线，然后选择倾斜多线，结果如图 2-113 所示（编辑结果与选择多线的先后顺序无关）。

单击"十字合并"按钮，首先选择图 2-111 中水平多线，然后选择倾斜多线，结果如图 2-114 所示（编辑结果与选择多线的先后顺序无关）。

图 2-112 十字闭合　　　　　　图 2-113 十字打开　　　　　　图 2-114 十字合并

② T 形编辑。"多线编辑工具"对话框中第二列工具用于对相交的多线进行 T 形编辑，包括 T 形闭合、T 形打开及 T 形合并三种样式。

单击"T 形闭合"按钮，首先选择图 2-111 中水平多线，然后选择倾斜多线，结果如图 2-115 所示（选择多线的先后顺序不同，编辑结果不同）。

单击"T 形打开"按钮，首先选择图 2-111 中水平多线，然后选择倾斜多线，结果如图 2-116 所示（选择多线的先后顺序不同，编辑结果不同）。

单击"T形合并"按钮, 首先选择图 2-111 中水平多线，然后选择倾斜多线，结果如图 2-117 所示（选择多线的先后顺序不同，编辑结果不同）。

图 2-115　T 形闭合　　　　图 2-116　T 形打开　　　　图 2-117　T 形合并

③ 顶点编辑。"多线编辑工具"对话框中第三列工具用于编辑多线顶点，包括角点结合、添加顶点及删除顶点三种类型。

单击"角点结合"按钮, 首先选择图 2-111 中水平多线，然后选择倾斜多线，结果如图 2-118 所示（编辑结果与选择多线的先后顺序无关）。

单击"添加顶点"按钮, 在如图 2-119 所示多线中点位置单击以确定添加顶点位置，添加顶点后再次单击多线，此时在多线中点位置显示控制点，如图 2-120 所示，拖动控制点到如图 2-121 所示位置，结果如图 2-122 所示。

单击"删除顶点"按钮, 单击如图 2-122 所示多线中间位置（添加的多线顶点），系统删除多线顶点，结果如图 2-119 所示。

图 2-118　角点结合　　　　图 2-119　多线图形　　　　图 2-120　添加顶点

④ 多线剪切。"多线编辑工具"对话框中第四列工具用于对多线进行剪切编辑，包括单个剪切、全部剪切及全部接合（相当于删除剪切或撤销剪切）三种类型。

单击"单个剪切"按钮, 在如图 2-119 所示多线图形上依次单击如图 2-123 所示位置以确定剪切位置，结果如图 2-124 所示。

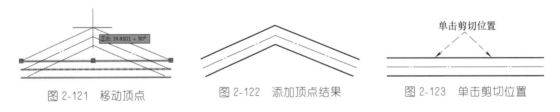

图 2-121　移动顶点　　　　图 2-122　添加顶点结果　　　　图 2-123　单击剪切位置

单击"全部剪切"按钮, 在如图 2-119 所示多线图形上依次单击如图 2-123 所示位置以确定剪切位置，结果如图 2-125 所示。

单击"全部接合"按钮, 在如图 2-125 所示多线图形的断开位置单击，表示重新连接断开的多线，结果如图 2-119 所示。

图 2-124　单个剪切　　　　　　　　图 2-125　全部剪切

2.3　辅助图形绘制

辅助图形一般用于图形绘制的参考或补充，主要包括样条曲线、构造线、射线、云线及填充图形等，下面具体介绍一些常用的辅助图形绘制工具。

2.3.1　绘制样条曲线

"样条曲线"命令用于绘制拟合样条曲线（即通过点的样条曲线）及控制点样条曲线，下面具体介绍这两种样条曲线的绘制方法。

（1）选择"样条曲线"命令

选择"样条曲线"命令主要有三种方法：第一种方法是在"默认"选项卡的"绘图"区域单击 $\sim$ 按钮绘制拟合样条曲线；第二种方法是在"默认"选项卡的"绘图"区域单击 $\sim$ 按钮绘制控制点样条曲线；第三种方法是在命令栏中输入"SPLINE"并回车。

（2）绘制拟合样条曲线

拟合样条曲线通过选择曲线经过点来绘制样条曲线。下面以如图 2-126 所示的参考图形为例介绍拟合样条曲线的绘制方法与技巧。

步骤 1　打开练习文件：cad_jxsj\ch02 draw\2.3\spline01。

步骤 2　在"默认"选项卡的"绘图"区域单击 $\sim$ 按钮，系统提示：SPLINE 指定第一个点或 [**方式(M) 节点(K) 对象(O)**]：。

步骤 3　依次在图形上单击如图 2-127 所示的四个点，系统提示：SPLINE 输入下一个点或 [**端点相切(T) 公差(L) 放弃(U) 闭合(C)**]：。

步骤 4　按 ESC 键，完成拟合样条曲线绘制，结果如图 2-127 所示。

绘制拟合样条曲线时还可以在样条曲线两端添加相切约束条件。下面继续使用如图 2-126 所示的参考图形为例，介绍绘制相切样条曲线操作，结果如图 2-128 所示。

图 2-126　参考图形（一）

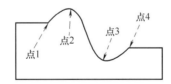

图 2-127　参考图形曲线经过点

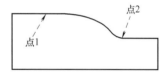

图 2-128　绘制相切样条曲线

步骤 1　在"默认"选项卡的"绘图"区域单击 $\sim$ 按钮，系统提示：SPLINE 指定第一个点或 [**方式(M) 节点(K) 对象(O)**]：。

步骤 2　在图形上选择如图 2-128 所示的点 1 为样条曲线起点，系统提示：SPLINE 输入下一个点或 [**起点切向(T) 公差(L)**]：。

步骤 3　在命令栏输入"T"并回车，表示在起点添加相切条件，系统提示：SPLINE 指定起点切向：〈正交 开〉。

步骤 4　在底部状态栏单击 $\llcorner$ 开启正交模式，在水平方向拖动鼠标，定义样条曲线起点相切方向为水平向右的方向，系统提示：SPLINE 输入下一个点或 [**起点切向(T) 公差(L)**]：。

步骤 5　在图形上选择如图 2-128 所示的点 2 为样条曲线终点，系统提示：SPLINE 输入下一个点或 [**端点相切(T) 公差(L) 放弃(U)**]：。

步骤 6　在命令栏输入"T"并回车，表示在终点添加相切条件，系统提示：SPLINE 指定端点切向：。

步骤7　在水平方向拖动鼠标，定义样条曲线终点相切方向为水平向右的方向。

（3）绘制控制点样条曲线

控制点样条曲线就是通过选择样条曲线的控制点来绘制样条曲线。下面以如图 2-129 所示的参考图形为例介绍控制点样条曲线的绘制方法与技巧。

步骤1　打开练习文件：cad_jxsj\ch02 draw\2.3\spline02。

步骤2　在"默认"选项卡的"绘图"区域单击 ╲ 按钮，系统提示：SPLINE 指定第一个点或 [方式(M) 阶数(D) 对象(O)]：。

步骤3　依次选择如图 2-130 所示的内、外六边形的顶点为控制点，系统提示：SPLINE 输入下一个点或 [闭合(C) 放弃(U)]：。

步骤4　在命令栏输入"C"并回车，表示创建封闭样条曲线，如图 2-131 所示。

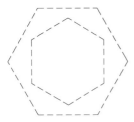
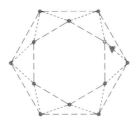
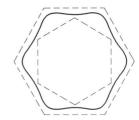

图 2-129　参考图形（二）　　　　图 2-130　选择控制点　　　　图 2-131　绘制控制点样条曲线

2.3.2　绘制构造线

"构造线"命令主要用于绘制无限长度的直线参考线，下面对其进行具体介绍。

（1）选择"构造线"命令

选择"构造线"命令主要有两种方法：第一种方法是在"默认"选项卡的"绘图"区域单击 ╱ 按钮；第二种方法是在命令栏中输入"XLINE"并回车。

（2）绘制水平构造线

绘制水平构造线作为水平方向参考线，下面具体介绍其操作方法。

步骤1　选择"构造线"命令，系统提示：XLINE 指定点或 [水平(H) 垂直(V) 角度(A) 二等分(B) 偏移(O)]：。

步骤2　在命令栏输入"H"并回车，表示绘制水平构造线，系统提示：XLINE 指定通过点：。

步骤3　在图形区选择通过点，绘制水平构造线如图 2-132 所示。

（3）绘制竖直构造线

绘制竖直构造线作为竖直方向参考线，下面具体介绍其操作方法。

步骤1　选择"构造线"命令，系统提示：XLINE 指定点或 [水平(H) 垂直(V) 角度(A) 二等分(B) 偏移(O)]：。

步骤2　在命令栏输入"V"并回车，表示绘制竖直构造线，系统提示：XLINE 指定通过点：。

步骤3　在图形区选择通过点，绘制竖直构造线如图 2-133 所示。

（4）绘制角度构造线

绘制角度构造线作为倾斜方向参考线，下面具体介绍其操作方法。

步骤1　选择"构造线"命令，系统提示：XLINE 指定点或 [水平(H) 垂直(V) 角度(A) 二等分(B) 偏移(O)]：。

步骤2　在命令栏输入"A"并回车，表示绘制倾斜构造线，系统提示：XLINE 输入构造线的角度（0）或［**参照(R)**］：。

步骤3　在命令栏输入"45"并回车，表示构造线角度为45°，系统提示：XLINE 指定通过点：。

步骤4　在图形区选择通过点，绘制倾斜构造线如图 2-134 所示。

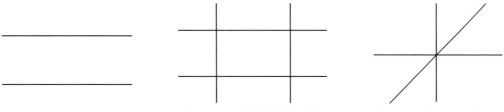

图 2-132　绘制水平构造线　　　图 2-133　绘制竖直构造线　　　图 2-134　绘制角度构造线

（5）绘制二等分构造线

绘制二等分构造线就是在两个对象的中间位置绘制构造线，下面具体介绍。

步骤1　选择"构造线"命令，系统提示：XLINE 指定点或［**水平(H)** **垂直(V)** **角度(A)** **二等分(B)** **偏移(O)**］：。

步骤2　在命令栏输入"B"并回车，表示绘制二等分构造线，系统提示：XLINE 指定角的顶点：。

步骤3　选择如图 2-134 所示竖直构造线与水平构造线交点为顶点，系统提示：XLINE 指定角的起点：。

步骤4　在图形区选择水平构造线为起点参考，系统提示：XLINE 指定角的端点：。

步骤5　在图形区选择倾斜构造线为端点参考，按 ESC 键完成，系统在水平构造线与倾斜构造线中间位置创建二等分构造线，如图 2-135 所示。

（6）绘制偏移构造线

绘制偏移构造线用于对已有的构造线进行偏移，得到平行构造线，下面具体介绍其操作方法。

步骤1　选择"构造线"命令，系统提示：XLINE 指定点或［**水平(H)** **垂直(V)** **角度(A)** **二等分(B)** **偏移(O)**］：。

步骤2　在命令栏输入"O"并回车，表示绘制偏移构造线，系统提示：XLINE 指定偏移距离或［**通过(T)**］〈1.0000〉：。

步骤3　在命令栏输入"1"并回车，表示偏移距离为1mm，系统提示：XLINE 选择直线对象：。

步骤4　在图形区选择如图 2-135 所示的水平构造线为偏移对象，系统提示：XLINE 指定向哪侧偏移：。

步骤5　在水平构造线上方单击鼠标左键，表示向水平构造线上方偏移。

步骤6　参照步骤3、4 将竖直构造线向右侧偏移1mm，结果如图 2-136 所示。

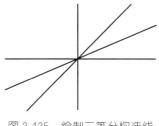

图 2-135　绘制二等分构造线

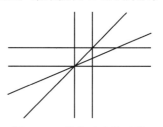

图 2-136　绘制偏移构造线

2.3.3 绘制射线

"射线"命令主要用于绘制从一点开始沿一定方向发射的无限长度的参考线。射线与构造线作用一样，主要作为图形绘制的辅助线，下面对其进行具体介绍。

（1）选择"射线"命令

选择"射线"命令主要有两种方法：第一种方法是在"默认"选项卡的"绘图"区域单击 ╱ 按钮，第二种方法是在命令栏中输入"RAY"并回车。

（2）绘制射线

如图 2-137 所示的图形，其中包括三条射线（一条水平射线及两条成角度射线），下面以此为例介绍射线的绘制过程。

步骤 1 选择"射线"命令，系统提示：RAY _ ray 指定起点：。

步骤 2 在底部状态栏单击 ┖ 开启正交模式，在任意位置单击确定射线起点，然后沿水平方向拖动鼠标，定义射线方向为水平向右，完成水平射线绘制，此时系统提示：RAY 指定通过点：。

步骤 3 在底部状态栏单击 ┖ 取消正交模式，系统自动选择上一步绘制的射线起点为新射线起点，在输入框中输入通过点长度为"10"，按 TAB 键，在角度输入框中输入射线角度为"30"并回车，如图 2-138 所示，完成第一条角度射线的绘制，此时系统提示：RAY 指定通过点：。

步骤 4 系统自动选择上一步绘制的射线起点为新射线起点，在输入框中输入通过点长度为"10"，按 TAB 键，在角度输入框中输入射线角度为"60"并回车，如图 2-139 所示，完成第二条角度射线的绘制，最终结果如图 2-139 所示。

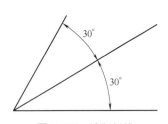

图 2-137 绘制射线

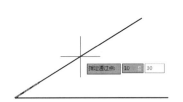

图 2-138 定义第一条角度射线

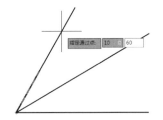

图 2-139 定义第二条角度射线

2.3.4 绘制多点

"多点"命令用于绘制点，绘制的点可以作为其他图形绘制的参考，如直线、多段线等，在绘制多点之前需要首先设置点样式。

选择下拉菜单"格式"→"点样式"命令，系统弹出如图 2-140 所示的"点样式"对话框，在该对话框中设置点显示样式，单击 ⊠ 按钮，表示以×显示点。

在"默认"选项卡的"绘图"区域单击"多点"按钮 ⁚·，使用鼠标在需要绘制点的位置单击，系统在鼠标单击位置绘制多点，如图 2-141 所示。

在"默认"选项卡的"绘图"区域单击"多段线"按钮 ⌐ᵓ，依次选择以上绘制的多点可创建多段线，结果如图 2-142 所示。

图 2-140　"点样式"对话框

图 2-141　绘制多点

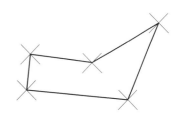

图 2-142　绘制多段线

2.3.5　绘制等分线

在图形绘制中经常需要对图形对象进行均匀等分，在 AutoCAD 中提供了两种等分方法，包括定数等分与定距等分两种，下面对其进行具体介绍。

（1）定数等分

使用"定数等分"就是将图形按照给定数量进行等分。对如图 2-143 所示的图形，需要将图形顶边均匀等分 10 份，如图 2-144 所示，下面具体介绍其方法。

步骤 1　打开练习文件：cad_jxsj\ch02 draw\2.3\divide。

步骤 2　在"默认"选项卡的"绘图"区域单击"定数等分"按钮 🖎，系统提示：DIVIDE **选择要定数等分的对象：**。

步骤 3　选择图形中的顶边为等分对象，系统提示：DIVIDE **输入线段数目或 ［块（B）］：**。

步骤 4　在命令栏中输入"10"并回车，结果如图 2-144 所示。

（2）定距等分

使用"定距等分"就是将图形按照给定距离进行等分，下面继续使用如图 2-143 所示图形介绍定距等分操作，需要将图形顶边按照 25mm 的间隔进行等分，如图 2-145 所示。

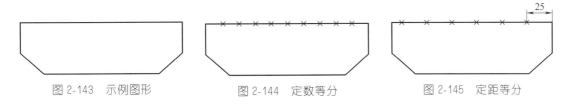

图 2-143　示例图形　　　　图 2-144　定数等分　　　　图 2-145　定距等分

步骤 1　在"默认"选项卡的"绘图"区域单击"定距等分"按钮 🖎，系统提示：MEASURE **选择要定距等分的对象：**。

步骤 2　选择图形中的顶边为等分对象，系统提示：MEASURE **指定线段长度或 ［块(B)］：**。

步骤 3　在命令栏中输入"25"并回车，表示按照 25mm 的间隔进行等分，如图 2-145 所示。

（3）等分线实例

如图 2-146 所示为五角星图形，因为五角星的五个顶点均匀分布在一个圆周上，所以绘制五角星可以首先绘制圆，然后对圆进行五等分得到五角星，下面具体介绍其方法。

步骤 1　绘制圆。选择"圆"命令任意绘制一个圆，如图 2-147 所示。

步骤 2 创建等分线。选择"定数等分"命令将圆五等分，如图 2-148 所示。

步骤 3 旋转圆。选择"旋转"命令旋转图形使图形摆正，如图 2-149 所示。

步骤 4 绘制直线。选择"直线"命令在等分点之间绘制直线，如图 2-150 所示。

步骤 5 修剪图形。选择"修剪"命令删除多余图形，得到五角星图形。

💡 **说明**：本例在绘制五角星图形时使用了"旋转"与"修剪"命令对图形进行处理，这两个命令将在本书第 3 章具体介绍，此处不再赘述。

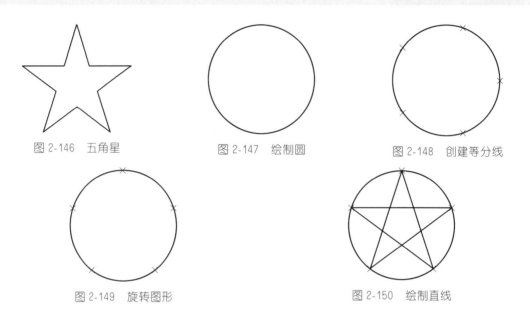

图 2-146　五角星　　　　图 2-147　绘制圆　　　　图 2-148　创建等分线

图 2-149　旋转图形　　　　　　　　图 2-150　绘制直线

2.3.6　绘制面域

面域是一种具有封闭线框的平面区域。面域总是以线框的形式显示，所以从外观来看，面域和一般的封闭线框没有区别，但从本质上看，面域是一种面对象，除了包括封闭线框外，还包括封闭线框内的平面，所以可以对面域进行交、并、差的布尔运算，还可以直接通过拉伸、旋转等三维建模命令将其创建成实体。

在 AutoCAD 中可以将封闭的线框转换为面域，这些封闭的线框可以是圆、椭圆、封闭的二维多段线或封闭的样条曲线等单个对象，也可以是由圆弧、直线、二维多段线、椭圆弧和样条曲线等对象构成的封闭区域，下面具体介绍创建面域的操作及面域的应用。

如图 2-151 所示的图形，主要由圆、直线和矩形绘制而成，这些图形形成了若干封闭图形。现在需要根据这些封闭图形创建面域，如图 2-152 所示，后期可以在三维设计中使用面域创建如图 2-153 所示的三维实体模型。下面具体介绍面域的创建与编辑。

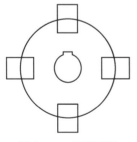
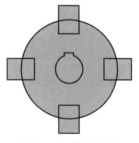
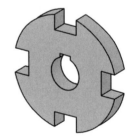

图 2-151　示例图形　　　　图 2-152　创建面域　　　　图 2-153　创建实体

步骤 1 打开练习文件：cad_jxsj\ch02 draw\2.3\region。

步骤 2 创建面域。在"默认"选项卡的"绘图"区域单击"面域"按钮 ⊡ ，选择所有的图形创建面域，继而系统将图形中每个封闭的图形创建成独立的面域。

💡 **说明**：本例图形包括一个圆形的封闭图形、四个矩形封闭图形及一个中间键槽封闭图形，系统将根据这些封闭图形创建六个独立的面域。

步骤 3 设置面域可视化。创建面域后，面域默认显示为线框图，如图 2-151 所示，为了便于查看面域结果，需要设置面域可视化，在底部状态栏中切换到"三维建模"空间，然后在"常用"选项卡的"视图"区域设置可视化样式为"概念"，结果如图 2-152 所示，可以看到系统创建的六个独立面域。

步骤 4 对面域进行布尔运算。在"常用"选项卡"实体编辑"区域单击"差集"按钮 ⊡ ，首先选择圆形面域为求差对象，然后选择四个矩形面域及中间键槽面域为求差工具。系统从圆形面域中减去矩形面域及中间键槽面域，结果如图 2-154 所示。

步骤 5 创建拉伸实体。在"常用"选项卡"建模"区域的 📦 菜单中单击 📦 拉伸 按钮，选择上一步创建的面域为拉伸对象，拉伸深度设为"20"，结果如图 2-153 所示。

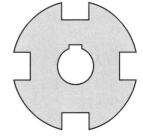

图 2-154　布尔运算

💡 **说明**：本例操作中使用了"布尔运算"及"拉伸"等命令，这些命令主要用于三维建模，具体操作在本书第 11 章具体介绍，此处不再赘述。

2.3.7 绘制圆环

圆环是由两个同心圆组成的环形填充图形，在特殊绘图中经常会用到。对如图 2-155 所示的图形，需要在图形开口中心位置创建如图 2-156 所示的圆环，下面具体介绍其绘制方法。

步骤 1 打开练习文件：cad_jxsj\ch02 draw\2.3\donut。

步骤 2 在"默认"选项卡的"绘图"区域单击"圆环"按钮 ⊙ ，系统提示：DONUT 指定圆环的内径〈5.0000〉：。

步骤 3 在命令栏中输入"5"并回车，表示圆环内径为 5mm，系统提示：DONUT 指定圆环的外径〈10.0000〉：。

步骤 4 在命令栏中输入"8"并回车，表示圆环外径为 8mm，系统提示：DONUT 指定圆环的中心点或〈退出〉：。

步骤 5 依次选择图形开口中心位置为圆环中心点放置圆环，如图 2-157 所示。

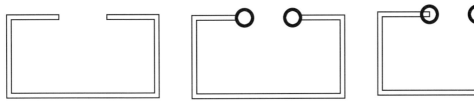

图 2-155　示例图形　　　图 2-156　绘制圆环　　　图 2-157　放置圆环

步骤 6 使用"修剪"命令修剪多余图形，结果如图 2-156 所示。

💡 **说明**：本例在绘制圆环时，如果设置圆环内径为"0"，表示创建实心圆环，如图 2-158 所示。另外，圆环默认颜色为黑色，在"默认"选项卡的"特性"区域使用如图 2-159 所示的颜色列表设置圆环颜色，结果如图 2-160 所示。

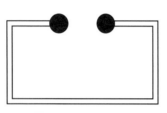
图 2-158　实心圆环

图 2-159　"颜色"列表

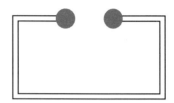
图 2-160　设置圆环颜色

2.3.8　绘制云线

"云线"命令主要用于绘制、修订云线，下面对其进行具体介绍。

（1）选择"云线"命令

选择"云线"命令主要有两种方法：一种方法是在"默认"选项卡的"绘图"区域单击 🔲 的 ▼ 按钮展开如图 2-161 所示的云线菜单，在该菜单中选择命令（包括三种云线）；另外一种方法是直接在命令栏中输入"REVCLOUD"并回车。

（2）绘制云线方法

使用"云线"命令可以绘制三种云线，如图 2-162 至图 2-164 所示，下面以如图 2-162 所示的矩形云线为例介绍云线绘制方法，其他种类云线读者可自行练习。

图 2-161　云线菜单

图 2-162　矩形云线

图 2-163　多边形云线

图 2-164　徒手画云线

步骤 1　选择"云线"命令，系统提示：REVCLOUD 指定第一个角点或 [弧长(A) 对象(O) 矩形(R) 多边形(P) 徒手画(F) 样式(S) 修改(M)]。

步骤 2　在任意位置单击，确定矩形云线第一个角点，然后拖动鼠标到合适位置单击，确定矩形云线另外一个角点，完成矩形云线绘制，结果如图 2-162 所示。

💡 **说明**：选择"云线"命令后，在命令栏中输入"A"，用于设置云线弧长；在命令栏中输入"O"，用于修改云线对象；在命令栏中输入"S"，用于设置云线样式；在命令栏中输入"M"，用于修改云线；输入其他三个选项（"R""P""M"）用于设置云线类型。

2.3.9　创建填充图形

"填充图形"命令用于在图形封闭区域使用图案填充，以便表达该区域的特殊属性含义或外观效果。在"默认"选项卡的"绘图"区域单击 ▨ 的 ▼ 按钮展开如图 2-165 所示的填充图形菜单，包括图案填充、渐变色填充及边界填充三种。

（1）创建图案填充

"图案填充"命令就是使用剖面线图案填充图形中的封闭区域，以创建剖面线效果。对如图 2-166 所示的参考图形，需要在图形两侧封闭区域填充剖面线，得到如图 2-167 所示的剖面线填充效果，下面以此为例介绍图案填充操作。

步骤 1　打开练习文件：cad_jxsj\ch02 draw\2.3\hatch。

步骤 2　在"默认"选项卡的"绘图"区域选择 ▦ ▾ 菜单的 ▨ 图案填充 命令，系统提示：HATCH 拾取内部点或 [选择对象(S) 放弃(U) 设置(T)]：。

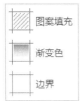

图 2-165　填充图形菜单

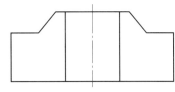

图 2-166　参考图形

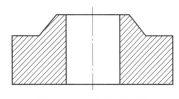

图 2-167　填充剖面线

💡 **说明**：创建图案填充的另外一种方法是在命令栏中输入"HATCH"并回车。

步骤 3　在图形两侧需要创建剖面线的封闭区域内单击鼠标，此时系统在功能选项卡区域弹出如图 2-168 所示的"图案填充编辑器"操控板，在操控板中定义图案填充属性，如图 2-168 所示，单击 ✔ 按钮，完成图案填充操作。

图 2-168　图案填充编辑器

（2）创建渐变色填充

"渐变色"命令就是使用渐变颜色填充图形中的封闭区域。下面继续使用如图 2-166 所示的参考图形介绍创建渐变色填充操作，填充结果如图 2-169 所示。

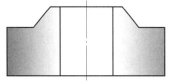

图 2-169　绘制渐变色填充

步骤 1　在"默认"选项卡的"绘图"区域选择 ▦ ▾ 菜单的 ▦ 渐变色 命令，系统提示：GRADIENT 拾取内部点或 [选择对象(S) 放弃(U) 设置(T)]：。

💡 **说明**：创建渐变色填充的另外一种方法是在命令栏中输入"GRADIENT"并回车。

步骤 2　在图形两侧需要创建渐变色填充的封闭区域内单击鼠标，此时系统在功能选项卡区域弹出如图 2-170 所示的"图案填充创建"操控板，在操控板中定义渐变色填充属性，如图 2-170 所示，单击 ✔ 按钮，完成图案填充操作。

图 2-170　图案填充创建

（3）创建边界填充

"边界"命令就是将图形中形成封闭的区域创建成多段线或面域。下面继续使用如图 2-166 所示的参考图形介绍创建边界填充操作，注意此时图形中均为独立线段，需要将两侧形成封闭的区域创建成封闭的多段线区域。下面具体介绍其创建方法。

步骤 1 选择命令。在"默认"选项卡的"绘图"区域选择 ▨ ▾ 菜单的 ▢ 边界 命令，系统弹出如图 2-171 所示的"边界创建"对话框，在该对话框中定义边界。

步骤 2 选择创建区域。在"边界创建"对话框中采用系统默认设置，然后在图形中两侧封闭区域内侧单击鼠标如图 2-172 所示，此时系统将两侧封闭区域创建成封闭多段线，如图 2-173 所示，单击 按钮，完成创建边界填充操作。

图 2-171 "边界创建"对话框

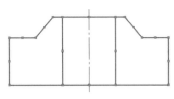

图 2-172 选择创建区域

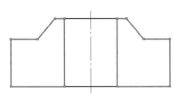

图 2-173 创建边界填充结果

2.4 二维绘图实例

本章前面三节已经详细介绍了二维绘图的常用工具及方法，下面通过几个具体案例继续介绍二维图形的绘制，帮助读者提高二维绘图实战能力。

扫码看
视频讲解

2.4.1 垫片截面图形绘制

如图 2-174 所示的草图，主要使用多段线、直线及圆工具完成图形绘制，绘制过程中注意应灵活使用绘图辅助工具，具体过程请参看随书视频讲解。

2.4.2 太极图形绘制

如图 2-175 所示的草图，主要使用圆及圆弧工具完成图形绘制，绘制过程中注意应灵活使用绘图辅助工具，具体过程请参看随书视频讲解。

2.4.3 支座截面图形绘制

如图 2-176 所示的草图，主要使用多段线、直线及圆工具完成图形绘制，绘制过程中注意应灵活使用绘图辅助工具，具体过程请参看随书视频讲解。

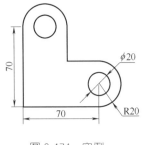

图 2-174 实例一

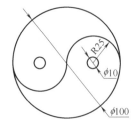

图 2-175 实例二

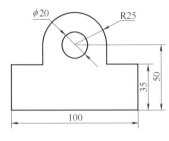

图 2-176 实例三

2.4.4　支承板截面图形绘制

如图 2-177 所示的草图，主要使用多段线、直线及圆工具完成图形绘制，绘制过程中注意应灵活使用绘图辅助工具，具体过程请参看随书视频讲解。

2.4.5　夹具定位截面图形绘制

如图 2-178 所示的草图，主要使用多段线、直线及圆工具完成图形绘制，绘制过程中注意应灵活使用绘图辅助工具，具体过程请参看随书视频讲解。

2.4.6　主轴箱截面图形绘制

如图 2-179 所示的草图，主要使用多段线、直线及圆工具完成图形绘制，绘制过程中注意应创建合适的坐标系对图中圆进行定位，具体过程请参看随书视频讲解。

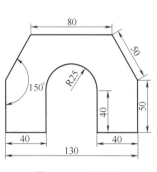

图 2-177　实例四

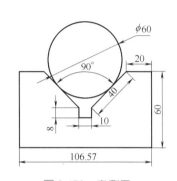

图 2-178　实例五

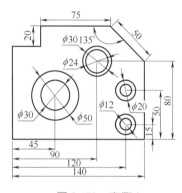

图 2-179　实例六

第3章

二维绘图编辑

实际绘图设计中，一般是先根据设计意图绘制初步的二维图形，然后对图形进行各种编辑（如修剪、复制、偏移、镜像、阵列等）得到最终需要的二维图形，这正是 AutoCAD 图形设计的一般思路，本章主要介绍各种图形编辑工具及其他辅助工具。

3.1 图形编辑工具

图形编辑工具主要用于编辑与修改已有的图形，使其符合设计意图，常用的图形编辑工具包括圆角、倒角、修剪、删除、延伸、移动、复制，等等。下面对图形编辑工具进行具体介绍。

3.1.1 圆角

"圆角"命令用于在二维图形的拐角位置创建圆弧过渡连接。对如图 3-1 所示的图形，需要在其中创建如图 3-2 所示的两个圆角，下面以此为例介绍圆角操作。

步骤 1 打开练习文件：cad_jxsj\ch03 edit\3.1\fillet。

步骤 2 在"默认"选项卡的"修改"区域单击"圆角"按钮 ⌐ 圆角，系统提示：FILLET 选择第一个对象或 [放弃(U) 多段线(P) 半径(R) 修剪(T) 多个(M)]：。

步骤 3 在命令栏输入"R"并回车，表示输入圆角半径定义圆角，系统提示：FILLET 指定圆角半径〈20.0000〉：。

步骤 4 在命令栏输入"25"并回车，表示圆角半径为 25mm，系统提示：FILLET 选择第一个对象或 [放弃(U) 多段线(P) 半径(R) 修剪(T) 多个(M)]：。

步骤 5 选择如图 3-3 所示的边 1 作为第一个圆角对象，系统提示：FILLET 选择第二个对象，或按住 Shift 键选择对象以应用角点或 [半径(R)]：。

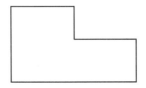

图 3-1 绘制圆角示例图形

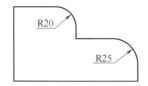

图 3-2 创建圆角

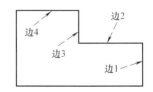

图 3-3 选择圆角对象

步骤 6 选择如图 3-3 所示的边 2 作为第二个圆角对象，系统创建 R25 圆角。

步骤 7 直接按键盘空格键，表示继续创建圆角，系统提示：FILLET 选择第一个对象或 [放弃(U) 多段线(P) 半径(R) 修剪(T) 多个(M)]：。

步骤 8 在命令栏输入"R"并回车，表示输入圆角半径定义圆角，系统提示：FILLET

指定圆角半径〈20.0000〉：。

步骤 9　在命令栏输入"20"并回车，表示圆角半径为 20mm，系统提示：FILLET 选择第一个对象或 [放弃(U) 多段线(P) 半径(R) 修剪(T) 多个(M)]：。

步骤 10　选择如图 3-3 所示的边 3 作为第一个圆角对象，系统提示：FILLET 选择第二个对象，或按住 Shift 键选择对象以应用角点或 [半径(R)]：。

步骤 11　选择如图 3-3 所示的边 4 作为第二个圆角对象，系统创建 R20 圆角。

说明：在继续创建圆角时，如果圆角半径与前面创建的圆角半径相等，直接选择圆角对象即可自动在两个圆角对象之间创建圆角。

3.1.2　倒角

"倒角"命令用于在二维图形的拐角位置创建斜角过渡连接。对如图 3-4 所示的图形，需要在其中创建如图 3-5 所示的倒角结构，下面以此为例介绍倒角操作。

步骤 1　打开练习文件：cad_jxsj\ch03 edit\3.1\chamfer。

步骤 2　在"默认"选项卡的"修改"区域单击"倒角"按钮，系统提示：CHAMFER 选择第一条直线或 [放弃(U) 多段线(P) 距离(D) 角度(A) 修剪(T) 方式(E) 多个(M)]：。

步骤 3　在命令栏输入"D"并回车，表示输入倒角距离定义倒角，系统提示：CHAMFER 指定 第一个 倒角距离〈0.0000〉：。

步骤 4　在命令栏输入"25"并回车，表示倒角第一个距离为 25mm，系统提示：CHAMFER 指定 第二个 倒角距离〈25.0000〉：。

步骤 5　在命令栏直接回车，表示第二个倒角距离与第一个倒角距离一样，系统提示：CHAMFER 选择第一条直线或 [放弃(U) 多段线(P) 距离(D) 角度(A) 修剪(T) 方式(E) 多个(M)]：。

步骤 6　选择如图 3-6 所示的边 1 作为第一个倒角对象，系统提示：CHAMFER 选择第二条直线，或按住 Shift 键选择直线以应用角点或 [距离(D) 角度(A) 方法(M)]：。

步骤 7　选择如图 3-6 所示的边 2 作为第二个倒角对象，系统创建 25mm×25mm 倒角。

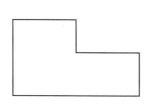

图 3-4　绘制倒角示例图形

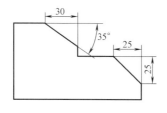

图 3-5　创建倒角

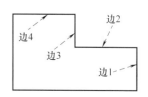

图 3-6　选择倒角对象

步骤 8　直接按键盘空格键，表示继续创建倒角，系统提示：CHAMFER 选择第一条直线或 [放弃(U) 多段线(P) 距离(D) 角度(A) 修剪(T) 方式(E) 多个(M)]：。

步骤 9　在命令栏输入"A"并回车，表示输入角度定义倒角，系统提示：CHAMFER 指定第一条直线的倒角长度〈0.0000〉：。

步骤 10　在命令栏输入"30"并回车，表示倒角长度为 30mm，系统提示：CHAMFER 指定第一条直线的倒角角度〈0〉：。

步骤 11　在命令栏输入"35"并回车，表示倒角角度为 35°，系统提示：CHAMFER 选

择第一条直线或 [放弃(U) 多段线(P) 距离(D) 角度(A) 修剪(T) 方式(E) 多个(M)]：。

步骤 12　选择如图 3-6 所示边 3 作为第一个倒角对象，系统提示：CHAMFER 选择第二条直线，或按住 Shift 键选择直线以应用角点或 [距离(D) 角度(A) 方法(M)]：。

步骤 13　选择如图 3-6 所示边 4 作为第二个倒角对象，系统创建长 30mm，角度为 35° 倒角。

> 💡 **说明**：在继续创建倒角时，如果倒角参数与前面创建的倒角参数一致，直接选择倒角对象即可自动在两个倒角对象之间创建倒角。

3.1.3　删除与修剪

"删除"命令用于删除图形中选中对象的全部，"修剪"命令用于修剪图形中选中对象的一部分。对如图 3-7 所示的图形，需要删除其中两个较小的圆，同时还需要修剪图形中其他多余的对象，最终结果如图 3-8 所示。下面具体介绍其方法。

学习本小节内容时打开练习文件 "cad_jxsj\ch03 edit\3.1\trim01" 进行练习。

（1）删除对象

对于图形中多余的独立对象，可以直接删除。选中如图 3-7 所示图形中两个较小的圆，然后按 DELETE 键（或在"默认"选项卡的"修改"区域单击"删除"按钮 🖉），系统将选中对象全部删除，结果如图 3-9 所示。

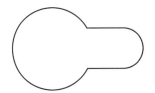

图 3-7　删除与修剪对象示例图形　　图 3-8　删除与修剪对象　　图 3-9　删除对象结果

（2）修剪对象

"修剪"命令用于修剪图形中选中对象的一部分。对如图 3-9 所示的图形，需要修剪图形中多余的对象，得到如图 3-8 所示的结果，下面具体介绍其操作。

步骤 1　在"默认"选项卡的"修改"区域单击"修剪"按钮 ✂️修剪，系统提示：TRIM 选择对象或〈全部选择〉：。

步骤 2　框选所有图形对象为修剪对象并回车，系统提示：TRIM [栏选(F) 窗交(C) 投影(P) 边(E) 删除(R)]：。

步骤 3　使用鼠标单击选中图形中不要的位置，系统将其修剪掉。

使用"修剪"命令修剪对象时，还可以首先定义修剪边界，然后对边界分割的对象进行修剪。如图 3-10 所示的图形，选择"修剪"命令后，首先选择如图 3-11 所示的两条竖直直线为修剪边界，此时只能修剪被这两条边界分割的对象，结果如图 3-12 所示。

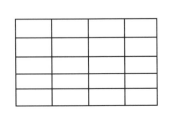
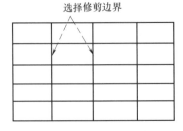
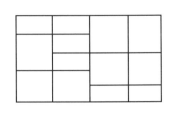

图 3-10　修剪边界示例图形　　图 3-11　选择修剪边界　　图 3-12　定义修剪对象

学习本知识点内容时打开练习文件"cad_jxsj\ch03 edit\3.1\trim02"进行练习。

3.1.4 延伸

"延伸"命令用于将选中对象延伸到指定边界位置。对如图 3-13 所示的图形，需要将中间的水平直线延伸到两侧矩形边界位置，如图 3-14 所示。下面具体介绍其操作。

步骤 1 打开练习文件：cad_jxsj\ch03 edit\3.1\extend。

步骤 2 在"默认"选项卡的"修改"区域单击"延伸"按钮 ⟶┤ 延伸，系统提示：EXTEND 选择对象或〈全部选择〉：。

步骤 3 选择矩形作为延伸对象并回车，系统提示：EXTEND ［栏选(F) 窗交(C) 投影(P) 边(E)］：。

步骤 4 在水平直线右端附近位置单击表示对直线右端进行延伸，结果如图 3-15 所示，然后在水平直线左端附近位置单击以延伸直线左端，结果如图 3-14 所示。

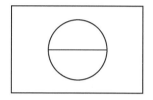
图 3-13 延伸操作示例图形

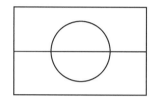
图 3-14 延伸图形

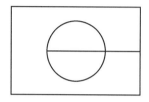
图 3-15 延伸直线右端

3.1.5 移动

"移动"命令用于将图形对象移动到指定的位置。对如图 3-16 所示的图形，需要将底部的矩形移动到如图 3-17 所示的位置，下面以此为例介绍移动操作。

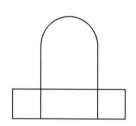
图 3-16 移动操作示例图形

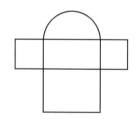
图 3-17 移动图形

步骤 1 打开练习文件：cad_jxsj\ch03 edit\3.1\move。

步骤 2 在"默认"选项卡的"修改"区域单击"移动"按钮 ✛ 移动，系统提示：MOVE 选择对象：。

步骤 3 选择底部矩形为移动对象，系统提示：MOVE 指定基点或 ［位移(D)］〈位移〉：。

步骤 4 选择矩形上边中点为移动基点（移动起点），系统提示：MOVE 指定第二个点或〈使用第一个点作为位移〉：。

步骤 5 选择上部圆弧圆心为第二点（移动终点），结果如图 3-17 所示。

3.1.6 复制

"复制"命令用于将图形对象按照一定方式复制到指定位置。对如图 3-18 所示的图形，需要将其中的两个同心圆分别复制到上部及右侧圆弧的圆心位置，结果如图 3-19 所示，下面以此为例介绍图形复制操作。

步骤 1 打开练习文件：cad_jxsj\ch03 edit\3.1\copy。

步骤 2 在"默认"选项卡的"修改"区域单击"复制"按钮 ⬚ 复制，系统提示：COPY 选择对象：。

步骤 3 选择两个同心圆为复制对象并回车，系统提示：COPY 指定基点或 [位移(D) 模式(O)]〈位移〉：。

步骤 4 在命令栏中输入"D"并回车，表示通过给定距离进行复制，系统提示：COPY 指定位移〈0.0000，0.0000，0.0000〉：。

> **说明：** 此处使用距离方式复制时，需要启用正交模式以便沿正交方向复制。

步骤 5 在命令栏输入"100"并回车，表示复制距离为 100mm，结果如图 3-20 所示。

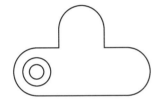

图 3-18 复制操作示例图形　　图 3-19 复制图形　　图 3-20 按距离复制

步骤 6 直接按键盘空格键，表示继续复制图形，系统提示：COPY 指定基点或 [位移(D) 模式(O)]〈位移〉：。

步骤 7 选择同心圆圆心为基点（复制起点），系统提示：COPY 指定第二个点或 [阵列(A)]〈使用第一个点作为位移〉：。

步骤 8 选择如图 3-21 所示圆弧的圆心为第二点（复制终点），结果如图 3-19 所示。

3.1.7　旋转

"旋转"命令用于将图形对象旋转一定角度。对如图 3-22 所示的图形，需要将中间的小圆及圆弧绕大圆圆心按 180°旋转复制，得到如图 3-23 所示结果。下面具体介绍其操作步骤。

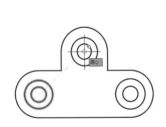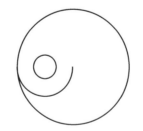

图 3-21 定义复制终点　　图 3-22 旋转操作示例图形　　图 3-23 旋转复制图形

步骤 1 打开练习文件：cad_jxsj\ch03 edit\3.1\rotate。

步骤 2 在"默认"选项卡的"修改"区域单击"旋转"按钮 ⟳ 旋转，系统提示：RO-TATE 选择对象：。

步骤 3 选择中间的小圆及圆弧为旋转对象并回车，系统提示：ROTATE 指定基点：。

步骤 4 选择如图 3-24 所示的大圆圆心为旋转基点，系统提示：ROTATE 指定旋转角度，或 [复制(C) 参照(R)]〈0〉：。

步骤 5 在命令栏输入"C"并回车，表示使用旋转复制模式，系统提示：ROTATE 指定旋转角度，或 [复制(C) 参照(R)]〈0〉：。

步骤 6 在命令栏输入"180"并回车，表示旋转 180°，结果如图 3-23 所示。

💡 **说明**：在旋转图形时，如果在步骤 4 完成后的提示下直接回车，表示不使用复制模式旋转，旋转 180°后，此时结果如图 3-25 所示。

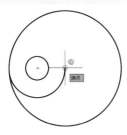

图 3-24 选择基点

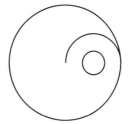

图 3-25 旋转图形结果

3.1.8 偏移

"偏移"命令用于将图形对象沿着与源对象垂直的方向等距复制。对如图 3-26 所示的图形，需要将其整个向内偏移复制，得到如图 3-27 所示图形。下面具体介绍其操作步骤。

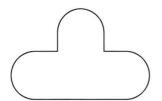

图 3-26 偏移操作示例图形

图 3-27 偏移图形

步骤 1 打开练习文件：cad_jxsj\ch03 edit\3.1\offset。

步骤 2 在"默认"选项卡的"修改"区域单击"偏移"按钮 ⊑，系统提示：OFFSET 指定偏移距离或 [通过(T) 删除(E) 图层(L)]〈10.0000〉：。

步骤 3 在命令栏中输入"10"并回车，表示偏移距离为 10mm，系统提示：OFFSET 选择要偏移的对象，或 [退出(E) 放弃(U)]〈退出〉：。

步骤 4 选择顶部圆弧为偏移对象，系统提示：OFFSET 指定要偏移的那一侧上的点，或 [退出(E) 多个(M) 放弃(U)]〈退出〉：。

步骤 5 在圆弧下方单击鼠标，表示向圆弧下方偏移复制，如图 3-28 所示。如果在圆弧上方单击鼠标，表示向圆弧上方偏移复制，结果如图 3-29 所示。

💡 **说明**：本例在偏移图形时，如果需要将整体进行偏移复制，需要首先将整个图形进行合并，使其成为一个整体图形，然后再进行偏移。完成后得到如图 3-30 所示的图形。

图 3-28 内侧偏移

图 3-29 外侧偏移

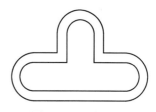

图 3-30 整体偏移

3.1.9 镜像

"镜像"命令用于将图形对象沿着两点确定的轴线进行对称处理。对如图 3-31 所示的图形，需要将其整个进行对称复制，得到如图 3-32 所示的图形。下面具体介绍其操作步骤。

步骤 1 打开练习文件：cad_jxsj\ch03 edit\3.1\mirror。

图 3-31 镜像操作示例图形　　　　图 3-32 镜像图形　　　　图 3-33 删除源对象

步骤 2 在"默认"选项卡的"修改"区域单击"镜像"按钮 ⚠ 镜像，系统提示：MIRROR 选择对象：。

步骤 3 选择整个图形为镜像对象并回车，系统提示：MIRROR 指定镜像线的第一点：。

步骤 4 选择图形上部端点为镜像线第一点，系统提示：MIRROR 指定镜像线的第二点：。

步骤 5 选择图形下部端点为镜像线第二点，系统提示：MIRROR 要删除源对象吗？[是(Y) 否(N)]〈否〉：。

💡 **说明：** 此处选择的镜像线第一点和第二点如果连接起来将形成一条直线，该直线就是镜像草图的轴线。需要注意的是，这条轴线不用专门创建出来。

步骤 6 直接回车，表示在镜像图形中不删除源对象，结果如图 3-32 所示。

💡 **说明：** 在镜像图形时，如果在步骤 5 完成后的系统提示下输入"是"并回车，表示删除镜像源对象，此时镜像结果如图 3-33 所示。

3.1.10 阵列

"阵列"命令用于将图形对象按照一定规律复制，包括矩形阵列、环形阵列及路径阵列三种阵列形式。下面对它们分别进行具体介绍。

（1）矩形阵列

"矩形阵列"命令用于将图形对象沿着线性方向复制。对如图 3-34 所示的图形，需要将其中的直槽口进行线性复制，得到如图 3-35 所示的结果。下面具体介绍其操作方法。

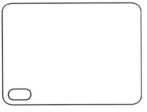

图 3-34 矩形阵列示例图形

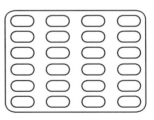

图 3-35 矩形阵列

步骤1 打开练习文件：cad_jxsj\ch03 edit\3.1\arrayrect。

步骤2 在"默认"选项卡的"修改"区域单击 □□矩形阵列 按钮，系统提示：ARRAYRECT 选择对象：。

步骤3 选择图形中的直槽口为阵列对象并回车，系统提示：ARRAYRECT 选择夹点以编辑阵列 或 ［关联(AS) 基点(B) 计数(COU) 间距(S) 列数(COL) 行数(R) 层数(L) 退出(X)]〈退出〉：。

同时系统弹出如图3-36所示的"阵列创建"选项卡。在该选项卡中定义矩形阵列参数，输入阵列列数为"4"，阵列行数为"6"，单击 ✔ 按钮，完成矩形阵列操作。

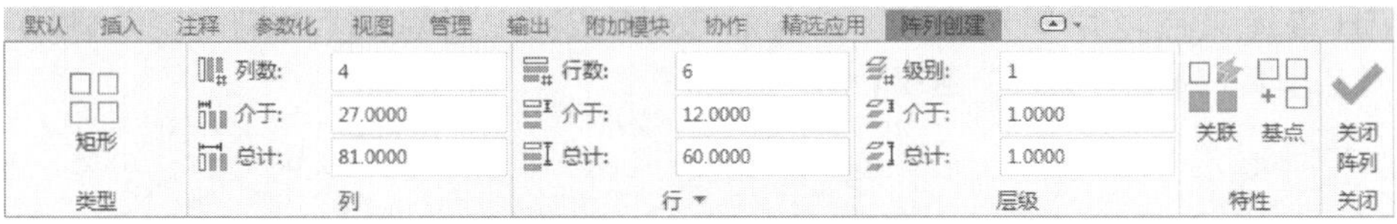

默认	插入	注释	参数化	视图	管理	输出	附加模块	协作	精选应用	阵列创建					
□□ 矩形	列数:	4	行数:	6	级别:	1		□ ✚ □	✔
	介于:	27.0000	介于:	12.0000	介于:	1.0000	关联	基点	关闭阵列
	总计:	81.0000	总计:	60.0000	总计:	1.0000			
类型	列		行 ▾		层级		特性		关闭

图3-36 定义矩形阵列参数

（2）环形阵列

"环形阵列"命令用于将图形对象绕着基点旋转复制。对如图3-37所示的图形，需要将其中的圆弧槽口进行旋转复制，得到如图3-38所示的结果。下面具体介绍其操作方法。

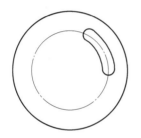

图3-37 环形阵列示例图形

图3-38 环形阵列

步骤1 打开练习文件：cad_jxsj\ch03 edit\3.1\arraypolar。

步骤2 在"默认"选项卡的"修改"区域单击 ⚬⚬⚬环形阵列 按钮，系统提示：ARRAYPOLAR 选择对象：。

步骤3 选择图形中的圆弧槽口为阵列对象并回车，系统提示：ARRAYPOLAR 指定阵列的中心点或 ［基点(B) 旋转轴(A)]：。

步骤4 选择大圆圆心为阵列中心点，系统提示：ARRAYPOLAR 选择夹点以编辑阵列 或 ［关联(AS) 基点(B) 项目(I) 项目间角度(A) 填充角度(F) 行(ROW) 层(L) 旋转项目(ROT) 退出(X)]〈退出〉：。

同时系统弹出如图3-39所示的"阵列创建"选项卡。在该选项卡中定义环形阵列参数，输入阵列项目数（阵列个数）为"3"，单击 ✔ 按钮，完成环形阵列操作。

默认	插入	注释	参数化	视图	管理	输出	附加模块	协作	精选应用	阵列创建						
⚬⚬⚬ 极轴	项目数:	3	行数:	1	级别:	1			关联	基点	旋转项目	方向	✔
	介于:	120	介于:	69.7901	介于:	1.0000							关闭阵列
	填充:	360	总计:	69.7901	总计:	1.0000							
类型	项目		行 ▾		层级			特性					关闭

图3-39 定义环形阵列参数

（3）路径阵列

"路径阵列"命令用于将图形对象沿着曲线规律复制。对如图 3-40 所示的图形，现在需要将其中的小圆沿着中心曲线复制，得到如图 3-41 所示的结果。下面具体介绍其操作方法。

步骤 1 打开练习文件：cad_jxsj\ch03 edit\3.1\arraypath。

步骤 2 在"默认"选项卡的"修改"区域单击 ⚙路径阵列 按钮，系统提示：ARRAYPATH 选择对象：。

步骤 3 选择图形中的小圆为阵列对象并回车，系统提示：ARRAYPATH 选择路径曲线：。

步骤 4 选择图形中的中心曲线为参考曲线，初步阵列如图 3-42 所示，系统提示：ARRAYPATH 选择夹点以编辑阵列或 [关联(AS) 方法(M) 基点(B) 切向(T) 项目(I) 行(R) 层(L) 对齐项目(A) z 方向(Z) 退出(X)]〈退出〉：。

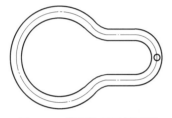
图 3-40　路径阵列示例图形

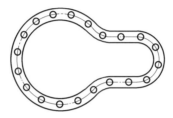
图 3-41　路径阵列

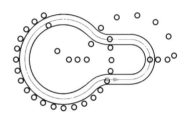
图 3-42　初步路径阵列

同时系统弹出如图 3-43 所示的"阵列创建"选项卡，在该选项卡中定义路径阵列参数。单击 ⚙ 按钮，选择小圆圆心为基点，也就是路径阵列起点，此时阵列效果如图 3-44 所示。在 ⚙ 菜单中选择 ⚙定数等分选项，表示按照给定个数在曲线上均匀阵列，此时阵列效果如图 3-45 所示。在 ⚙ 项目数:文本框中定义阵列个数为"20"，表示在选中曲线上均匀阵列 20 个小圆，单击 ✔ 按钮，完成路径阵列操作，结果如图 3-41 所示。

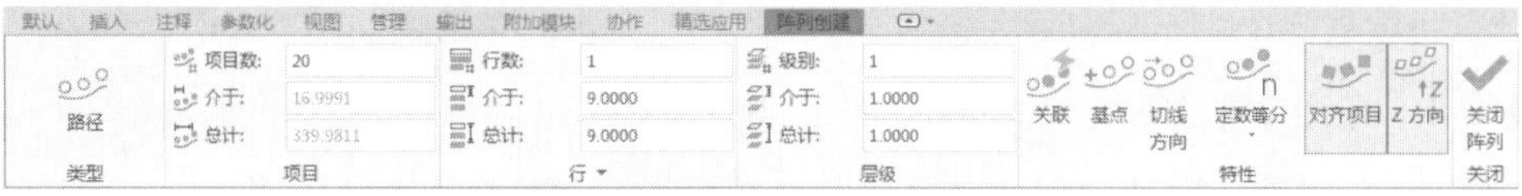

默认	插入	注释	参数化	视图	管理	输出	附加模块	协作	精选应用	阵列创建	⊡▾

路径	⚙⚙⚙ 项目数:	20	▦ 行数:	1	⚙ 级别:	1					✔
	⚙ 介于:	16.9991	▤ 介于:	9.0000	⚙ 介于:	1.0000	关联 基点 切线 定数等分 对齐项目 Z方向				关闭 阵列
	⚙ 总计:	339.9811	▤ 总计:	9.0000	⚙ 总计:	1.0000	方向				
类型	项目		行 ▾		层级		特性				关闭

图 3-43　定义路径阵列参数

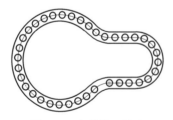
图 3-44　定义阵列基点

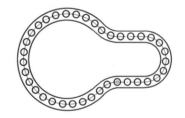
图 3-45　定义阵列方式

3.1.11　缩放

"缩放"命令用于将图形对象按照一定的比例放大或缩小。对如图 3-46 所示的图形，需要将中间的六边形缩小到原图形的 0.6 倍，如图 3-47 所示。下面以此为例介绍缩放操作。

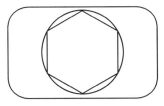

图 3-46　缩放操作示例图形

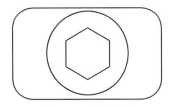

图 3-47　缩放图形

步骤 1　打开练习文件：cad_jxsj\ch03 edit\3.1\scale。

步骤 2　在"默认"选项卡的"修改"区域单击"缩放"按钮 □ 缩放，系统提示：SCALE 选择对象：。

步骤 3　选择图形中间的六边形为缩放对象，系统提示：SCALE 指定基点：。

步骤 4　选择中间圆的圆心为缩放基点，系统提示：SCALE 指定比例因子或 [复制(C) 参照(R)]：。

步骤 5　在命令栏中输入"0.6"并回车，表示将六边形缩小到原图形的 0.6 倍。

3.1.12　分解

"分解"命令用于将整体图形"打散"得到独立的图形对象，打散后的图形能够单独操作。如图 3-48 所示的图形，其中的六边形是使用"六边形"命令绘制的，是一个整体图形，无法对其中的某条边单独操作，需要首先将六边形打散，然后再偏移其中三条边得到如图 3-49 所示图形，最后在拐角位置添加倒圆角，如图 3-50 所示。

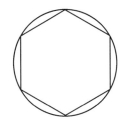

图 3-48　分解操作示例图形

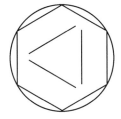

图 3-49　偏移图形

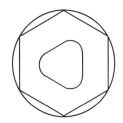

图 3-50　倒圆角

步骤 1　打开练习文件：cad_jxsj\ch03 edit\3.1\explode。

步骤 2　在"默认"选项卡的"修改"区域单击"分解"按 钮，系统提示：EXPLODE 选择对象：。

步骤 3　选择图形中的六边形为分解对象并回车，系统将六边形打散为六条直线。

步骤 4　图形打散后能够单独操作，使用"偏移"命令将打散后六边形的三条边向内偏移 20mm，如图 3-49 所示，然后使用"圆角"命令创建如图 3-50 所示的倒圆角。

3.1.13　合并

"合并"命令用于将多个独立的图形对象合并成一个整体图形，对合并后的整体图形能够进行整体操作。现在需要对如图 3-51 所示的整个图形进行偏移，因为图形并不是一个整体对象，如果直接偏移将得到如图 3-52 所示的结果，因此需要首先合并图形，然后对合并后的图形进行偏移，使结果如图 3-53 所示。下面具体介绍其操作步骤。

步骤 1　打开练习文件：cad_jxsj\ch03 edit\3.1\join。

步骤 2　在"默认"选项卡的"修改"区域选择"合并"命令 ，系统提示：JOIN 选择源对象或要一次合并的多个对象：。

步骤 3　选中所有的图形为合并对象并回车，系统将所有图形合并为一个整体。

步骤 4　合并图形后使用"偏移"命令偏移合并后的图形，结果如图 3-53 所示。

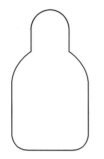

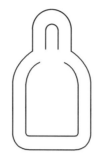

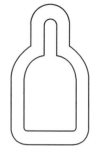

图 3-51　合并操作示例图形　　　　图 3-52　默认偏移图形　　　　图 3-53　整体偏移图形

3.2　使用控制点编辑图形

选择图形对象时，在对象上会显示若干蓝色小方块或短横线，这些蓝色小方块及短横线就是用来标记选中对象的控制点，使用这些控制点可以灵活编辑图形对象。

3.2.1　控制点类型

选择不同的图形对象会显示不同的控制点，主要包括以下几种类型。

圆对象控制点如图 3-54 所示，包括圆心及圆上控制点。拖动圆心控制点可以编辑圆位置，如图 3-55 所示。拖动圆弧上控制点可以编辑圆大小，如图 3-56 所示。

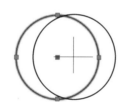

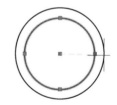

图 3-54　圆对象控制点　　　　图 3-55　编辑圆位置　　　　图 3-56　编辑圆大小

多段线控制点如图 3-57 所示，包括顶点及边上控制点（短横线）。拖动顶点控制点可以编辑顶点位置，如图 3-58 所示。拖动边上控制点（短横线）可以平行移动边对象（类似于"偏移"命令），如图 3-59 所示。

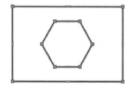

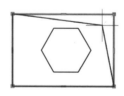

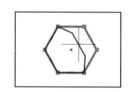

图 3-57　多段线控制点　　　　图 3-58　编辑顶点位置　　　　图 3-59　编辑边位置

样条曲线控制点如图 3-60 所示，包括线上控制点与样式控制点。拖动线上控制点可以编辑样条曲线形状，如图 3-61 所示。单击样式控制点可以设置样条曲线样式，如图 3-62 所示，若选择为"控制点"样式，会在样条曲线上显示控制点，如图 3-63 所示。

图 3-60 样条曲线控制点

图 3-61 编辑样条曲线形状

图 3-62 编辑样条曲线样式

3.2.2 控制点操作

选中控制点，系统在命令栏提示：**指定拉伸点或 [基点(B) 复制(C) 放弃(U) 退出(X)]:**，按照命令栏提示可以对控制点进行不同的操作。另外，选中控制点单击鼠标右键，系统弹出如图 3-64 所示的控制点快捷菜单，使用该菜单同样可以编辑控制点。通过对控制点的编辑可以实现对图形的编辑。下面以如图 3-65 所示的 V 形块图形为例，介绍编辑控制点操作。

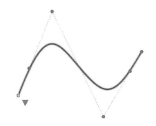

图 3-63 样条控制点

图 3-64 控制点快捷菜单

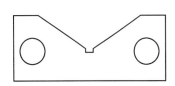

图 3-65 V 形块图形

步骤 1 打开练习文件：cad_jxsj\ch03 edit\3.2\edit。

步骤 2 编辑右侧斜线。单击选中图形中右侧斜线，然后选中如图 3-66 所示斜线上部控制点，并水平向左拖动控制点，在底部状态栏中选择开启正交模式，在命令栏中输入"10"并回车，表示将控制点水平向左平移 10mm，结果如图 3-67 所示。

步骤 3 编辑上部右侧水平直线。单击选中上部右侧水平直线，然后选中如图 3-68 所示控制点，并向左拖动控制点使其与斜线端点重合。

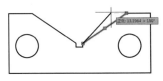

图 3-66 平移控制点

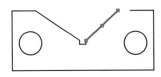

图 3-67 平移结果

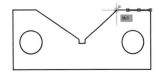

图 3-68 平移直线端点

步骤 4 编辑左侧斜线与直线。参照步骤 2 和步骤 3 操作来编辑图形中左侧斜线与直线，结果如图 3-69 所示。

步骤 5 编辑圆位置。选中如图 3-70 所示的圆心控制点，然后水平向左拖动控制点，在命令栏输入"8"并回车，表示将圆心水平向左移动 8mm，并按相同方法向右移动左侧圆心，结果如图 3-71 所示。

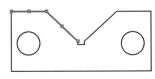

图 3-69 平移左侧结构

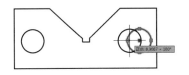

图 3-70 移动圆心位置

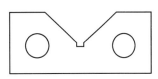

图 3-71 移动圆心结果

　　步骤 6　合并图形。因为本例图形不是多段线图形，所以在拖动控制点时只能拖动选中的图形。如果需要拖动整个图形，需要首先将图形合并，如图 3-72 所示。

　　步骤 7　编辑斜面结构。选中右侧斜线，然后选中斜线上中间控制点竖直向下拖动 8mm，如图 3-73 所示，按相同方法拖动左侧斜线，结果如图 3-74 所示。

　　步骤 8　编辑中间凹槽。选中中间凹槽的水平直线，然后选中水平直线中间控制点竖直向下拖动 10mm，结果如图 3-75 所示，至此完成图形编辑。

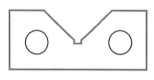

图 3-72　合并图形

图 3-73　平移斜线

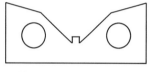

图 3-74　平移左侧斜线

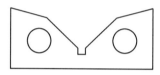

图 3-75　编辑图形结果

3.3　编辑对象特性

　　对象特性包括对象的颜色、线型及线宽属性，在图形设计中一般需要根据绘图的标准及规范性要求正确设置图形对象的特性。下面具体介绍编辑对象特性、"特性"面板的编辑及特性匹配等操作。

3.3.1　编辑对象特性操作

　　在"默认"选项卡使用如图 3-76 所示"特性"区域中的命令来编辑对象特性。

　　（1）编辑颜色特性

　　展开颜色列表 ⬤ ▬▬ ByLayer ▾ ，如图 3-77 所示，用于设置图形对象的颜色。在列表中单击"更多颜色"字符，系统弹出如图 3-78 所示的"选择颜色"对话框，在该对话框中可以设置更多的颜色。

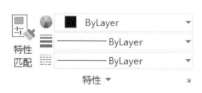

图 3-76　"特性"区域

图 3-77　颜色列表

图 3-78　"选择颜色"对话框

　　（2）编辑线宽特性

　　展开线宽列表 ▬▬▬▬ ByLayer ▾ ，如图 3-79 所示，用于设置图形对象的线宽。在列表中单击"线宽设置"字符,系统弹出如图 3-80 所示的"线宽设置"对话框,在该对话框中可以设置线宽属性(包括线宽单位及线宽值)。

(3)编辑线型特性

展开线型列表————ByLayer▼,如图 3-81 所示,用于设置图形对象的线型。在列表中单击"其他"字符,系统弹出如图 3-82 所示的"线型管理器"对话框,在该对话框中可以设置线型。在该对话框中单击"加载"按钮,系统弹出如图 3-83 所示的"加载或重载线型"对话框,可以加载更多的线型以满足绘图需要。

图 3-79 线宽列表

图 3-80 "线宽设置"对话框

图 3-81 线型列表

图 3-82 "线型管理器"对话框

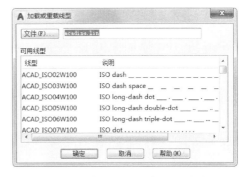

图 3-83 "加载或重载线型"对话框

下面以如图 3-84 所示的飞轮轮廓图形为例,介绍编辑对象特性操作。

步骤 1 打开练习文件:cad_jxsj\ch03 edit\3.3\prop_edit。

步骤 2 编辑线型。选中图形中的小圆定位圆,在"默认"选项卡"特性"区域的线型列表————ByLayer▼中选择"CENTER×2"线型,结果如图 3-85 所示。

步骤 3 编辑线宽。选中除小圆定位圆以外的其他图形,在"默认"选项卡"特性"区域的线宽列表————ByLayer▼中选择"0.35mm"线宽,结果如图 3-86 所示。

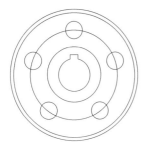

图 3-84 飞轮轮廓图形

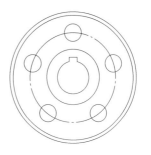

图 3-85 设置线型

步骤4 编辑颜色。选中五个小圆，在"默认"选项卡"特性"区域的颜色列表

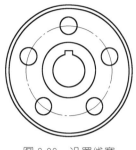 中选择红色，结果如图 3-87 所示。

图 3-86 设置线宽

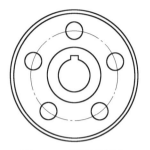

图 3-87 设置线颜色

3.3.2 "特性"面板

除了 3.3.1 小节介绍的方法以外，还可以使用"特性"面板来编辑对象特性。选中图形对象后单击鼠标右键，系统弹出如图 3-88 所示的快捷菜单，在该快捷菜单中选择"特性"命令，系统弹出如图 3-89 所示的"特性"面板，在该面板中可以编辑对象特性。

图 3-88 快捷菜单

图 3-89 "特性"面板

可在"特性"面板的"常规"区域编辑对象的颜色、图层、线型、线宽等，此区域的功能与 3.3.1 小节介绍的"特性"区域的功能是类似的，但是可设置的特性更多。

可在"特性"面板的"三维效果"区域编辑对象的材质，系统默认为"ByLayer（随层）"材质，需要注意的是，在二维图形绘制时一般都使用默认设置。

可在"特性"面板的"几何图形"区域编辑对象的几何属性，如圆心坐标、半径等，同时还可以查看图形的几何信息，如周长、面积等。

3.3.3　特性匹配

使用"特性匹配"命令，可以将选中对象的特性应用到其他对象中（相当于 Word 软件中的"格式刷"命令）。下面继续以如图 3-87 所示图形为例介绍特性匹配操作。现在需要将五个小圆的线型设置成中间定位圆的线型。

步骤 1　在"默认"选项卡的"特性"区域单击"特性匹配"
按钮 ▨，系统提示：MATCHPROP 选择源对象：。

步骤 2　选择点画线圆为源对象，系统提示：MATCHPROP 选择目标对象或 [设置 (S)]：。

步骤 3　选择五个小圆为目标对象，表示将源对象的特性应用到五个小圆中，此时五个小圆线型也变化成点画线样式，结果如图 3-90 所示。

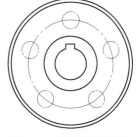

图 3-90　特性匹配结果

3.4　图形显示控制

为了精确、高效地查看与编辑图形，需要提前创建绘图视图及视口，然后通过视图或视口查看与编辑图形。下面以如图 3-91 所示的齿轮箱零件图为例来介绍视图及视口操作。

3.4.1　视图操作

在"视图"选项卡"命名视图"区域的下拉列表中提供了系统自带的常用视图类型，用户可以直接从列表中选择视图以查看不同视图方位的视图效果。

对如图 3-91 所示的齿轮箱零件图，如果需要高效、准确地查看其全部视图及各个局部

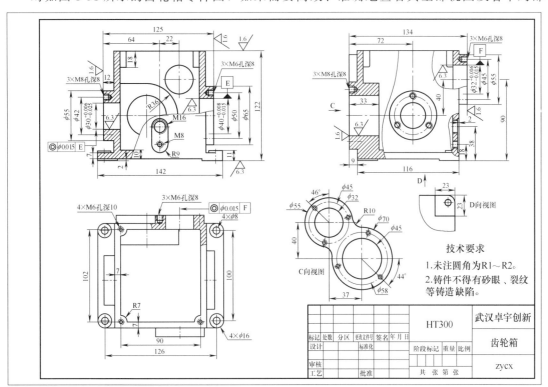

图 3-91　齿轮箱零件图

视图，首先需要创建好相应的视图对象。下面具体介绍视图操作方法。

步骤 1 打开练习文件：cad_jxsj\ch03 edit\3.4\box_drawing。

步骤 2 新建全部视图 A。为了高效、准确地查看完整的齿轮箱零件图，需要首先创建一个全部视图。在"视图"选项卡的"命令视图"区域单击"新建视图"按钮 新建视图 ，系统弹出如图 3-92 所示的"新建视图/快照特性"对话框，设置视图名称为"A"，单击 按钮，选中如图 3-93 所示的整个齿轮箱零件图作为视图对象，单击"确定"按钮。

图 3-92 新建视图

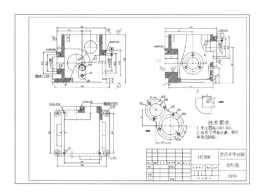

图 3-93 新建 A 视图

步骤 3 新建局部视图 B。为了高效、准确地查看完整的齿轮箱零件图的主视图，需要创建一个包括主视图的局部视图。在"视图"选项卡的"命令视图"区域单击"新建视图"按钮 新建视图 ，系统弹出"新建视图/快照特性"对话框，设置视图名称为"B"，单击 按钮，选中如图 3-94 所示的主视图作为视图对象，单击"确定"按钮。

步骤 4 新建局部视图 C。参照步骤 3 操作选择如图 3-95 所示作为视图对象创建 C 视图。

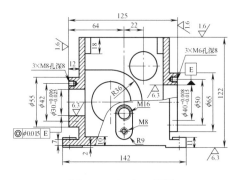

图 3-94 新建 B 视图

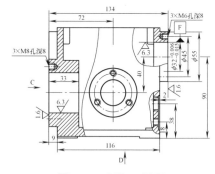

图 3-95 新建 C 视图

步骤 5 新建局部视图 D。参照步骤 3 操作选择如图 3-96 所示作为视图对象创建 D 视图。

步骤 6 新建局部视图 E。参照步骤 3 操作选择如图 3-97 所示作为视图对象创建 E 视图。

步骤 7 查看视图。完成视图创建后，在"视图"选项卡"命名视图"区域的下拉列表中可以快速查看创建的视图，如图 3-98 所示。

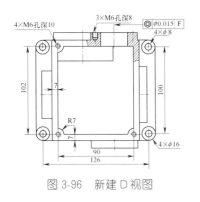

图 3-96　新建 D 视图

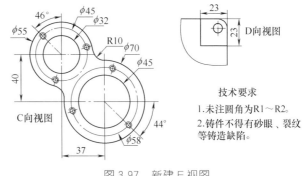

图 3-97　新建 E 视图

3.4.2　视口操作

视口就是指将图形区细分的若干区域，每个区域可以单独查看视图对象，包括移动视图、缩放视图等，这样有助于高效、准确地查看视图对象，同时方便用户比较视图。下面继续以 3.4.1 小节的齿轮箱零件图为例介绍视口操作。

步骤 1　选择命令。在"视图"选项卡的"模型视口"区域单击"命名"按钮 命名，系统弹出如图 3-99 所示的"视口"对话框，可以在该对话框中新建与查看视口。

步骤 2　新建单个视口。在"视口"对话框中单击"新建视口"选项卡，表示新建视口，在"新名称"文本框中设置视口名称为"全部视图"，在"标准视口"列表中单击"单个"表示新建"单个"视口，在"修改视图"下拉列表中选择前面创建的 A 视图为视口对象，如图 3-99 所示，单击"确定"按钮，完成视口的创建。

💡 **说明**：此处创建的单个视口表示在图形区只显示一个视口，相当于显示整个图形区，创建这个视口主要为了高效、准确地查看完整零件图。

图 3-98　查看视图

图 3-99　新建单个视口

步骤 3　新建四个相等视口。在"视口"对话框的"新名称"文本框中设置视口名称为"局部视图"，在"标准视口"列表中单击"四个：相等"表示新建四个相等视口，相当于将图形区分割成四个大小相等的区域，在"修改视图"下拉列表中分别选择前面创建的 B、C、D、E 视图为视口对象，如图 3-100 所示，单击"确定"按钮。

图 3-100　新建四个相等视口

图 3-101　查看视口

　　步骤 4　查看视口。在"视口"对话框中单击"命名视口"选项卡，选中创建的"全部视图"如图 3-101 所示，单击"确定"按钮，此时在图形区显示完整视图，如图 3-102 所示，选中"局部视图"，单击"确定"按钮，此时在图形区显示四个局部视图，如图 3-103 所示。

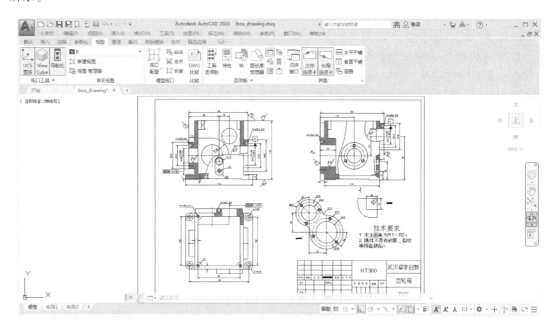

图 3-102　显示全部视图

　　说明：此处查看四个相等视口时，对每个视口中的对象可以单独查看，包括单独平移，单独缩放等，便于在查看视图的同时进行视图比较。

　　步骤 5　合并视口。如果要将多个视口进行合并，在"视图"选项卡的"模型视口"区域单击"合并"按钮 合并，按住 CTRL 键选择 B 和 C 视口，系统将 B 和 C 视口合并，此时在图形区只有三个视口，结果如图 3-104 所示。

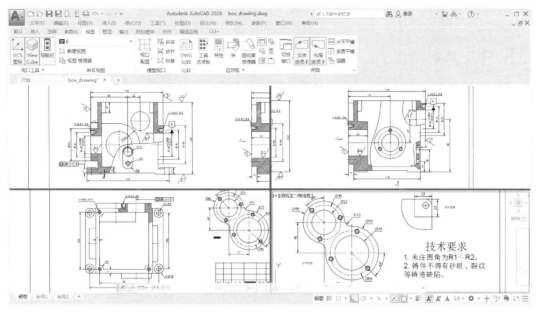

图 3-103　显示局部视图

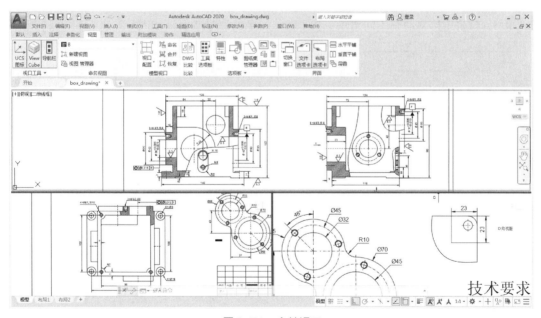

图 3-104　合并视口

步骤 6　恢复视口。在"视图"选项卡的"模型视口"区域单击"恢复"按钮 恢复，系统恢复到最初的单视图显示，相当于撤销视口显示。

3.5　图形测量与分析

图形绘制完成后可以对图形进行测量与分析获取图形详细数据，以便决定是否需要对图形做进一步的编辑，在 AutoCAD 中提供了专门的图形测量与分析工具。

选择下拉菜单"工具"→"查询"命令，系统弹出如图 3-105 所示的查询菜单，使用该菜单可对图形进行测量与分析。另外，在"默认"选项卡使用"实用工具"区域的"测量"菜单（如图 3-106 所示）同样可对图形进行测量与分析。下面具体介绍其操作方法。

3.5.1 基本测量

基本测量主要包括快速测量、测量距离、测量半径、测量角度、测量坐标等，下面以如图 3-107 所示的图形为例介绍常用的基本测量操作方法。

图 3-105　查询菜单

图 3-106　"测量"菜单

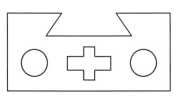

图 3-107　测量图形

步骤 1 打开练习文件：cad_jxsj\ch03 edit\3.5\measure01。

步骤 2 快速测量。在"默认"选项卡的"实用工具"区域"测量"菜单中单击"快速"按钮 快速，将鼠标移动到不同对象上将显示该对象的测量数据，如图 3-108 至图 3-110 所示。

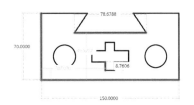

图 3-108　快速测量一

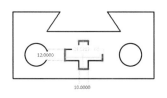

图 3-109　快速测量二

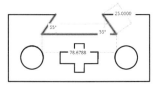

图 3-110　快速测量三

步骤 3 测量距离。在"默认"选项卡的"实用工具"区域"测量"菜单中单击"距离"按钮 距离，选择如图 3-111 所示的两个顶点，系统测量两点之间的距离，如图 3-112 所示。

步骤 4 测量半径。在"默认"选项卡的"实用工具"区域"测量"菜单中单击"半径"按钮 半径，选择图 3-111 中任一圆弧，系统测量圆弧的半径及直径值，结果如图 3-113 所示。

步骤 5 测量角度。在"默认"选项卡的"实用工具"区域"测量"菜单中单击"角度"按钮 角度，选择图 3-111 中斜线位置的两条线，系统测量两线之间的夹角角度，结果如图 3-114 所示。

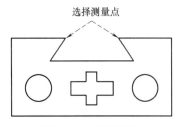

图 3-111　测量图形

图 3-112　测量距离

图 3-113　测量半径　　　　图 3-114　测量角度

步骤 6 测量点坐标。在"默认"选项卡的"实用工具"区域"测量"菜单中单击"点坐标"按钮 🔍 点坐标 ，选择图 3-111 中右侧圆的圆心，系统测量圆心坐标，结果如图 3-115 所示。

命令: *取消*
命令: '_id 指定点: X = 265.2981　Y = 194.5871　Z = 0.0000

图 3-115 测量点坐标

3.5.2 测量面积

在"默认"选项卡"实用工具"区域"测量"菜单中单击"面积"按钮 📐 面积 ，用于测量封闭区域或面域的面积，下面继续以 3.5.1 小节的图形为例介绍测量面积操作。

（1）测量连续点区域面积

因为图形中最外侧的轮廓是由多条直线"拼接"而成的，不属于完整的封闭区域，这种情况下可以依次选择轮廓上的全部点定义测量区域，由系统测量该区域的面积。

步骤 1 在"默认"选项卡"实用工具"区域"测量"菜单中单击"面积"按钮 📐 面积 ，系统提示：MEASUREGEOM 指定第一个角点或 [对象(O) 增加面积(A) 减少面积(S) 退出(X)]〈对象(O)〉：

步骤 2 依次选择如图 3-116 所示的轮廓点定义测量区域，结果如图 3-117 所示。

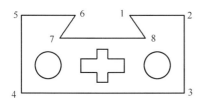

图 3-116 依次选择点

指定下一个点或 [圆弧(A)/长度(L)/放弃(U)/总计(T)] <总计>:
指定下一个点或 [圆弧(A)/长度(L)/放弃(U)/总计(T)] <总计>:
区域 = 9182.4060, 周长 = 518.6788

图 3-117 测量连续点区域面积

（2）测量封闭区域面积

如果测量对象是完整的封闭图形（比如使用"圆""矩形""多边形"及"多段线"等命令绘制的封闭图形）则可以直接测量区域面积；如果不是完整的封闭图形，可以首先使用"合并"命令将封闭图形合并为封闭区域，然后直接测量区域面积。

步骤 1 在"默认"选项卡"实用工具"区域"测量"菜单中单击"面积"按钮 📐 面积 ，系统提示：MEASUREGEOM 指定第一个角点或 [对象(O) 增加面积(A) 减少面积(S) 退出(X)]〈对象(O)〉：。

步骤 2 测量圆面积。在命令栏直接回车表示通过选择对象测量区域，选择如图 3-118 所示的圆作为测量对象，系统测量圆的面积，结果如图 3-119 所示。

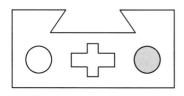

图 3-118 选择测量对象

指定第一个角点或 [对象(O)/增加面积(A)/减少面积(S)/退出(X)] <对象(O)>:
选择对象:
区域 = 452.3893, 圆周长 = 75.3982

图 3-119 测量圆面积

步骤 3 测量中间封闭区域面积。首先使用"合并"命令将中间封闭图形合并成完整的封闭区域，然后选择如图 3-120 所示封闭区域测量面积，结果如图 3-121 所示。

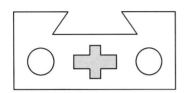

指定第一个角点或 [对象(O)/增加面积(A)/减少面积(S)/退出(X)] <对象(O)>:
选择对象:
区域 = 655.2120, 周长 = 139.0424

图 3-120　选择测量对象 　　　　　　图 3-121　测量中间封闭区域面积

（3）测量复合区域面积

复合区域是指封闭区域中需要减去内含区域的区域，如图 3-122 所示的阴影区域就属于复合区域。为了测量这种复合区域面积，需要首先测量整个外轮廓区域的面积，然后减去各个内含区域的面积即可得到复合区域面积，下面具体介绍。

步骤 1　在"默认"选项卡"实用工具"区域"测量"菜单中单击"面积"按钮 面积，系统提示 MEASUREGEOM 指定第一个角点或 [对象(O) 增加面积(A) 减少面积(S) 退出(X)]〈对象(O)〉:。

步骤 2　在命令栏中输入"A"并回车，表示通过增加面积测量区域，系统提示：MEASUREGEOM 指定第一个角点或 [对象(O) 减少面积(S) 退出(X)]:。

步骤 3　按照如图 3-116 所示的顺序依次选择外轮廓顶点，系统测量整个外轮廓区域的面积，如图 3-123 所示，此时系统提示：MEASUREGEOM 指定第一个角点或 [对象(O) 减少面积(S) 退出(X)]:。

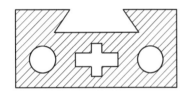

("加"模式)指定下一个点或 [圆弧(A)/长度(L)/放弃(U)/总计(T)] <总计>:
区域 = 9182.4060, 周长 = 518.6788
总面积 = 9182.4060

图 3-122　复合区域　　　　　　图 3-123　测量外轮廓区域面积

步骤 4　在命令栏中输入"S"并回车，表示通过减少面积测量区域，系统提示：MEASUREGEOM 指定第一个角点或 [对象(O) 增加面积(A) 退出(X)]:。

步骤 5　在命令栏中输入"O"并回车，表示选择减少面积的区域对象，系统提示：MEASUREGEOM("减"模式)选择对象:。

步骤 6　依次选择如图 3-124 所示的内含封闭区域并回车，结果如图 3-125 所示。

测量复合区域面积除了本例介绍的方法以外还有另外两种常用的方法。

第一种方法是首先使用"图案填充"命令创建复合区域的填充剖面线，此时填充剖面线的区域面积就是复合区域面积，然后在"默认"选项卡"实用工具"区域"测量"菜单中单击"面积"按钮 面积，最后直接选择填充剖面线作为测量对象，得到复合区域面积。

第二种方法是首先创建复合区域的面域，然后在"默认"选项卡"实用工具"区域"测量"菜单中单击"面积"按钮 面积，最后直接选择面域作为测量对象，得到复合区域面积。

说明: 创建面域后还可以通过选择下拉菜单"工具"→"查询"→"面域/质量特性"命令，选择面域对象，来系统查询面域面积等面域参数，如图 3-126 所示。

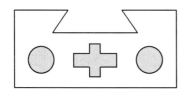

图 3-124 选择减区域

```
("减"模式) 选择对象:
区域 = 452.3893, 圆周长 = 75.3982
总面积 = 7622.4153
```

图 3-125 测量复杂区域面积

```
命令:
命令: _massprop
选择对象: 找到 1 个
选择对象:
----------------    面域    ----------------
面积:                    7622.4153
周长:                    808.5177
边界框:                X: 140.2981  --  290.2981
                       Y: 169.5871  --  239.5871
质心:                  X: 215.2981
                       Y: 202.5057
惯性矩:                X: 315816981.0640
                       Y: 370174408.5818
惯性积:               XY: -332330413.2150
旋转半径:              X: 203.5502
                       Y: 220.3722
主力矩与质心的 X-Y 方向:
                       I: 3232758.1688 沿 [1.0000 0.0000]
                       J: 16850422.7303 沿 [0.0000 1.0000]
```

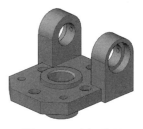

图 3-126 查询面域参数

3.5.3 测量体积与质量属性

在三维实体设计中经常需要测量实体模型的体积与质量属性，下面以如图 3-127 所示的支架模型为例，介绍测量体积与质量属性的操作。

学习本小节内容打开文件“cad_jxsj\ch03 edit\3.5\measure02”进行练习。

图 3-127 支架模型

(1) 测量体积

步骤 1 在“默认”选项卡的“实用工具”区域单击“体积”按钮，系统提示：MEASUREGEOM **指定第一个角点或[对象(O) 增加体积(A) 减去体积(S) 退出(X)]〈对象(O)〉:**。

步骤 2 在命令栏中输入“O”并回车，表示选择测量对象，系统提示：MEASUREGEOM **选择对象:**。

步骤 3 选择支架模型为测量对象并回车，测量体积结果如图 3-128 所示。

```
指定第一个角点或 [对象(O)/增加体积(A)/减去体积(S)/退出(X)] <对象(O)>:
选择对象:
体积 = 319507.9933
```

图 3-128 测量体积

(2) 测量质量属性

步骤 1 选择下拉菜单“工具”→“查询”→“面域/质量特性”命令，系统提示：MASSPROP **选择对象:**。

步骤 2 选择支架模型为测量对象并回车，测量质量属性结果如图 3-129 所示。

```
----------------    实体    ----------------
质量:                    319507.9933
体积:                    319507.9933
边界框:                X: -60.0000  --  60.0000
                       Y: -60.0000  --  70.0001
                       Z: -26.0000  --  77.0000
质心:                  X: -0.0058
                       Y: 19.6810
                       Z: 16.3385
惯性矩:                X: 717622618.4664
                       Y: 626139284.4542
                       Z: 941944452.3696
惯性积:               XY: 2987.3480
                      YZ: -182345266.7208
                      ZX: -3492.6248
旋转半径:              X: 47.3922
                       Y: 44.2685
                       Z: 54.2965
主力矩与质心的 X-Y-Z 方向:
```

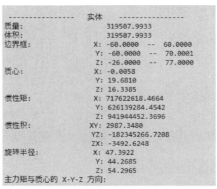

图 3-129 测量质量属性

3.6 绘图编辑实例

扫码看视频讲解

本章前面五节已经详细介绍了二维绘图编辑操作，下面通过几个具体绘图编辑案例继续介绍二维绘图的编辑，帮助读者提高二维绘图实战能力。

3.6.1 阀体垫圈图形绘制

如图 3-130 所示的阀体垫圈图形，主要使用圆、修剪及阵列工具绘制，绘制过程中应注意绘制思路与方法，具体过程请参看随书视频讲解。

3.6.2 排风扇壳体图形绘制

如图 3-131 所示的排风扇壳体图形，主要使用圆、偏移、镜像、圆角及修剪等工具绘制，绘制过程中应注意对称结构的绘制，具体过程请参看随书视频讲解。

3.6.3 三孔垫圈图形绘制

如图 3-132 所示的三孔垫圈图形，主要使用圆、复制及修剪等工具绘制，绘制过程中应注意相切圆弧的绘制，具体过程请参看随书视频讲解。

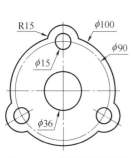

图 3-130 阀体垫圈图形

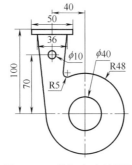

图 3-131 排气扇壳体图形

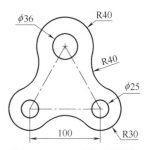

图 3-132 三孔垫圈图形

3.6.4 调节片轮廓图形绘制

如图 3-133 所示的调节片轮廓图形，主要使用圆及修剪等工具绘制，绘制过程中应注意整体绘制思路及方法，同时要注意相切圆弧的绘制，具体过程请参看随书视频讲解。

3.6.5 手机轮廓图形绘制

如图 3-134 所示的手机轮廓图形，主要使用矩形、圆角、圆、偏移及修剪等工具绘制，绘制过程中应注意绘制思路与方法，具体过程请参看随书视频讲解。

3.6.6 水杯轮廓图形绘制

如图 3-135 所示的水杯轮廓图形，主要使用偏移、旋转、圆角及修剪等工具绘制，绘制过程中应注意角度直线及相切直线的绘制，具体过程请参看随书视频讲解。

3.6.7 显示器轮廓图形绘制

如图 3-136 所示的显示器轮廓图形，主要使用矩形、圆角、偏移、圆弧及修剪等工具绘制，绘制过程中应注意绘制思路与方法，具体过程请参看随书视频讲解。

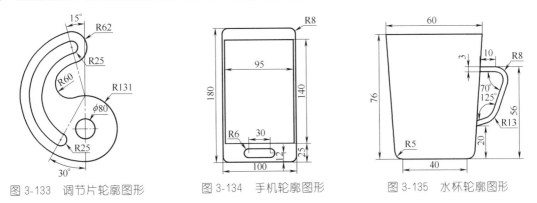

图 3-133　调节片轮廓图形　　　图 3-134　手机轮廓图形　　　图 3-135　水杯轮廓图形

3.6.8　油箱壳体轮廓图形绘制

如图 3-137 所示的油箱壳体轮廓图形，主要使用圆、偏移、圆角及修剪等工具绘制，绘制过程中应注意整体绘制思路及方法，具体过程请参看随书视频讲解。

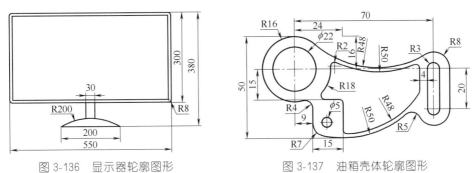

图 3-136　显示器轮廓图形　　　图 3-137　油箱壳体轮廓图形

第**4**章

图块与外部参考绘图

微信扫码，立即获取
全书配套视频与资源

实际绘图设计中经常需要进行重复对象的绘图或使用外部参考绘图，在 AutoCAD 中可使用块功能进行重复对象绘图，使用外部参考功能将外部参考文件引用到当前图形文件中进行辅助绘图，这是绘图设计中最重要的两种辅助绘图功能。

4.1 图块绘图

在同一个图形文件（或不同的图形文件）中重复绘制相同或相似的图形，这种绘图就称为重复对象绘图，图形设计中经常需要进行重复对象绘图。AutoCAD 中可以使用块功能将需要重复绘图的图形对象创建成一个独立的图块并保存，在具体绘图时就可以随时从保存的位置调用这些图块进行重复绘图，这样既保证了图形绘制的统一性又极大提高了图形绘制效率。下面具体介绍图块绘图操作。

> 💡 **说明：**绘图编辑工具中的平移、旋转、复制、缩放、阵列、镜像等工具也可以用于重复对象绘图，但是仅仅适用于重复性不强且数量较少的场合，如果是重复性强且数量较大的场合便会造成使用和管理上的不便，所以掌握图块绘图是非常有必要的。

4.1.1 创建块

使用"创建块"命令可将一般图形文件定义成块。对如图 4-1 所示的法兰圈图形，为了方便将来对其的重复调用，需要将其创建成块。下面以此为例介绍创建块的操作。

步骤 1 打开练习文件：cad_jxsj\ch04 block\4.1\block。

步骤 2 选择命令。在"默认"选项卡的"块"区域单击"创建"按钮 ┌┚ 创建，系统弹出如图 4-2 所示的"块定义"对话框，可在该对话框中定义块。

步骤 3 定义块名称。在"名称"文本框中设置块名称为"法兰圈"。

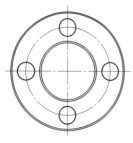

图 4-1 法兰圈图形

图 4-2 "块定义"对话框

步骤4 定义基点。基点就是将来插入块的定位原点,在"基点"区域单击"拾取点"按钮,选择法兰圈图形中间圆心为基点。

步骤5 选择块对象。在"对象"区域单击"选择对象"按钮,然后在图形区选择整个法兰圈图形为块对象,之后选中"保留"选项,表示在创建块后,选择的块对象仍然保留在当前文件中,这样便于后期对块对象进行编辑与修改。

💡 **说明:**若在"对象"区域选中"转换为块"选项,表示在创建块后系统直接将原图形转换成块;若选中"删除"选项,则表示在创建块后直接将原图形删除。

步骤6 设置块单位。在"设置"区域设置"块单位"为"毫米"。

步骤7 完成块定义。在"块定义"对话框中单击"确定"按钮,完成块定义。

4.1.2 写块

为了方便以后随时能够重复调用创建的图块,需要将图块保存到指定位置,在 AutoCAD 中使用"写块"命令保存图块。下面继续使用 4.1.1 小节中创建的块介绍"写块"命令。

在"命令栏"中输入"WBLOCK"并回车,系统弹出如图 4-3 所示的"写块"对话框,在"源"区域选中"块"选项,在下拉列表中选择"法兰圈"为保存对象,并设置保存路径及单位,如图 4-3 所示,然后单击"确定"按钮,完成图块的保存。

图 4-3 "写块"对话框

4.1.3 插入块

"插入块"命令用于将保存的块插入到图形文件的指定位置。对如图 4-4 所示的图形,需要将 4.1.2 小节保存的块插入到图中两侧圆弧圆心位置,结果如图 4-5 所示。

步骤1 打开练习文件:cad_jxsj\ch04 block\4.1\insert_block。

步骤2 选择命令。在"默认"选项卡的"块"区域单击"插入"按钮,系统弹出如图 4-6 所示的"插入块"菜单,在菜单中选择"最近使用的块"命令,系统弹出如图 4-7 所示的"块"选项板,可在该选项板中选择插入块。

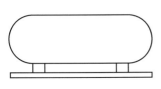

图 4-4 插入块示例图形

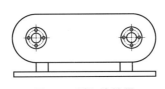

图 4-5 插入块结果

图 4-6 "插入块"菜单

步骤3 选择块文件。第一次插入块时,在"块"选项板中并没有找到需要的块。在顶部过滤框后面单击 ••• 按钮,系统弹出如图 4-8 所示的"选择图形文件"对话框,在该对话框中选择"法兰圈"块文件,单击"打开"按钮,此时在"块"选项板的"其他图形"选项卡中显示选择的块文件,如图 4-9 所示。

步骤4 插入块。在"块"选项板的 "统一比例"选项后设置缩放比例为"45",表

图 4-7 "块"选项板

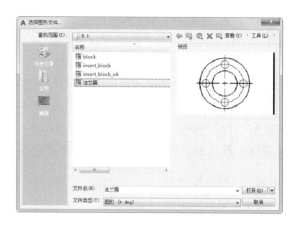

图 4-8 选择块文件

示将选择的块文件放大 45 倍后进行插入，将其选中，其余选项保持系统默认设置，然后选择"法兰圈"块文件，在图形中分别选择两侧圆弧圆心为插入点，此时插入块结果如图 4-5 所示。

> 💡 **说明:** 在"块"选项板"插入选项"区域的 ↻ "旋转"选项后面可以设置旋转角度，选中并设置旋转角度为 45° 后，如图 4-10 所示；选中"重复放置"选项，表示可以在插入块后还可以继续插入块；选中"分解"选项，表示在插入块后系统直接将块文件分解，如图 4-11 所示。

图 4-9 选择插入块

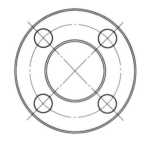

图 4-10 旋转块结果

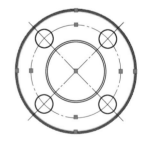

图 4-11 分解块结果

需要注意的是，在图形文件中插入块后，如果再次在"默认"选项卡的"块"区域单击"插入"按钮，系统将弹出如图 4-12 所示的"插入块"菜单，此时在该菜单中显示"法兰圈"块文件预览效果，直接单击选择块文件，此时系统提示：-INSERT 指定插入点或 [**基点(B) 比例(S) 旋转(R)**]:。

在命令栏输入"S"并回车，表示设置插入块比例，系统提示：-INSERT 指定 XYZ 轴的比例因子〈1〉:。

在命令栏输入"45"并回车，表示对插入块放大 45 倍，然后在合适位置放置块。

说明：此处在插入块时，块的大小与源文件大小不一致，需要设置缩放比例调整，这在实际绘图中会造成使用上的不便，影响绘图精度。为了保证插入的块与源图形大小一致，需要在定义块之前选择下拉菜单"格式"→"图形单位"命令，系统弹出如图4-13所示的"图形单位"对话框，在对话框的"插入时的缩放单位"区域的下拉列表中选择"毫米"单位，然后在如图4-14所示的"块定义"对话框的"块单位"下拉列表中选择"毫米"单位，这样才能保证插入块时块大小与源图形文件一样大。

图4-12 "插入块"菜单

图4-13 "图形单位"对话框

4.1.4 块属性

创建块时还可以根据实际绘图要求在块中添加属性。块属性包括固定属性与可变属性两种。如图4-15所示的变压器图形，主要用于电气原理图的设计，在电气原理图中需要标注每个电气元件的名称与代号。如图4-16所示，其中"Transformer"表示变压器名称，是一种固定属性，"T01"表示变压器代号，是一种可变属性，在电气原理图中需要根据实际绘图进行编号，下面以此为例介绍块属性定义。

图4-14 "块定义"对话框

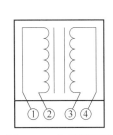

图4-15 变压器图形

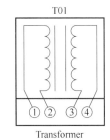

图4-16 变压器符号属性

步骤1 打开练习文件：cad_jxsj\ch04 block\4.1\property。

步骤2 定义固定属性。在"默认"选项卡的"块"区域单击"定义属性"按钮，系统弹出如图4-17所示的"属性定义"对话框，在该对话框中可定义属性。

① 在"模式"区域选中"固定"选项，表示定义固定属性。

② 在"属性"区域设置"标记"为"NAME"（用于识别块属性），设置"默认"为"Transformer"（用于显示块属性），其余设置如图4-17所示。

③ 完成属性定义后，单击"确定"按钮，将属性放置到如图4-18所示位置。

说明：定义属性时一定要定义"标记"属性，方便在调用符号时识别。定义的"默认"属性就是符号的初始值，也就是当调用符号后，符号上显示的。

步骤 3 定义可变属性。在"默认"选项卡的"块"区域单击"定义属性"按钮 ，系统弹出如图 4-19 所示的"属性定义"对话框。

① 在"模式"区域取消选中"固定"选项，选中"预设"选项，表示定义可变属性，使用这种方式定义的属性将来可以随时编辑。

② 在"属性"区域设置"标记"为"ID"，设置"提示"为"元件代号"，设置"默认"为"T01"（该默认设置可以随时编辑），其余设置如图 4-19 所示。

③ 完成属性定义后，单击"确定"按钮，将属性放置到如图 4-20 所示位置。

图 4-17 定义固定属性

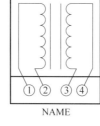
图 4-18 放置固定属性

图 4-19 定义可变属性

步骤 4 设置图形单位。选择下拉菜单"格式"→"图形单位"命令，系统弹出如图 4-21 所示的"图形单位"对话框，在对话框的"插入时的缩放单位"区域的下拉列表中选择"毫米"，其余采用系统默认设置，单击"确定"按钮，完成图形单位的设置。

步骤 5 创建块。在"默认"选项卡的"块"区域单击"创建"按钮 创建，系统弹出如图 4-22 所示的"块定义"对话框，在该对话框中可定义块。

① 在"名称"文本框中设置块名称为"变压器符号"。

② 单击"拾取点"按钮 ，选择如图 4-23 所示底边中点作为基点。

③ 在"对象"区域单击"选择对象"按钮 ，选择变压器符号图形及属性为块对象。选中"保留"选项，表示在创建块后，选择的块对象仍然保留在当前文件中。

④ 在"设置"区域设置"块单位"为"毫米"，单击"确定"按钮。

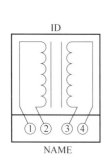
图 4-20 放置可变属性

图 4-21 "图形单位"对话框　　图 4-22 "块定义"对话框

步骤 6　保存块。在"命令栏"中输入"WBLOCK"并回车，系统弹出如图 4-24 所示的"写块"对话框，在"源"区域选中"块"选项，在下拉列表中选择"变压器符号"为保存对象，设置保存路径及单位，单击"确定"按钮。

步骤 7　插入块。在"默认"选项卡的"块"区域单击"插入"按钮 🗗，系统弹出"插入块"菜单，在菜单中选择以上保存的"变压器块"为插入块，在图形区的合适位置单击放置块，结果如图 4-25 所示。此时块属性均为默认属性。

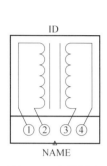

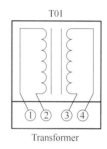

图 4-23　定义基点　　　　　图 4-24　"写块"对话框　　　　　图 4-25　放置块

步骤 8　编辑块属性。块中的可变属性可以根据实际需要编辑，双击"T01"属性，系统弹出如图 4-26 所示的"增强属性编辑器"对话框，选中"ID"属性，在"值"文本框中设置新的属性值为"T02"，单击"确定"按钮，结果如图 4-27 所示。

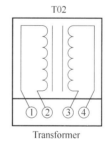

图 4-26　编辑块属性　　　　　　　　　图 4-27　编辑块属性结果

4.2　外部参考绘图

在实际图形设计中经常需要将产品图片、图纸文件或公司标志引用到图形文件中，这样能够极大增强图形文件的可读性。在 AutoCAD 中，可以使用"外部参考"功能加载外部参考文件进行绘图，同时还可以对外部参考文件进行编辑与调整，下面对此进行具体介绍。

4.2.1　加载外部参考

现在已经完成了底座零件工程图基本视图的创建及工程图的标注工作，为了提高工程图的可读性，需要在工程图右下角空白位置插入底座零件渲染图片如图 4-28 所示，下面以此为例介绍加载外部参考操作。

步骤 1　打开练习文件：cad_jxsj\ch04 block\4.2\base_drawing。

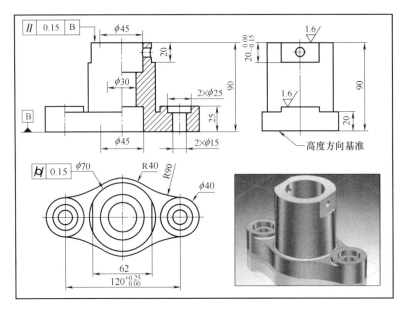

图 4-28　底座零件工程图

步骤 2　插入参照图片。在"插入"选项卡的"参照"区域单击"附着"按钮，系统弹出如图 4-29 所示的"选择参照文件"对话框，选择"base"参照图片，单击"打开"按钮，系统弹出如图 4-30 所示的"附着图像"对话框，保持系统默认设置，单击"确定"按钮，在图形区合适位置单击以确定插入位置，结果如图 4-28 所示。

图 4-29　"选择参照文件"对话框

图 4-30　"附着图像"对话框

4.2.2　剪裁外部参考

"剪裁"命令用于剪裁选中的参照图片。在剪裁时可以使用多种边界剪裁参照图片，下面继续使用 4.2.1 小节插入的外部参照图片为例介绍剪裁操作。

步骤 1　在"插入"选项卡的"参照"区域单击"剪裁"按钮，系统提示：CLIP_clip 选择要剪裁的对象：。

步骤 2　在图形区选择插入的图片，表示要剪裁选择的图片，系统提示：CLIP 输入图像剪裁选项［开(ON) 关(OFF) 删除(D) 新建边界(N)］〈新建边界〉：。

步骤 3　直接按回车键，表示新建边界，系统提示：CLIP［**选择多段线(S) 多边形(P)**
矩形(R) 反向剪裁(I)］〈矩形〉：。

步骤 4　直接按回车键，表示使用矩形边界剪裁，使用鼠标在图片上拖动如图 4-31 所示
的矩形边界，系统将使用该矩形边界剪裁参照图片，结果如图 4-32 所示。

图 4-31　定义剪裁边界　　　　　　　　　　　　　　图 4-32　剪裁结果

💡 **说明：**使用"剪裁"命令剪裁参照图片时可以定义四种方式的剪裁，本例使用"矩
形"方式剪裁。在系统提示 CLIP［选择多段线(S) 多边形(P) 矩形(R) 反向剪裁(I)]< 矩形 >：
中选择"选择多段线"方式，表示通过选择已经存在的多段线来剪裁参照图片，如图
4-33 所示；选择"多边形"方式，表示通过绘制多边形来剪裁参照图片，如图 4-34 所
示；选择"反向剪裁"方式，表示裁剪所画的矩形边界外侧，如图 4-35 所示。

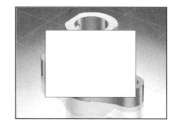

图 4-33　多段线剪裁　　　　　　　图 4-34　多边形剪裁　　　　　　图 4-35　反向剪裁

4.2.3　调整外部参考

"调整"命令用于调整选中的参照图片，包括对比度调整、淡入度调整及亮度调整。下
面继续使用 4.2.2 小节裁剪后的外部参照图片为例介绍调整操作。

步骤 1　在"插入"选项卡的"参照"区域单击"调整"按钮 ，系统提示：ADJUST
选择图像或参考底图：。

步骤 2　在图形区选择裁剪后的插入的图片并回车，表示要调整选择的图片，系统提
示：ADJUST 输入图像选项［**对比度(C) 淡入度(F) 亮度(B)**］〈亮度〉：。

步骤 3　直接按回车键，表示调整亮度，系统提示：ADJUST 输入亮度值（0-100）〈50〉：。

步骤 4　在命令栏输入"80"并回车，结果如图 4-36 所示。

💡 **说明：**使用"调整"命令可以对参照图片进行三种效果的调整，本例使用"亮度"方
式调整。在系统提示 ADJUST 输入图像选项［对比度(C) 淡入度(F) 亮度(B)]< 亮度 >：中选
择"对比度"方式，表示调整参照图片对比度，如图 4-37 所示（对比度值为"80"）；选
择"淡入度"方式，表示调整参照图片淡入度，如图 4-38 所示（淡入度值为"80"）。

图 4-36　调整亮度

图 4-37　调整对比度

图 4-38　调整淡入度

4.3 图块与外部参考绘图实例

扫码看视频讲解

　　本章前面两节系统介绍了图块与外部参考绘图的操作及知识内容，为了加深读者对图块与外部参考绘图的理解并更好地应用于实践，下面通过两个具体案例对它们进行详细介绍。

4.3.1 螺母座、螺栓连接绘图

　　对如图 4-39 所示的螺母座装配图，现在已经完成了部分图形绘制如图 4-40 所示，需要使用如图 4-41 所示图形创建单独的螺栓及螺母块并保存，然后将螺栓螺母块插入到图形中完成螺母座装配图绘制。具体过程请参看随书视频讲解。

　　螺母座螺栓连接绘图说明：

　① 打开绘图文件 "cad_jxsj\ch04 block\4.3\01\bolt_nut_drawing" 创建图块。

　② 打开绘图文件 "cad_jxsj\ch04 block\4.3\01\joint_asm" 插入螺栓、螺母块。

　③ 编辑图形，插入图块后需要按照螺栓连接编辑图形，使其符合机械制图要求。

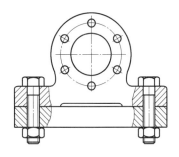

图 4-39　螺母座装配图

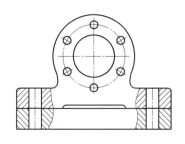

图 4-40　已完成部分

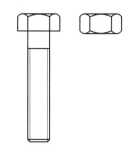

图 4-41　螺栓、螺母块

　　④ 具体过程：由于书籍写作篇幅限制，本书不详细介绍螺母座螺栓连接绘图的过程，读者可自行参看随书视频讲解，视频中有详尽的操作过程讲解。

4.3.2 螺母座标题栏插入 LOGO 图片

　　对如图 4-42 所示的螺母座装配图，需要在标题栏 "单位名称" 单元格中插入 LOGO 图片，结果如图 4-43 所示。下面打开图形文件 "cad_jxsj\ch04 block\4.3\02\lmz_drawing"，然后使用 "附着" 按钮将文件夹中提供的 LOGO 图片插入到指定单元格中。

　　由于书籍写作篇幅限制，本书不详细介绍插入参考图片的过程，读者可自行参看随书视频讲解，视频中有详尽的操作过程讲解。

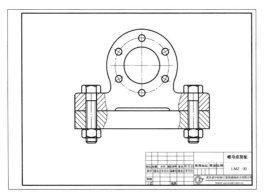

图 4-42　螺母座装配图

图 4-43　插入 LOGO 图片

第5章

绘图标注

微信扫码，立即获取
全书配套视频与资源

　　绘图标注是机械制图的一项重要内容，主要用于精准确定图形的位置及大小，同时还反映图纸的各项技术信息。

5.1　绘图标注基础

　　一张规范的图形文件中必须包含各种绘图标注，如图 5-1 所示的泵体设计图，其中除了工程图视图及图框表格以外，剩下的全部属于绘图标注，包括中心线标注、尺寸标注、尺寸公差标注、基准标注、形位公差标注、表面粗糙度标注及文本标注等。

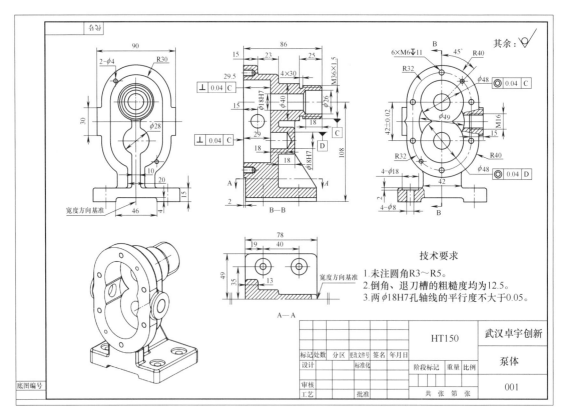

图 5-1　绘图设计中的标注

　　在 AutoCAD 中提供了专门用于绘图标注的工具，在功能选项卡区域展开"注释"选项卡，如图 5-2 所示，选择"中心线"区域的命令，可以进行中心线标注，选择"标注"区域的命令可以进行尺寸标注、尺寸公差标注及形位公差标注，选择"文字"区域的命令可以进行文本标注，选择"引线"区域的命令可以进行多重引线标注。

图 5-2 "注释"选项卡

需要特别注意的是，在 AutoCAD 中没有提供专门的基准符号及表面粗糙度的标注工具，在实际绘图中需要使用块工具进行基准符号及表面粗糙度的标注。

5.2 中心线标注

中心线标注主要作为其他绘图标注的基准，AutoCAD 中的中心线标注包括中心线及圆心标记两种，下面对其分别进行具体介绍。

5.2.1 中心线

"中心线"命令用于标注剖切孔或圆柱结构等的中心轴线。对如图 5-3 所示的模板零件工程图，需要创建剖视图中剖切孔的中心线，如图 5-4 所示。下面具体介绍其操作方法。

步骤 1 打开练习文件：cad_jxsj\ch05 label\5.2\centerline01。

步骤 2 选择图层。在图层管理器中选择"中心线"图层作为标注图层。

步骤 3 选择命令。在"注释"选项卡的"中心线"区域单击"中心线"按钮 ══ 。

步骤 4 创建中心线。依次选择剖视图中剖切孔的两侧边线，系统创建如图 5-5 所示的中心线，此时中心线的线型及样式均不符合机械制图规范性要求，需要编辑中心线。

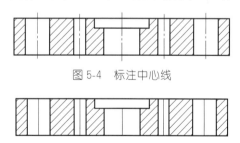

图 5-4 标注中心线

图 5-5 创建中心线

图 5-3 模板零件工程图

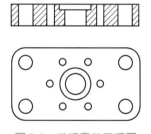

步骤 5 编辑中心线。双击最左侧中心线，系统弹出如图 5-6 所示的"中心线"选项板，在"线型"下拉列表中选择"CENTER×2"线型，设置"起点延伸"和"终点延伸"均为"2.5000"，表示中心线两端超出视图轮廓线的距离为 2.5mm，结果如图 5-7 所示。

步骤 6 特性匹配。编辑第一条中心线后，使用"特性匹配"命令将其余中心线特性设

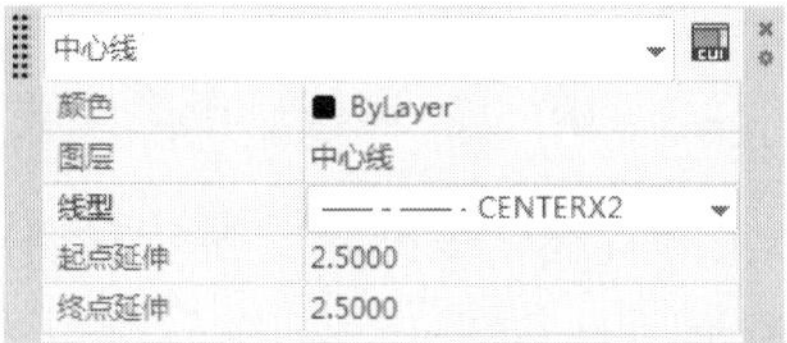

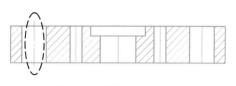

图 5-6 编辑中心线特性

图 5-7 编辑后的中心线

置成与第一条中心线特性一致。在"默认"选项卡的"特性"区域单击"特性匹配"按钮，首先选择步骤 5 编辑后的第一条中心线为源对象，依次选择其余各条中心线为目标对象，匹配特性后的中心线结果如图 5-8 所示。

步骤 7 调整中心线。完成步骤 6 后，还有中心孔的中心线不符合机械制图规范性要求，需要进一步调整。选中中心孔中心线，此时在中心线上出现控标，单击最顶端控标并竖直向上拖动控标，调整中心线长度到合适位置，完成调整中心线操作，如图 5-9 所示。

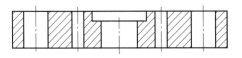
图 5-8　匹配特性后的中心线

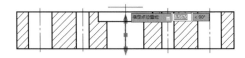
图 5-9　调整中心线

5.2.2　圆心标记

"圆心标记"命令用于标注圆形孔或圆形结构的中心线。对如图 5-3 所示的模板零件工程图，需要创建俯视图中圆形孔的中心线，如图 5-10 所示。下面具体介绍其操作方法。

步骤 1 选择图层。在图层管理器中选择"中心线"图层为标注图层。

步骤 2 选择命令。在"注释"选项卡的"中心线"区域单击"圆心标记"按钮⊕。

步骤 3 创建圆心标记。依次选择俯视图中中心孔及四个角孔边线为参考，系统创建如图 5-11 所示的圆心标记，此时圆心标记的线型及样式均不符合规范性要求。

步骤 4 编辑圆心标记。双击任意圆心标记，系统弹出如图 5-12 所示的"圆心标记"选项板，在"线型"下拉列表中选择"CENTER×2"线型，设置所有延伸均为 2.5mm，然后使用"特性匹配"命令编辑其余圆心标记，结果如图 5-13 所示。

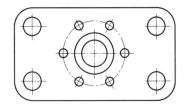
图 5-10　标注圆心标记

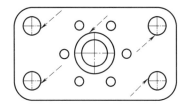
图 5-11　创建圆心标记

图 5-12　编辑圆心标记

步骤 5 创建中心线圆。在"默认"选项卡中单击"圆"按钮⊘，选择中心孔中心为圆心，拖动圆弧到任意圆周小孔的圆心上，如图 5-14 所示。

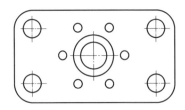
图 5-13　编辑圆心标记结果

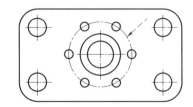
图 5-14　创建中心线圆

步骤 6 创建孔中心线。在"默认"选项卡中单击"直线"按钮╱，捕捉如图 5-15 所示的右侧小孔中心，绘制水平孔中心线，如图 5-15 所示。

步骤 7 阵列孔中心线。在"默认"选项卡"修改"区域的"阵列"菜单中选择环形阵列命令，选择步骤 4 创建的孔中心线作为阵列对象，选择中心孔圆心作为环形阵列中心，在圆周方向阵列六条孔中心线，结果如图 5-16 所示。

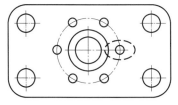

图 5-15 创建孔中心线

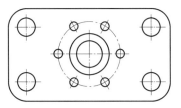

图 5-16 阵列孔中心线

5.3 尺寸标注

图形只能反映物体的结构形状，物体的真实大小要靠尺寸标注来表示，同时，尺寸标注还是加工和检验零件和产品的重要依据，是绘图标注的重要内容。在尺寸标注之前需要首先了解尺寸标注理论基础，特别是尺寸标注的规范性要求，然后在 AutoCAD 中正确设置标注样式并按照尺寸标注的规范性要求进行标注。

5.3.1 尺寸标注基础

尺寸标注作为加工和检验零件和产品的重要依据，是图样中指令性最强的部分，下面具体介绍尺寸标注的理论基础及尺寸标注的规范性要求。

（1）尺寸标注基本要求

机械设计中的尺寸标注必须要做到正确、完整、清晰、合理，具体要求如下。

正确：要符合国家标准的有关规定。

完全：要标注制造零件所需要的全部尺寸，不遗漏、不重复。

清晰：尺寸布置要整齐、清晰，便于阅读。

合理：标注的尺寸要符合设计要求及工艺要求。

（2）尺寸标注基本规则

① 机件的真实大小，应以图样上所注的尺寸数值为依据，与图形的大小（即所采用的比例）和绘图的准确度无关。

② 图样中（包括技术要求及其他说明文件）的长度尺寸，以 mm 为单位时，不需标注计量单位代号或名称，如果是其他单位，则必须注明相应计量单位的代号或名称。

③ 图样中所标注的尺寸，为该图样所示机件的最后完工尺寸，否则应另加说明。

④ 机件的每一尺寸，一般只标注一次，并应标注在反映该结构最清晰的图形上。

⑤ 同一要素的尺寸应尽可能集中标注，如孔的直径和深度、槽的深度和宽度等。

⑥ 尽量避免在不可见的轮廓线上标注尺寸。

（3）尺寸标注要素

尺寸标注要素一般包括尺寸界线、尺寸线和尺寸数字三个部分，如图 5-17 所示。

① 尺寸界线。尺寸界线用来限定尺寸度量的范围。

尺寸界线用细实线绘制，由图形的轮廓线、轴线或对称中心线引出，也可利用图形的轮廓线、轴线或对称中心线作尺寸界线。

尺寸界线一般应与尺寸线垂直，必要时才允许倾斜，如图 5-18 所示，绘图中的 $\phi 70$ 和 $\phi 24$ 尺寸的尺寸界线可以适当倾斜，便于读图。

在光滑过渡处标注尺寸时，必须用细实线将轮廓线延长，然后从交点位置引出尺寸界线，否则无法准确标注尺寸或无法清晰读取尺寸值。

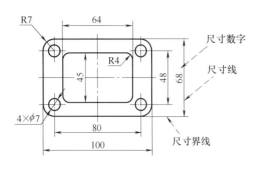

图 5-17　尺寸标注要素　　　　　　　　　图 5-18　倾斜尺寸界线

② 尺寸线。尺寸线用来表示所注尺寸的度量方向。

尺寸线用细实线绘制，其终端有箭头和斜线两种形式。

箭头终端：适用于各种类型的图样，箭头的形状大小如图 5-19 所示，箭头宽度为 d（d 为粗实线线宽），箭头长度约为箭头宽度的 6 倍。

斜线终端：必须在尺寸线与尺寸界线相互垂直时才能使用，斜线终端用细实线绘制，方向以尺寸线为准，逆时针旋转 45°画出，如图 5-20 所示，其中 h 为字高。

同一图样中，一般只能采用一种尺寸线终端形式，如果采用斜线终端形式时，图中圆弧的半径尺寸、投影为圆的直径尺寸的终端应画成箭头，如图 5-21 所示。

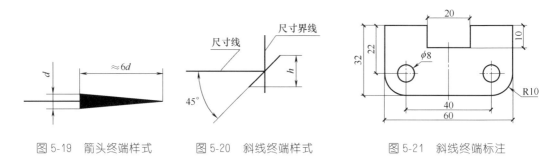

图 5-19　箭头终端样式　　　　图 5-20　斜线终端样式　　　　图 5-21　斜线终端标注

若采用箭头终端形式，遇到位置不够画箭头时（比如图形中的细节位置），允许用圆点或斜线代替箭头，如图 5-22 所示。

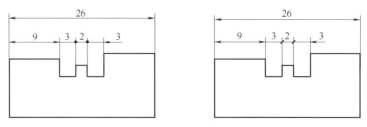

图 5-22　使用圆点或斜线代替箭头

尺寸线必须单独画出，不能用其他图线代替（AutoCAD 中进行尺寸标注时自带尺寸线与尺寸界线），一般也不得与其他图线重合或画在其延长线上。

标注线性尺寸时，尺寸线必须与标注线段平行，且就近标注，如图 5-23 所示。

③ 尺寸数字。尺寸数字用来表示所注尺寸的数值，标注尺寸时一定要认真仔细、字迹

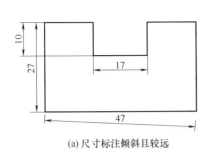
(a) 尺寸标注倾斜且较远

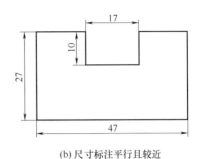
(b) 尺寸标注平行且较近

图 5-23　尺寸线与标注线段平行且就近标注

清楚，应避免可能造成误解的一切因素，尺寸数字应符合下列规定。

线性尺寸数字的注写位置：水平方向的尺寸，一般应注写在尺寸线的上方；铅垂方向的尺寸，一般应注写在尺寸线的左方；倾斜方向的尺寸一般应注写在尺寸线靠上的一方，也允许注写在尺寸线的中断处。

线性尺寸数字的标注方法主要有以下两种。

方法一：水平尺寸的数字字头向上，铅垂尺寸的数字字头朝左，倾斜尺寸的数字字头应有朝上的趋势，如图 5-24 所示。

方法二：对于非水平方向的尺寸，其尺寸数字可水平标注在尺寸线的中断处，便于识图，如图 5-25 所示。

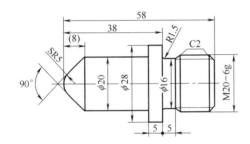
图 5-24　水平尺寸、铅垂尺寸、倾斜尺寸数字方向

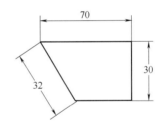
图 5-25　非水平尺寸数字方向

对于以上两种方法，在实际标注尺寸时，一般情况下应尽量采用方法一进行标注，特殊情况下允许采用方法二进行标注。

角度的数字一律写成正向水平方向，一般注写在尺寸线的中断处，必要时，也可注写在尺寸线的附近或注写在引出线的上方，如图 5-26 所示。

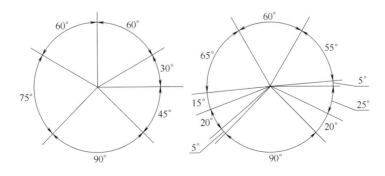
图 5-26　角度数字标注方向

任何图线都不得穿过尺寸数字，以免影响识图，当不可避免时，应将图线断开，以保证尺寸数字清晰，如图 5-27 所示。

（4）尺寸基准

尺寸基准是尺寸标注的重要依据与参考，在尺寸标注之前需要首先确定尺寸基准。

① 尺寸基准的种类及选择。

a. 尺寸基准种类。尺寸基准包括设计基准与工艺基准两种。

设计基准：从设计角度考虑，为满足零

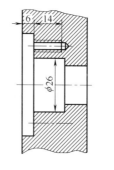
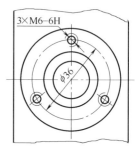

图 5-27　尺寸数字附近图线要断开

件在机器或部件中结构、性能的要求而选定的一些基准称为设计基准。如图 5-28 所示的基准 B 为高度方向基准、基准 C 为长度方向基准、基准 D 为宽度方向基准。

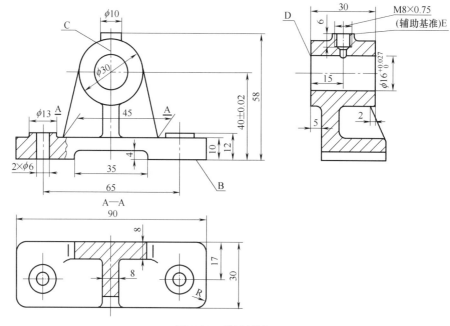

图 5-28　设计基准

工艺基准：从加工工艺的角度考虑，为便于零件的加工、测量而选定的一些基准称为工艺基准。如图 5-29 所示的基准 F 就是阶梯轴的工艺基准。

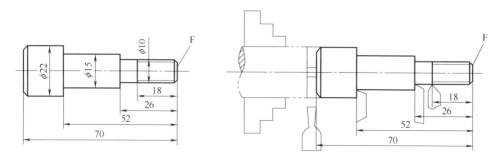

图 5-29　工艺基准

　　b. 尺寸基准选择。尺寸基准一般选择零件上较大的加工面、两零件的结合面、零件的对称平面、重要的平面和轴肩等。需要考虑选择原则、三方基准及主辅基准问题。

　　选择原则：应尽量使设计基准与工艺基准重合，以减少尺寸误差，保证产品质量。

　　三方基准：任何一个零件都有长、宽、高三个方向的尺寸，因此，每一个零件也应有三个方向的尺寸基准。

　　主辅基准：零件的某个方向可能会有两个或两个以上的基准，一般只有一个是主要基准，其他为次要基准（或称辅助基准），应选择零件上重要的几何要素作为主要基准。

　　② 标注尺寸的基本原则。零件上凡是影响产品性能、工作精度和互换性的重要尺寸（规格性能尺寸、配合尺寸、安装尺寸、定位的尺寸），都必须从设计基准直接标注，如图 5-30 所示。

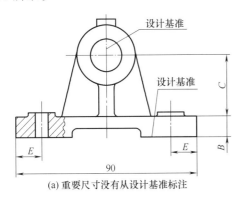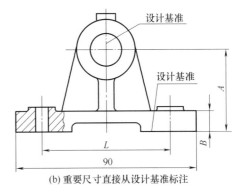

(a) 重要尺寸没有从设计基准标注　　　　　(b) 重要尺寸直接从设计基准标注

图 5-30　重要尺寸必须从设计基准直接标注

　　尺寸标注应避免形成封闭尺寸链。在尺寸标注中首尾相连的链状尺寸组称为尺寸链，如图 5-31 所示，其中 A、B、C、D 四个尺寸就形成了封闭尺寸链，这是不允许的。假设在加工过程中尺寸 C 是在其他尺寸都加工完后自然得到的尺寸，这种尺寸称为封闭环，一般将尺寸链中最不重要的尺寸作为封闭环，封闭环不用标注。如图 5-32 所示，这样便不会形成封闭尺寸链。

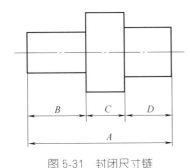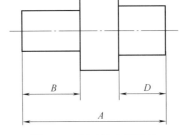

图 5-31　封闭尺寸链　　　　　　　图 5-32　尺寸链正确标注

　　图形中的相贯线不能标注尺寸。如图 5-33 所示，在两个圆柱相贯线位置标注 R33 的半径是不正确的，对于这种图形直接标注如图 5-34 所示尺寸即可。

　　（5）尺寸标注方法

　　实际尺寸标注一般使用形体分析法进行标注，就是将组合体分解为若干个基本体和简单体，然后在形体分析法基础上标注三类尺寸。

　　首先，标注定形尺寸，确定各基本体形状和大小。常见基本体定形尺寸如图 5-35 所示。

　　其次，标注定位尺寸，确定各基本体之间相对位置。要标注定位尺寸，必须先选定尺寸

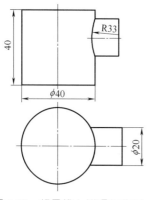

图 5-33　相贯线上错误标注尺寸

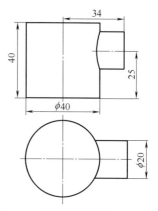

图 5-34　涉及相贯线的正确标注

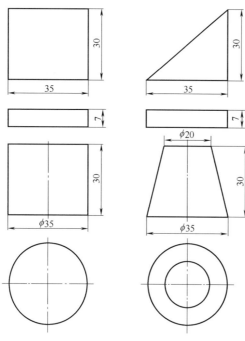

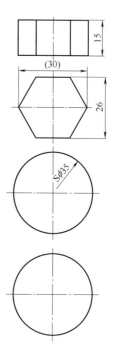

图 5-35　常见定形尺寸

基准，零件有长、宽、高三个方向的尺寸，每个方向至少要有一个基准，通常以零件的底面、端面、对称面和轴线作为基准。常见形体定位尺寸如图 5-36 及图 5-37 所示。

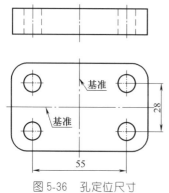

图 5-36　孔定位尺寸

图 5-37　圆柱凸台定位尺寸

最后，标注总体尺寸（零件长、宽、高三个方向的最大尺寸），需要注意的是，总体尺寸、定位尺寸、定形尺寸可能重合，这时需做调整，以免出现多余尺寸。

（6）尺寸的清晰布置

尺寸标注是绘图标注中指令性最强的内容，具体标注时一定要按照规范要求标注在清晰的位置，以免影响识图，下面具体介绍常见尺寸标注的清晰布置方式。

① 尺寸应尽量标注在图形外面，以免尺寸线、尺寸数字与图形的轮廓线相交。如图 5-38 所示，尺寸标注在图形内部影响读图，应该按照如图 5-39 所示方式标注。

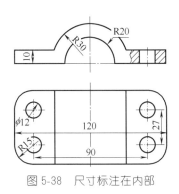

图 5-38 尺寸标注在内部　　　　　图 5-39 尺寸标注在外部

② 相互平行的尺寸，应按尺寸大小顺序排列，小尺寸在内，大尺寸在外。如图 5-40 所示的平行尺寸标注顺序不正确，正确标注方法如图 5-41 所示。

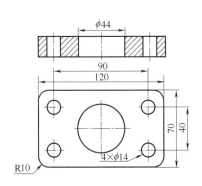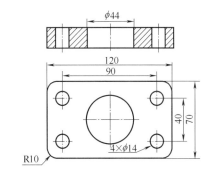

图 5-40 平行尺寸不正确标注　　　　　图 5-41 平行尺寸正确标注

③ 同心圆柱的直径尺寸，最好标注在非圆的视图上。如图 5-42 所示回转结构，直径尺寸标注在圆形视图中是不正确的，正确标注方法如图 5-43 所示。

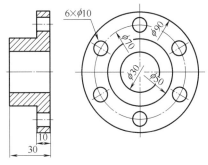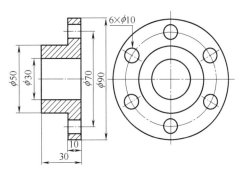

图 5-42 同心圆柱不正确标注　　　　　图 5-43 同心圆柱正确标注

④ 内形尺寸与外形尺寸最好分别标注在图形的两侧。如图 5-44 所示，内形与外形尺寸混合标注在两侧是不正确的，正确标注方法如图 5-45 所示。

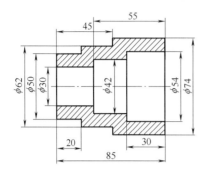

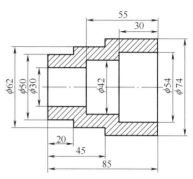

图 5-44　内、外形尺寸不正确标注　　　　图 5-45　内、外形尺寸正确标注

⑤ 尺寸应尽可能标注在反映基本体形状特征较明显、位置特征较清楚的视图上。如图 5-46 所示，标注无法清晰表达形体的形状特征，正确标注方法如图 5-47 所示。

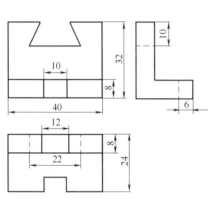

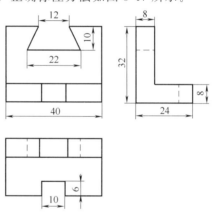

图 5-46　形状、位置特征不正确标注　　　　图 5-47　形状、位置特征正确标注

⑥ 考虑测量的方便与可能性。如图 5-48 所示的键槽及中间腔体标注方式不便于实际测量，按照如图 5-49 所示方式标注键槽及腔体尺寸便于实际测量。

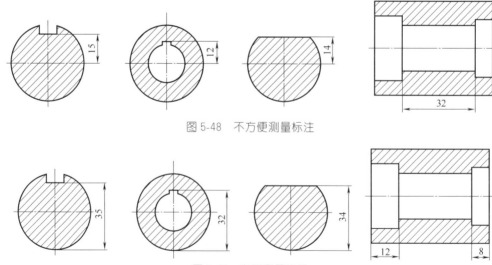

图 5-48　不方便测量标注

图 5-49　方便测量标注

⑦ 关联零件间的尺寸应协调标注。如图 5-50 所示的凸块与凹块装配图，因为两个零件是依靠中间凸出形状与内凹形状装配的，所以在这两个零件图中，如果按照如图 5-51 所示方式装配，则无法清晰表达关联零件之间的装配关系，正确标注方法如图 5-52 所示。

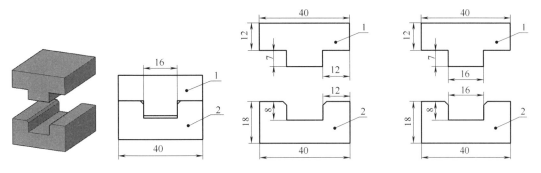

图 5-50 凸块与凹块装配图 　　图 5-51 关联零件不正确标注 　　图 5-52 关联零件正确标注

（7）孔尺寸标注

机械绘图中经常需要对各种孔进行标注，常见孔包括光孔（一般直孔、精加工孔、锥销孔）、沉孔（锥形沉孔、柱形沉孔、锪平沉孔）及螺纹孔三种类型，其中光孔尺寸标注规范如表 5-1 所示，沉孔尺寸标注规范如表 5-2 所示，螺纹孔尺寸标注规范如表 5-3 所示。

💡 **说明**：在 AutoCAD 中一般是使用"多重引线"命令进行孔尺寸标注，具体操作在本章 5.8 节具体介绍。

表 5-1　光孔尺寸标注规范

孔结构类型		普通注法	旁注法	孔标注说明
光孔	一般直孔	$4 \times \phi 5$	$4 \times \phi 5 \downarrow 10$　　$4 \times \phi 5 \downarrow 10$	"$4 \times \phi 5$"表示 4 个孔的直径均为 $\phi 5$mm，三种注法任选一种均可（下同）
	精加工孔	$4 \times \phi 5^{+0.012}_{0}$	$4 \times \phi 5^{+0.012}_{0} \downarrow 10$　　$4 \times \phi 5^{+0.012}_{0} \downarrow 10$	钻孔深为 12mm，钻孔后需精加工至 $\phi 5$mm，精加工深度为 10mm
	锥销孔	锥销孔 $\phi 5$	锥销孔 $\phi 5$　　锥销孔 $\phi 5$	"$\phi 5$"为与锥销孔相配的圆锥销小头直径，锥销孔通常是两零件装在一起加工的

表 5-2　沉孔尺寸标注规范

孔结构类型		普通注法	旁注法		孔标注说明
沉孔	锥形沉孔	90° φ13 6×φ7	6×φ7 ∨φ13×90°	6×φ7 ∨φ13×90°	"6×φ7"表示 6 个孔的直径均为φ7mm，锥形部分大端直径为φ13mm，锥角为 90°
	柱形沉孔	φ12 5 4×φ6.4	4×φ6.4 ⊔φ12▽4.5	4×φ6.4 ⊔φ12▽4.5	4 个柱形沉孔的小孔直径为φ6.4mm，大孔直径为φ12mm，深度为 4.5mm
	锪平沉孔	φ20 4×φ9	4×φ9⊔φ20	4×φ9⊔φ20	锪平面 φ20mm 的深度不需标注，加工时一般锪平到不出现毛面为止

表 5-3　螺纹孔尺寸标注规范

孔结构类型		普通注法	旁注法		孔标注说明
螺纹孔	通孔	3×M6-7H	3×M6-7H	3×M6-7H	"3×M6-7H"表示 3 个公称直径为 6mm，螺纹中径、顶径公差带为 7H 的螺孔
	不通孔	3×M6-7H 10	3×M6-7H▼10	3×M6-7H▼10	"▼10"是指螺孔的有效深度为10mm，钻孔深度以保证螺孔有效深度为准，也可查有关手册确定
		3×M6 10 12	3×M6▼10 孔▼12	3×M6▼10 孔▼12	需要注出钻孔深度时，应明确标注出钻孔深度尺寸

（8）常见结构尺寸标注

常见结构尺寸标注包括圆弧半径尺寸、圆直径尺寸、球面尺寸、厚度尺寸、参考尺寸、对称尺寸、正方形尺寸、弧长和弦长等尺寸标注，如表 5-4 所示。

表 5-4 常见结构尺寸标注规范

结构类型	标注图例	标注说明
圆直径尺寸标注		1. 标注直径应在尺寸数字前面加直径符号"ϕ" 2. 直径尺寸线应通过圆心,小圆尺寸线方向应指向圆心 3. 直径尺寸线与圆周或尺寸界线接触处画箭头终端 4. 不完整圆的圆弧引线应超过半径
圆弧半径尺寸标注		1. 一般等于或小于半圆的圆弧标注半径尺寸 2. 标注半径时,应在尺寸数字前加半径符号"R" 3. 半径尺寸线一般从圆心引出或由圆外指向圆心方向 4. 半径过大,尺寸线无法从圆心处引出时,尺寸线可画成折线表示,不需注明圆心位置时,可示意画出尺寸线方向
球面尺寸标注		1. 标注球面的直径或半径时,应在符号"ϕ"或"R"前加"S" 2. 在不致引起误解的情况下可省略符号"S"
薄板厚度尺寸标注		标注板状零件的厚度时,可在厚度尺寸数字前加符号"δ"
参考尺寸标注		当标注的尺寸会形成封闭尺寸链的尺寸可以标注为参考尺寸,标注参考尺寸应将尺寸数字加圆括号
不完整对称图形尺寸标注		当对称机件的图形只画一半或略大于一半时,尺寸线应略超过对称中心线或断裂处的边界线,此时仅在尺寸线的一端画终端符号

续表

结构类型	标注图例	标注说明
正方形 尺寸标注	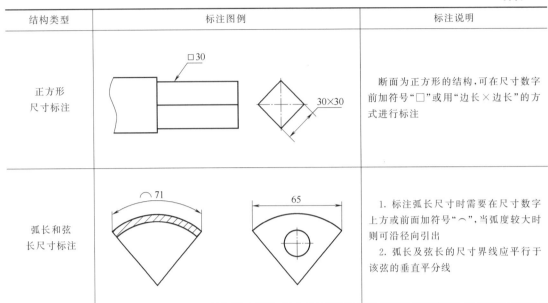	断面为正方形的结构，可在尺寸数字前加符号"□"或用"边长×边长"的方式进行标注
弧长和弦 长尺寸标注		1. 标注弧长尺寸时需要在尺寸数字上方或前面加符号"⌒"，当弧度较大时则可沿径向引出 2. 弧长及弦长的尺寸界线应平行于该弦的垂直平分线

> 💡 **说明**：对于表 5-4 中介绍的各种常见结构的标注，在 AutoCAD 中有些可以直接进行标注，但是有些无法直接标注，在 AutoCAD 中绘图时一定要特别注意。

5.3.2 尺寸标注样式

尺寸标注样式是指尺寸标注的各项属性，包括标注线样式、符号及箭头样式、文字样式、单位及公差等，在进行尺寸标注之前需要首先根据绘图要求设置尺寸标注样式。

选择下拉菜单"格式"→"标注样式"命令，系统弹出如图 5-53 所示的"标注样式管理器"对话框，在该对话框中新建并管理尺寸标注样式。

在"标注样式管理器"对话框中，默认提供 Annotative 和 Standard 两种标注样式，用户可以选择其中一种标注样式然后单击"置为当前"按钮将其设置为当前标注样式，也可以单击"修改"按钮编辑标注样式，或单击"替换"按钮替换标注样式。

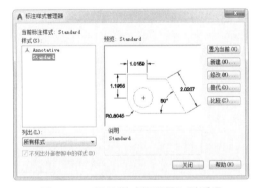

图 5-53 "标注样式管理器"对话框

使用系统自带的标注样式很多时候无法满足实际标注要求，这种情况下需要新建标注样式，新建标注样式需要根据实际绘图要求设置标注样式参数，下面对其进行具体介绍。

（1）新建标注样式

在"标注样式管理器"对话框中单击"新建"按钮，系统弹出如图 5-54 所示的"创建新标注样式"对话框，设置标注样式名称为"机械设计"，单击"继续"按钮，系统弹出如图 5-55 所示的"新建标注样式：机械设计"对话框，在该对话框中可以定义标注样式。

（2）设置线样式

在"标注样式管理器"对话框中单击"线"选项卡，如图 5-55 所示。

在"尺寸线"区域可以设置尺寸线样式，包括颜色、线型及线宽等。在该区域中可设置尺寸线的隐藏属性：选中"尺寸线 2"选项效果如图 5-56 所示；同时选中"尺寸线 1"和"尺寸线 2"选项，表示隐藏两侧尺寸线，结果如图 5-57 所示。

图 5-54 "创建新标注样式"对话框

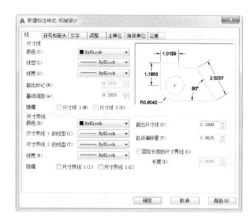

图 5-55 设置线样式

在"尺寸界线"区域可以设置尺寸界线样式，包括颜色、线型及线宽等。在该区域中可设置尺寸界线的隐藏属性：选中"尺寸界线 2"选项效果如图 5-58 所示；同时选中"尺寸界线 1"和"尺寸界线 2"选项，表示隐藏两侧尺寸界线，结果如图 5-59 所示。

图 5-56 隐藏尺寸线 2　　　图 5-57 隐藏两侧尺寸线　　　图 5-58 隐藏尺寸界线 2

在"线"选项卡中还可以设置"超出尺寸线"及"起点偏移量"参数，如图 5-60 所示。设置"超出尺寸线"参数为"0.2"，设置"起点偏移量"参数为"0"，结果如图 5-61 所示。

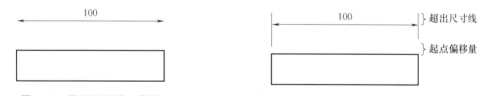

图 5-59 隐藏两侧尺寸界线　　　图 5-60 "超出尺寸线"及"起点偏移量"参数

（3）设置符号和箭头样式

在"新建标注样式：机械设计"对话框中单击"符号和箭头"选项卡，如图 5-62 所示。

在"箭头"区域设置箭头样式及箭头大小，在该区域的"第一个"和"第二个"下拉列表中设置箭头样式为"倾斜"，结果如图 5-63 所示。

在"圆心标记"区域可以设置圆心标记样式：选择"无"选项，结果如图 5-64 所示；选择"标记"选项，结果如图 5-65 所示；选择"直线"选项，结果如图 5-66 所示。

图 5-61 设置"超出尺寸线"及"起点偏移量"

图 5-62　设置符号和箭头样式

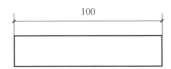

图 5-63　设置箭头样式

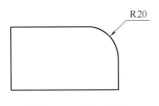

图 5-64　"无"样式

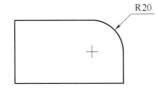

图 5-65　"标记"样式

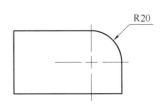

图 5-66　"直线"样式

　　在"折断标注"区域可以设置尺寸界线打断尺寸。当尺寸界线与已有的尺寸出现干涉时，需要设置"折断大小"尺寸，结果如图 5-67 所示。

　　（4）设置文字样式

　　在"新建标注样式：机械设计"对话框中单击"文字"选项卡，如图 5-68 所示。

图 5-67　设置"折断大小"

图 5-68　设置文字样式

　　在"文字外观"区域可以设置文字样式、文字颜色、填充颜色及文字高度等。

　　在"文字位置"区域可以设置文字位置，包括垂直位置、水平位置、观察方向等。

　　在"垂直"下拉列表中可以设置文字在竖直方向的位置：选择"居中"选项，结果如图 5-69 所示；选择"上"选项，结果如图 5-70 所示；选择"下"选项，结果如图 5-71 所示。

图 5-69 垂直"居中"选项　　图 5-70 垂直"上"选项　　图 5-71 垂直"下"选项

在"水平"下拉列表中可以设置文字在水平方向的位置：选择"居中"选项，结果如图 5-72 所示；选择"第一条尺寸界线"选项，结果如图 5-73 所示；选择"第一条尺寸界线上方"选项，结果如图 5-74 所示。

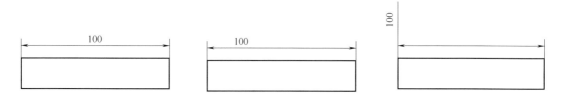

图 5-72 水平"居中"选项　图 5-73 "第一条尺寸界线"选项　图 5-74 "第一条尺寸界线上方"选项

在"观察方向"下拉列表中可以设置文字书写方式：选择"从左到右"选项，结果如图 5-75 所示；选择"从右到左"选项，结果如图 5-76 所示。

在"从尺寸线偏移"文本框中可以设置尺寸文本与尺寸线之间的距离，设置后结果如图 5-77 所示。

图 5-75 从左到右观察方向　　图 5-76 从右到左观察方向　　图 5-77 设置从尺寸线偏移

在"文字对齐"区域可以设置标注文本与尺寸引线之间的对齐方式：选中"水平"选项，结果如图 5-78 所示；选中"与尺寸线对齐"选项，结果如图 5-79 所示；选中"ISO 标准"选项，结果如图 5-80 所示。

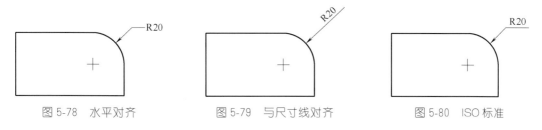

图 5-78 水平对齐　　图 5-79 与尺寸线对齐　　图 5-80 ISO 标准

（5）设置调整样式

在"新建标注样式：机械设计"对话框中单击"调整"选项卡，如图 5-81 所示。

在"调整选项"区域可以设置当尺寸界线之间没有足够的空间来放置文字和箭头时的处理方式。如果选中"若箭头不能放在尺寸界线内，则将其消除"选项，表示在标注尺寸时如果没有足够的空间放置箭头时将消除箭头，如图 5-82 所示。

在"标注特征比例"区域可以设置标注比例，就是保持标注样式不变，只是缩放标注的比例大小，设置标注特征比例前后效果对比如图 5-83 所示。

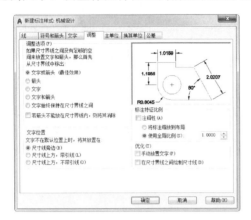

图 5-81　设置调整样式

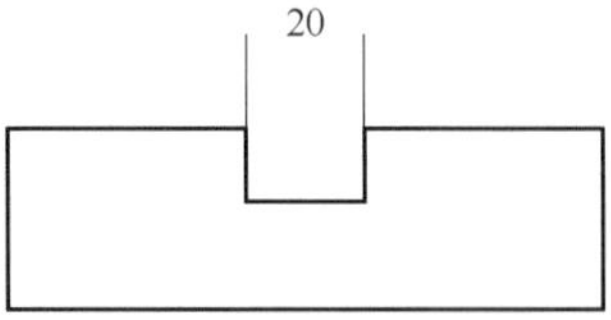

图 5-82　消除箭头结果

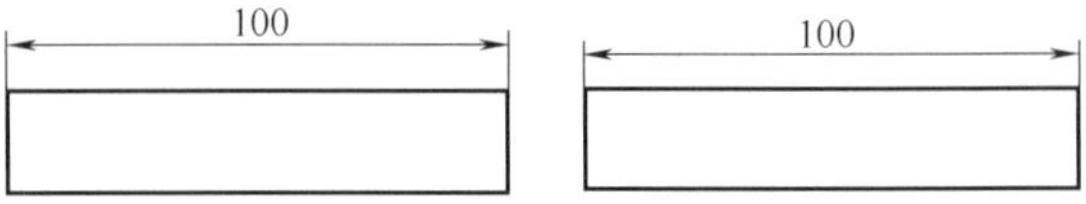

图 5-83　设置标注特征比例

　　在"文字位置"区域可以设置文字不在默认位置时如何放置尺寸。包括三个选项：选择"尺寸线旁边"选项，结果如图 5-84 所示；选择"尺寸线上方，带引线"选项，结果如图 5-85 所示；选择"尺寸线上方，不带引线"选项，结果如图 5-86 所示。

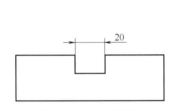

图 5-84　尺寸线旁边

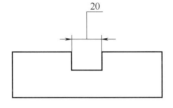

图 5-85　尺寸线上方，带引线

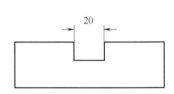

图 5-86　尺寸线上方，不带引线

（6）设置主单位样式

　　在"新建标注样式：机械设计"对话框中单击"主单位"选项卡，如图 5-87 所示。

　　在"精度"列表中可以设置标注文本的精度，设置后结果如图 5-88 所示。

　　在"前缀"和"后缀"文本框中可以设置标注文本的前缀和后缀，设置后结果如图 5-89 所示。

　　在"比例因子"文本框中可以设置标注尺寸的缩放比例，设置标注比例因子前后效果对比如图 5-90 所示。

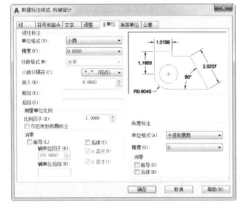

图 5-87　设置主单位样式

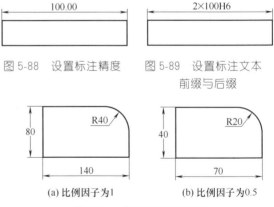

图 5-88　设置标注精度

图 5-89　设置标注文本前缀与后缀

（a）比例因子为1　　　（b）比例因子为0.5

图 5-90　设置标注比例因子

（7）设置换算单位样式

在"新建标注样式：机械设计"对话框中单击"换算单位"选项卡，如图5-91所示。

选中"显示换算单位"选项，表示在标注文本上显示换算尺寸（一般为英寸尺寸，1in≈25.4mm）在"位置"区域可以设置换算尺寸的显示位置：选中"主值后"选项，表示在尺寸文本的后面显示换算尺寸，如图5-92所示；选中"主值下"选项，表示在尺寸文本的下方显示换算尺寸，如图5-93所示。

图 5-91　设置换算单位样式

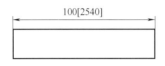

图 5-92　主值后显示换算尺寸

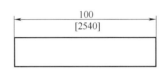

图 5-93　主值下显示换算尺寸

（8）设置公差样式

在"修改标注样式：机械设计"对话框中单击"公差"选项卡，如图5-94所示。

在"公差格式"区域的"方式"下拉列表中可以设置公差样式。包括四种公差样式：选择"对称"选项，结果如图5-95所示；选择"极限偏差"选项，结果如图5-96所示；选择"极限尺寸"选型，结果如图5-97所示；选择"基本尺寸"选项，结果如图5-98所示。

图 5-94　设置公差样式

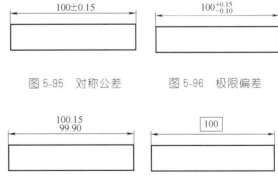

图 5-95　对称公差　　　　图 5-96　极限偏差

图 5-97　极限尺寸　　　　图 5-98　基本尺寸

5.3.3　尺寸标注操作

尺寸标注是绘图设计的重要内容，实际绘图设计中需要掌握各种尺寸标注方法。

（1）线性标注

线性标注用于标注两个点对象之间的水平或竖直方向的线性长度或距离尺寸。对如图5-99所示的支座零件工程图，需要标注如图5-100所示的线性尺寸。

步骤1　打开练习文件：cad_jxsj\ch05 label\5.3\03\dim01。

步骤2　选择命令。在功能选项卡区域中单击"注释"选项卡，在"标注"区域选择⊢ 线性 ▾ 菜单中的 线性 命令创建线性标注。

步骤3　标注线性尺寸。选择线性边的两个端点创建线性标注，如图5-100所示。

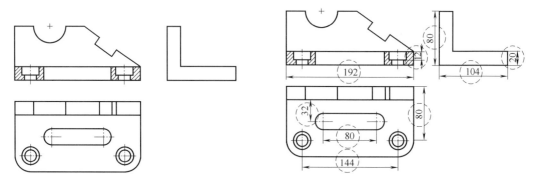

图5-99　支座零件工程图　　　　　图5-100　标注线性尺寸

（2）对齐标注

对齐标注用于标注两个点对象之间的水平方向、竖直方向及倾斜方向的长度或距离（其中标注水平方向及竖直方向长度或距离时，等同于线性标注）。下面继续使用如图5-99所示的支座零件工程图为例，介绍如图5-101所示对齐尺寸标注操作。

步骤1　选择命令。在功能选项卡区域中单击"注释"选项卡，在"标注"区域选择⊢ 线性 ▾ 菜单中的 已对齐 命令标注对齐尺寸。

步骤2　标注对齐尺寸。选择斜边的两个端点创建对齐标注，如图5-101所示。

（3）角度标注

角度标注用于标注两条线性边之间的夹角。下面继续以如图5-99所示的支座零件工程图为例，介绍如图5-102所示的角度标注操作。

步骤1　选择命令。在功能选项卡区域中单击"注释"选项卡，在"标注"区域选择⊢ 线性 ▾ 菜单中的 角度 命令标注角度尺寸。

步骤2　标注角度尺寸。选择成夹角的线性边创建角度标注，如图5-102所示。

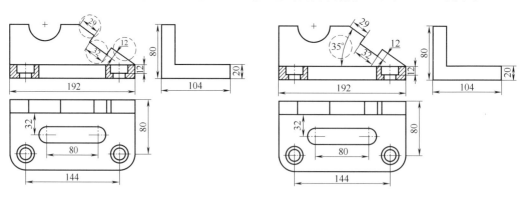

图5-101　标注对齐尺寸　　　　　图5-102　标注角度尺寸

（4）半径标注

半径标注用于标注圆弧或圆对象的半径尺寸。下面继续以如图5-99所示的支座零件工程图为例，介绍如图5-103所示半径标注操作。

步骤 1　选择命令。在功能选项卡区域中单击"注释"选项卡，在"标注"区域选择 ⊢⊣线性 ▾ 菜单中的 ⚲半径 命令，用于标注半径尺寸。

步骤 2　标注半径尺寸。选择圆弧边线创建半径标注，如图 5-103 所示。

（5）直径标注

直径标注用于标注圆弧或圆对象的直径尺寸。下面继续以如图 5-99 所示的支座零件工程图为例，介绍如图 5-104 所示直径标注操作。

步骤 1　选择命令。在功能选项卡区域中单击"注释"选项卡，在"标注"区域选择 ⊢⊣线性 ▾ 菜单中的 ⚲直径 命令，用于标注直径尺寸。

步骤 2　标注直径尺寸。选择圆孔边线创建直径标注，如图 5-104 所示。

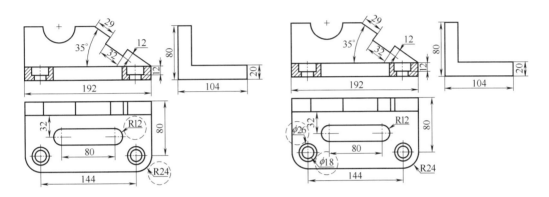

图 5-103　标注半径尺寸　　　　　　　图 5-104　标注直径尺寸

（6）折弯半径标注

折弯半径标注用于标注视图中半径较大的圆弧半径。下面以如图 5-105 所示的图形为例介绍折弯半径标注操作。

步骤 1　打开练习文件：cad_jxsj\ch05 label\5.3\03\dim02。

步骤 2　选择命令。在功能选项卡区域中单击"注释"选项卡，在"标注"区域选择 ⊢⊣线性 ▾ 菜单中的 ⚲已折弯 命令标注折弯半径尺寸。

步骤 3　标注折弯半径尺寸。首先选择如图 5-105 所示的圆弧为标注对象，然后在合适位置单击以确定圆弧圆心位置（不是真正的圆弧圆心位置），最后移动鼠标到合适位置单击，确定标注位置，最终结果如图 5-105 所示。

（7）坐标标注

坐标标注就是按照坐标递增的方式标注图形中的线性尺寸。下面以如图 5-106 所示的底座工程图为例，介绍如图 5-107 所示坐标尺寸标注操作。

步骤 1　打开练习文件：cad_jxsj\ch05 label\5.3\03\dim03。

步骤 2　选择命令。在功能选项卡区域中单击"注释"选项卡，在"标注"区域选择 ⊢⊣线性 ▾ 菜单中的 ⊥X Y坐标 命令，用于标注坐标尺寸。

步骤 3　标注坐标尺寸。首先选择图形底边为起始位置，标注 0 坐标尺寸，然后从下到上依次选择需要标注的对象，创建其余坐标尺寸，如图 5-107 所示。

💡 **说明：**创建坐标标注之前需要首先在图形合适位置创建坐标系，坐标标注将按照这个坐标系计算坐标尺寸，本例中将坐标系原点创建在图形底边中点位置。

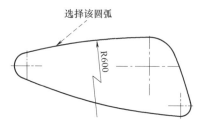

图 5-105　标注折弯半径尺寸

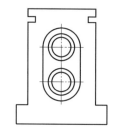

图 5-106　底座工程图

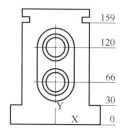

图 5-107　标注坐标尺寸

（8）基线标注

基线标注就是根据已有的线性尺寸创建公共尺寸标注。下面继续以如图 5-106 所示的底座工程图为例，介绍创建如图 5-108 所示的基线标注操作。

步骤 1　创建线性标注。在"注释"选项卡的"标注"区域选择┌─┐线性命令，在图形中创建如图 5-109 所示的线性尺寸标注。

步骤 2　创建基线标注。在"注释"选项卡的"标注"区域选择┌─┐基线·菜单中的┌─┐基线命令，选择上一步创建的线性尺寸为基线参考，然后从下到上依次选择需要标注的对象，创建如图 5-108 所示的基线标注。

💡 **说明：**创建基线标注时往往需要一次性创建多个尺寸标注，这种情况下一定要注意设置尺寸之间的间距（基线间距）否则尺寸之间很容易出现干涉的问题。具体设置方法是在"标注样式"对话框中单击"线"选项卡，然后在该选项卡中设置"基线间距"即可。

（9）连续标注

连续标注就是根据已有的线性尺寸创建链式尺寸标注。下面继续以如图 5-106 所示的底座工程图为例，介绍创建如图 5-110 所示的连续标注操作。

步骤 1　创建线性标注。在"注释"选项卡的"标注"区域选择┌─┐线性命令，在图形中创建如图 5-109 所示的线性尺寸标注。

步骤 2　创建连续标注。在"注释"选项卡的"标注"区域选择┤├连续命令，选择上一步创建的线性尺寸为连续标注参考，然后从下到上依次选择需要标注的对象，创建如图 5-110 所示的连续标注。

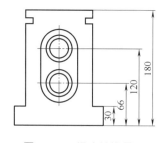

图 5-108　标注基线尺寸

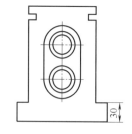

图 5-109　标注线性尺寸

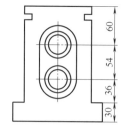

图 5-110　标注连续尺寸

（10）弧长标注

弧长标注用于标注选中圆弧的弧线长度。对如图 5-111 所示的弯曲钣金工程图，现在需要标注圆弧钣金的长度，如图 5-112 所示。下面具体介绍其操作。

步骤 1　打开练习文件：cad_jxsj\ch05 label\5.3\03\dim04。

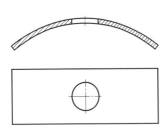

图 5-111　弯曲钣金工程图

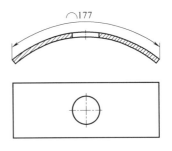

图 5-112　标注弧长

步骤 2　选择命令。在功能选项卡区域中单击"注释"选项卡，在"标注"区域选择 **线性** 菜单中的 **弧长** 命令，用于标注弧长尺寸。

步骤 3　标注弧长尺寸。选择主视图顶部圆弧为标注对象，标注圆弧弧长。

（11）自动标注

"标注"命令可以根据选择的对象自动判断标注类型并完成尺寸标注，因此这种命令也称为自动标注。在"注释"选项卡的"标注"区域单击"标注"按钮，用于进行自动标注。使用"标注"命令的关键是正确选择标注对象，因为选择不同的标注对象将得到不同的标注结果，主要包括以下几种情况：

① 当选择两个点对象时可以标注两个点对象之间的水平尺寸、竖直尺寸或倾斜尺寸，这种情况类似于前面介绍的线性标注与对齐标注。

② 当选择一个线性对象时（将鼠标放到线性对象上稍作停留，系统将选中线性对象）可以标注线性对象的长度或间距尺寸，这种情况类似于前面介绍的对齐标注。

③ 当选择两个呈角度的线性对象时（选择方式同情况②）可以标注两个线性对象之间的夹角，这种情况类似于前面介绍的角度标注。

④ 当选择圆弧对象时（将鼠标放到圆弧对象上稍作停留，系统将选中圆弧对象）可以标注圆弧的半径尺寸，这种情况类似于前面介绍的半径标注。

⑤ 当选择圆对象时（将鼠标放到圆对象上稍作停留，系统将选中圆对象）可以标注圆的直径尺寸，这种情况类似于前面介绍的直径标注。

综上所述，使用"标注"命令可以创建多种类型的标注，熟练掌握这种标注方法能够极大提高标注效率，不用频繁切换标注方法，具体操作此处不再赘述。

5.3.4 编辑尺寸标注

完成尺寸标注后，如果尺寸标注不满足实际标注要求，可以对标注的尺寸进行编辑。下面介绍一些常用的编辑尺寸标注的操作。

（1）编辑标注位置

完成尺寸标注后，如果要编辑标注位置，需要选中尺寸标注，系统在上面显示夹点，通过移动夹点可以编辑标注位置。对如图 5-113 所示的图形，选中其尺寸标注，此时在尺寸标注上显示夹点，如图 5-114 所示。拖动尺寸文本上的夹点可以编辑文本位置，拖动尺寸界线上的夹点可以编辑尺寸界线位置，读者可自行操作，此处不再赘述。

此处打开练习文件："cad_jxsj\ch05 label\5.3\04\dim_edit01"进行练习。

（2）打断尺寸界线

尺寸标注中，如果尺寸之间出现干涉，这种情况下需要打断尺寸界线。对如图 5-115 所示的图形，尺寸 90mm 两侧的尺寸界线与两侧的尺寸 50mm 形成干涉，需要在干涉位置打

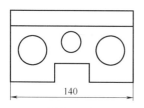

图 5-113　编辑标注位置图形示例

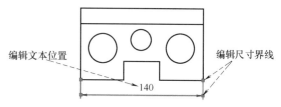

图 5-114　尺寸标注的夹点

断尺寸界线，如图 5-116 所示。下面以此为例介绍打断尺寸界线的操作。

步骤 1　打开练习文件：cad_jxsj\ch05 label\5.3\04\dim_edit02。

步骤 2　在"注释"选项卡的"标注"区域单击"打断"按钮，系统提示：DIM-BREAK 选择要添加/删除折断的标注或 [**多个(M)**]：。

步骤 3　选择尺寸"90"为打断对象，系统提示：DIMBREAK 选择要折断标注的对象或 [**自动(A) 手动(M) 删除(R)**]〈**自动**〉：。

步骤 4　选择打断对象后在空白位置单击右键，在系统弹出的快捷菜单中选择"确认"命令，系统将所有干涉位置均打断，结果如图 5-117 所示。

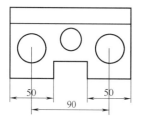

图 5-115　打断尺寸界线图形示例

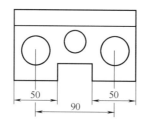

图 5-116　打断尺寸界线

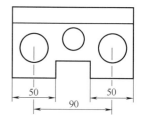

图 5-117　所有干涉位置全部打断

按照以上方式全部打断尺寸界线往往不符图形设计要求，因此在这种情况下，需要手动打断，下面具体介绍手动打断尺寸界线操作。

步骤 1　按照以上步骤选择打断尺寸"90"后，系统提示：DIMBREAK 选择要折断标注的对象或 [**自动(A) 手动(M) 删除(R)**]〈**自动**〉：。

步骤 2　在命令栏输入"M"并回车，表示手动打断尺寸界线，系统提示：DIMBREAK 指定第一个打断点：。

步骤 3　在如图 5-118（a）所示的位置单击，确定第一处打断位置，系统提示：DIM-BREAK 指定第二个打断点：。

步骤 4　在如图 5-118（b）所示的位置单击，确定第二处打断位置，结果如图 5-118（c）所示。

步骤 5　按照以上操作打断另外一处尺寸界线，结果如图 5-116 所示。

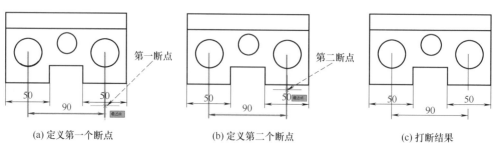

(a) 定义第一个断点　　　　　　(b) 定义第二个断点　　　　　　(c) 打断结果

图 5-118　打断尺寸界线操作

（3）编辑标注文本

对如图 5-119 所示的支架工程图，现在已经创建了尺寸标注，从图中可以看出，这个尺寸是圆柱直径尺寸，需要在尺寸文本前面添加直径符号，如图 5-120 所示。下面以此为例介绍编辑标注文本操作。

步骤 1 打开练习文件：cad_jxsj\ch05 label\5.3\04\dim_edit03。

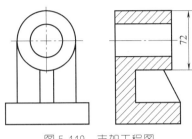
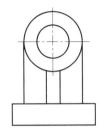
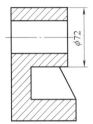

图 5-119 支架工程图　　　　　　　　　　图 5-120 编辑标注文本

步骤 2 双击尺寸标注，系统在功能选项卡区域弹出如图 5-121 所示的"文字编辑器"选项卡，在该选项卡中可以设置尺寸文本的各项属性。

图 5-121 "文字编辑器"选项卡

步骤 3 双击尺寸标注后，将光标移动到尺寸文本的前面，在"文字编辑器"选项卡中展开"符号"下拉列表，如图 5-122 所示，从中选择"直径 ％％c"命令，表示在文本前面添加直径符号，如图 5-123 所示。

> **说明**：在编辑标注文本时，在"符号"下拉菜单中选择"其他"命令，系统弹出如图 5-124 所示的"字符映射表"对话框，在该对话框中可以插入更多的文本符号。

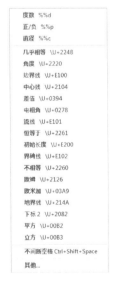
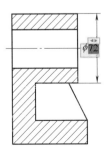

图 5-122 "符号"下　　　图 5-123 在文本前添　　　图 5-124 "字符映射表"对话框
拉列表　　　　　　　加直径符号

选中尺寸标注对象，然后选择下拉菜单"修改"→"特性"命令，系统弹出如图 5-125 所示的"特性"选项板。在该选项板中可以设置尺寸的各项属性，且属性中的内容实际上与前面介绍的"标注样式"对话框中相关的内容是一样的，主要区别是：使用"标注样式"设置的属性控制所有的尺寸标注，此处的"特性"选项板设置的属性仅控制当前选择的尺寸标注。读者可打开如图 5-119 所示的图形自行练习，此处不再赘述。

图 5-125　"特性"选项板

5.4　尺寸公差标注

在工程图中涉及加工及配合的位置都需要标注尺寸公差，如图 5-126 所示的透盖零件工程图，需要标注其中的线性公差与配合公差，下面具体介绍其操作方法。

💡 **说明**：本章 5.3 节介绍过公差样式的设置，是在"修改标注样式"对话框的"公差"选项卡中设置公差样式，如图 5-127 所示。需要特别注意的是，此对话框不能用于尺寸公差标注，否则所有的尺寸都是一样的尺寸公差。

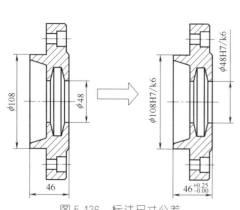

图 5-126　标注尺寸公差

图 5-127　设置公差样式

步骤 1 打开练习文件：cad_jxsj\ch05 label\5.4\tolerance。

步骤 2 标注尺寸"46"的线性公差。选中尺寸"46"，选择下拉菜单"修改"→"特性"命令，系统弹出"特性"选项板，在如图 5-128 所示的选项板的"公差"区域设置公差属性，结果如图 5-129 所示。

① 设置公差样式。在"显示公差"下拉列表中选择"极限偏差"选项。

② 设置公差值。标注极限偏差需要分别设置上极限偏差与下极限偏差，在"公差下偏差"中设置下极限偏差为 0mm，在"公差上偏差"中设置上极限偏差为 0.25mm。

③ 设置公差精度。在"公差精度"中设置精度为"0.00"。

④ 设置公差文字高度。在"公差文字高度"中设置公差高度因子为 0.5。

步骤 3 标注尺寸"108"的配合公差。选中尺寸"φ108"，选择下拉菜单"修改"→"特性"命令，系统弹出"特性"选项板，在如图 5-130 所示的选项板"主单位"区域的"标注后缀"中设置配合公差为"H7/k6"，结果如图 5-131 所示。

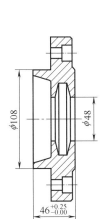

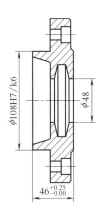

图 5-128 设置线性公差　图 5-129 标注线性公差　图 5-130 设置配合公差　图 5-131 标注配合公差

步骤 4 标注尺寸"48"的配合公差。参照本节步骤 3 操作，标注尺寸"48"的配合公差，结果如图 5-126 所示。具体操作此处不再赘述，读者可参看随书视频讲解。

5.5 基准标注

基准标注主要用于配合形位公差的标注，在 AutoCAD 中没有提供专门的基准标注工具，因此需要首先使用创建块的方法创建基准符号，然后使用基准符号进行基准标注。对如图 5-132 所示的阀体工程图，需要标注如图 5-133 所示的基准 A 和基准 B，下面具体介绍其操作方法。

5.5.1 创建基准符号

创建基准标注之前需要首先创建如图 5-134 所示的基准符号。创建基准符号的基本思路是首先绘制基准符号图形，然后添加符号属性，最后将基准符号图形及属性创建成块并保存下来。下面具体介绍创建基准符号的操作。

步骤 1　打开练习文件：cad_jxsj\ch05 label\5.5\datum_symbol。

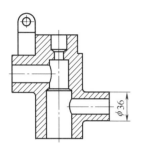

图 5-132　阀体工程图

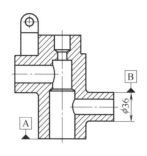

图 5-133　标注基准

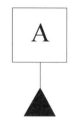

图 5-134　基准符号

说明：此处打开的文件实际上是一个空白的绘图文件。

步骤 2　绘制基准符号。使用矩形、直线及填充图案命令绘制如图 5-135 所示的基准符号，具体操作请参看随书视频讲解。

步骤 3　定义属性。在"默认"选项卡的"块"区域单击"定义属性"按钮，系统弹出如图 5-136 所示的"属性定义"对话框，在该对话框中定义基准符号属性。

① 在"模式"区域取消选中"固定"选项，选中"预设"选项，表示定义的属性是可变的（此处一定不要选择"固定"选项，否则属性是不可变的）。

② 在"属性"区域设置"标记"为"JZ"，设置"提示"为"输入基准符号"，设置"默认"为"A"，其余设置如图 5-136 所示。

③ 完成属性定义后，单击"确定"按钮，将属性放置到如图 5-137 所示位置。

说明：定义属性时一定要定义"标记"属性，定义"标记"属性主要是为了在调用符号时方便识别，定义的"默认"属性就是符号的初始值，也就是调用符号后，符号上显示的就是这里设置的默认属性，在实际调用时，这里的属性值还可以随时修改。

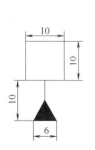

图 5-135　绘制基准符号

图 5-136　定义属性

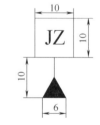

图 5-137　放置属性

步骤 4　创建块。在"默认"选项卡的"块"区域单击"创建"按钮，系统弹出如图 5-138 所示的"块定义"对话框，在该对话框中定义块。

① 在"名称"文本框中设置块名称为"基准符号"。

② 在"基点"区域单击"拾取点"按钮，选择图形底边中点为基点。

说明：此处选择的基点就是将来插入块的定位原点。

③ 在"对象"区域单击"选择对象"按钮，选择基准符号图形及属性为块对象，选中"保留"选项，表示在创建块后，选择的块对象仍然保留在当前文件中。

④ 在"设置"区域设置"块单位"为"毫米"，单击"确定"按钮。

步骤 5 保存块。在"命令栏"中输入"WBLOCK"并回车，系统弹出如图 5-139 所示的"写块"对话框，在"源"区域选中"块"选项，在下拉列表中选择"基准符号"为保存对象。设置保存路径及单位，如图 5-139 所示，单击"确定"按钮。

图 5-138 定义块

图 5-139 保存块

5.5.2 标注基准符号

下面使用 5.5.1 小节创建的基准符号进行基准标注，下面具体介绍。

步骤 1 打开练习文件：cad_jxsj\ch05 label\5.5\datum。

步骤 2 创建基准线。选择"直线"命令在如图 5-140 所示的位置绘制直线作为基准线，基准符号需要标注在该基准线上。

步骤 3 创建基准 A 标注。在"默认"选项卡的"块"区域单击"插入"按钮，系统弹出如图 5-141 所示的"块"选项板，在该选项板中选中基准符号，系统提示：-INSERT 指定插入点或 [基点(B) 比例(S) 旋转(R)]：。

在命令栏中输入"S"并回车，表示需要设置缩放比例来缩放基准符号，系统提示：-INSERT 指定 XYZ 轴的比例因子 〈1〉：。

在命令栏中输入"30"并回车，将基准符号放置到如图 5-142 所示的位置。

步骤 4 创建基准 B 标注。参照以上步骤，继续在"块"选项板中选中基准符号，将基准符号放置到如图 5-143 所示的位置，此时需要将此处基准符号"A"改为"B"。选择下拉菜单"修改"→"对象"→"文本"→"编辑"命令，选择基准符号，系统弹出如图 5-144 所示的"增强属性编辑器"对话框，在"值"文本框中输入"B"，结果如图 5-144 所示。

说明：可在"增强属性编辑器"对话框单击"文字选项"选项卡，在选项卡中编辑文字，如图 5-145 所示，单击"特性"选项卡，在选项卡中编辑特性，如图 5-146 所示。

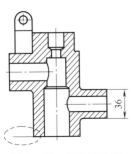

图 5-140 创建基准线

图 5-141 调用块

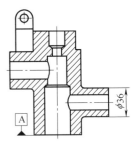

图 5-142 标注 A 基准

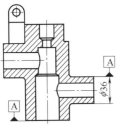

图 5-143 标注 B 基准

图 5-144 编辑属性

图 5-145 编辑文字选项

5.6 形位公差标注

形位公差是形状公差和位置公差总称，也叫几何公差，用来指定零件的尺寸和形状与精确值之间所允许的最大偏差。零件的形位公差共 14 项，其中形状公差 6 个（直线度、平面度、圆度、圆柱度、线轮廓度及面轮廓度），位置公差 8 个（倾斜度、垂直度、平行度、位置度、同轴度、对称度、圆跳动及全跳动）。

图 5-146 编辑文本特性

5.6.1 一般形位公差

在"注释"选项卡的"标注"区域单击"公差"按钮，系统弹出如图 5-147 所示的"形位公差"对话框，在该对话框中定义形位公差标注。

在"形位公差"对话框单击"符号"下的■按钮，系统弹出如图 5-148 所示的"特征符号"对话框，在该对话框中定义形位公差符号。然后在"公差 1"或"公差 2"对应的文

图 5-147 "形位公差"对话框

图 5-148 "特征符号"对话框

本框中设置形位公差值，在"基准 1""基准 2"或"基准 3"对应的文本框中设置形位公差基准，如图 5-149 所示。最后在合适位置单击放置形位公差，结果如图 5-150 所示。

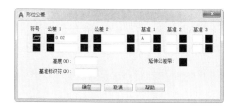

图 5-149　定义形位公差

图 5-150　形位公差结果

5.6.2　带引线形位公差

5.6.1 小节介绍的形位公差标注中不带引线，但是在实际绘图设计中标注的形位公差都需要带引线，下面具体介绍带引线形位公差标注。

（1）平面度公差与位置度公差标注

平面度公差是实际表面相对于理想平面所允许的最大变动量，用以限制实际表面加工误差所允许的变动范围；位置度公差是被测要素的实际位置相对于理想位置所允许的最大变动量。下面介绍如图 5-151 所示的平面度与位置度公差标注。

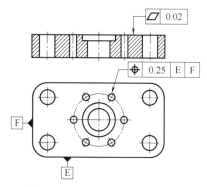

步骤 1　打开练习文件：cad_jxsj\ch05 label\5.6\geometry_tolerance_01。

步骤 2　定义平面度公差。

① 在命令栏输入"QLEADER"并回车，系统提示：QLEADER 指定第一个引线点或 [设置(S)]〈设置〉：。

图 5-151　平面度与位置度公差

② 直接回车，系统弹出如图 5-152 所示的"引线设置"对话框，在"注释类型"区域选中"公差"选项，表示引线用于公差标注，单击"确定"按钮。

💡 **说明：**在"引线设置"对话框中单击"引线和箭头"选项卡，如图 5-153 所示，可在该选项卡中设置引线和箭头属性。

图 5-152　"引线设置"对话框

图 5-153　设置引线和箭头

③ 设置引线后，在图形上绘制如图 5-154 所示的标注引线，系统弹出"形位公差"对话框，定义平面度公差如图 5-155 所示，单击"确定"按钮，结果如图 5-156 所示。

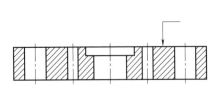

图 5-154　绘制标注引线

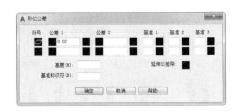

图 5-155　定义平面度公差

步骤 3　定义位置度公差。参照步骤 2 在"形位公差"对话框中定义位置度公差，如图 5-157 所示，标注位置度公差结果如图 5-158 所示。

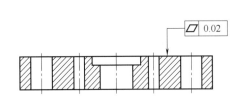

图 5-156　标注平面度公差

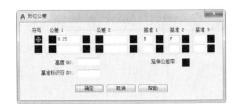

图 5-157　定义位置度公差

（2）圆柱度公差与同轴度公差标注

圆柱度公差是实际圆柱面相对理想圆柱面所允许的最大变动量，用以限制实际圆柱面加工误差所允许的变动范围。同轴度公差是被测实际轴线相对于基准轴线所允许的最大变动量，用以限制被测实际轴线偏离由基准轴线所确定的理想位置时，所允许的变动范围。下面介绍如图 5-159 所示的圆柱度与同轴度公差标注。

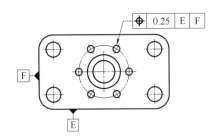

图 5-158　标注位置度公差

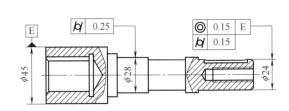

图 5-159　圆柱度与同轴度公差

步骤 1　打开练习文件：cad_jxsj\ch05 label\5.6\geometry_tolerance_02。

步骤 2　定义圆柱度公差。参照前文位置度公差标注步骤选择尺寸"$\phi28$"绘制公差引线，在"形位公差"对话框中定义圆柱度公差，如图 5-160 所示。

步骤 3　定义同轴度与圆柱度公差。参照步骤 2 选择尺寸"$\phi24$"绘制公差引线，在"形位公差"对话框中定义同轴度与圆柱度公差，如图 5-161 所示。

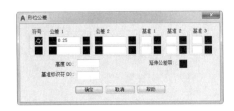

图 5-160　定义圆柱度公差

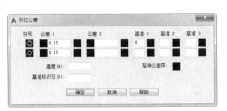

图 5-161　定义同轴度与圆柱度公差

5.7 表面粗糙度标注

表面粗糙度是指加工表面具有的较小间距和微小峰谷的不平度，其两波峰或两波谷之间的距离（波距）很小（在 1mm 以下），属于微观几何形状误差。表面粗糙度越小，表面越光滑。在 AutoCAD 中没有提供专门的表面粗糙度标注工具，需要首先使用创建块的方法创建粗糙度符号，然后使用粗糙度符号进行标注。对如图 5-162 所示的基座工程图，需要标注如图 5-163 所示的表面粗糙度符号，下面具体介绍其操作。

5.7.1 创建粗糙度符号

创建粗糙度标注之前需要首先创建如图 5-164 所示的粗糙度符号，创建粗糙度符号的基本思路是：首先绘制粗糙度符号图形，然后添加符号属性，最后将粗糙度符号图形及属性创建成块并保存下来。下面具体介绍创建粗糙度符号的操作。

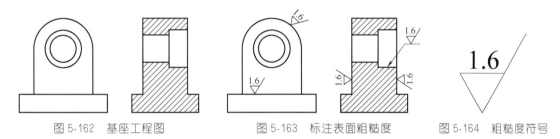

图 5-162 基座工程图　　图 5-163 标注表面粗糙度　　图 5-164 粗糙度符号

步骤 1 打开练习文件：cad_jxsj\ch05 label\5.7\roughness_symbol。

步骤 2 绘制粗糙度符号。使用直线命令绘制如图 5-165 所示的粗糙度符号，具体操作请参看随书视频讲解。

步骤 3 定义属性。在"默认"选项卡的"块"区域单击"定义属性"按钮 ，系统弹出如图 5-166 所示的"属性定义"对话框，在该对话框中定义粗糙度符号属性。

① 在"模式"区域取消选中"固定"选项，选中"预设"选项，表示定义的属性是可变的（此处一定不要选择"固定"选项，否则属性是不可变的）。

② 在"属性"区域设置"标记"为"VALUE"，设置"提示"为"输入粗糙度值"，设置"默认"为"1.6"，其余设置如图 5-166 所示。

③ 完成属性定义后，单击"确定"按钮，将属性放置到如图 5-167 所示位置。

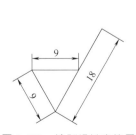

图 5-165 绘制粗糙度符号　　图 5-166 定义属性　　图 5-167 放置属性

步骤 4 创建块。在"默认"选项卡的"块"区域单击"创建"按钮 ，系统弹出如图 5-168 所示的"块定义"对话框，在该对话框中定义块。

① 在"名称"文本框中设置块名称为"表面粗糙度"。

② 在"基点"区域单击"拾取点"按钮 ，选择图形底部顶点为基点。

③ 在"对象"区域单击"选择对象"按钮 ，选择粗糙度符号图形及属性为块对象，选中"保留"选项，表示在创建块后，选择的块对象仍然保留在当前文件中。

④ 在"设置"区域设置"块单位"为"毫米"，单击"确定"按钮。

步骤 5 保存块。在"命令栏"中输入"WBLOCK"并回车，系统弹出如图 5-169 所示的"写块"对话框，在"源"区域选中"块"选项，在下拉列表中选择"粗糙度符号"作为保存对象，设置保存路径及单位，如图 5-169 所示，单击"确定"按钮。

图 5-168　定义块

图 5-169　保存块

5.7.2　标注粗糙度

下面使用 5.7.1 小节创建的粗糙度符号进行表面粗糙度标注，下面具体介绍其方法。

步骤 1 打开练习文件：cad_jxsj\ch05 label\5.7\roughness。

步骤 2 标注如图 5-170 所示的一般粗糙度。在"默认"选项卡的"块"区域单击"插入"按钮 ，在系统弹出的"块"选项板中选中粗糙度符号，系统提示：-INSERT 指定插入点或 [基点(B) 比例(S) 旋转(R)]：。

在命令栏中输入"S"并回车，表示需要设置缩放比例来缩放基准符号，系统提示：-INSERT 指定 XYZ 轴的比例因子〈1〉：。

在命令栏中输入"40"并回车，将基准符号放置到如图 5-170 所示的位置。

步骤 3 标注如图 5-171 所示的倾斜粗糙度。若参照步骤 2 操作直接插入粗糙度符号，将得到如图 5-172 所示的错误结果，这种情况下需要旋转粗糙度符号，具体操作如下：

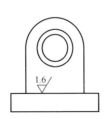
图 5-170　标注一般粗糙度

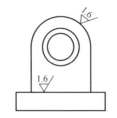
图 5-171　正确倾斜粗糙度标注

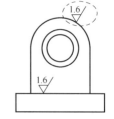
图 5-172　错误倾斜粗糙度标注

在命令栏中输入"S"并回车，表示需要设置缩放比例来缩放基准符号，系统提示：-INSERT 指定 XYZ 轴的比例因子〈1〉：。

在命令栏中输入"40"并回车，系统提示：-INSERT 指定插入点或 [基点(B) 比例(S) 旋转(R)]:。

在命令栏中输入"R"并回车，表示对插入的符号进行旋转，系统提示：-INSERT 指定旋转角度〈0〉。

在命令栏中输入"－30"并回车，将基准符号放置到如图 5-171 所示的位置。

步骤4 标注如图 5-173 所示的竖直粗糙度（一）。参照步骤 3 操作插入粗糙度符号并将符号旋转 90°，结果如图 5-173 所示。

步骤5 标注如图 5-174 所示的竖直粗糙度（二）。若参照步骤 4 操作插入粗糙度符号并将符号旋转－90°，此时将得到如图 5-175 所示的错误结果，这种情况下需要旋转符号文本角度。选择下拉菜单"修改"→"对象"→"文本"→"编辑"命令，选择错误的粗糙度符号，系统弹出如图 5-176 所示的"增强属性编辑器"对话框，在对话框中单击"文字选项"选项卡，设置旋转角度为 180°，结果如图 5-174 所示。

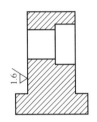
图 5-173　标注竖直粗糙度（一）

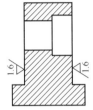
图 5-174　标注竖直粗糙度（二）

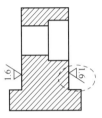
图 5-175　错误竖直粗糙度标注

步骤6 标注如图 5-177 所示的带引线粗糙度，具体操作如下：

① 在命令栏输入"QLEADER"并回车，系统提示：QLEADER 指定第一个引线点或 [设置(S)]〈设置〉:。

② 直接回车，系统弹出如图 5-178 所示的"引线设置"对话框，在"注释类型"区域选中"块参照"选项，表示引线用于插入块对象，单击"确定"按钮。

图 5-176　编辑粗糙度符号文本属性

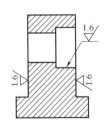
图 5-177　带引线粗糙度

图 5-178　设置表面粗糙度引线

③ 设置引线后，在图形上绘制如图 5-179 所示的标注引线，系统提示：QLEADER 指定下一点:〈正交 开〉输入块名或 [?]:。

④ 在命令栏输入"粗糙度符号"并回车，表示引线连接粗糙度符号，系统提示：QLEADER 指定插入点或 [基点(B) 比例(S) 旋转(R)]:。

⑤ 在命令栏输入"S"并回车，表示设置缩放比例来缩放粗糙度符号，系统提示：QLEADER 指定 XYZ 轴的比例因子〈1〉:。

⑥ 在命令栏中输入"40"并回车，系统提示：QLEADER 指定插入点或 [基点(B) 比例(S) 旋转(R)]:。

⑦ 将基准符号放置到如图 5-177 所示的位置，完成带引线的粗糙度符号标注。

图 5-179　绘制标注引线

5.8 多重引线标注

使用"多重引线"命令主要用于创建带引线的文本标注，如绘图中的零件序号标注、基准线标注、特殊孔标注以及特殊说明的标注等。下面首先介绍新建多重引线样式操作，然后使用新建的多重引线样式进行多重引线标注。

5.8.1 多重引线样式

标注多重引线之前需要根据绘图要求设置多重引线样式。选择下拉菜单"格式"→"多重引线样式"命令，系统弹出如图 5-180 所示的"多重引线样式管理器"对话框，在该对话框中可以新建并管理多重引线样式。下面主要介绍新建多重引线样式操作。

在"多重引线样式管理器"对话框中单击"新建"按钮，系统弹出如图 5-181 所示的"创建新多重引线样式"对话框，设置新样式名称为"机械设计"，单击"继续"按钮，系统弹出如图 5-182 所示的"修改多重引线样式：机械设计"对话框，在该对话框中设置多重引线样式属性。

图 5-180 "多重引线样式管理器"对话框

图 5-181 "创建新多重引线样式"对话框

（1）设置多重引线格式

在"修改多重引线样式：机械设计"对话框中单击"引线格式"选项卡，如图 5-182 所示，在该选项卡中可设置引线格式，包括常规、箭头及引线打断设置等，本例采用系统默认设置。

（2）设置多重引线结构

在"修改多重引线样式：机械设计"对话框中单击"引线结构"选项卡，如图 5-183 所示，在该选项卡中可设置引线结构，包括约束、基线设置及比例等，本例设置比例为"50"。

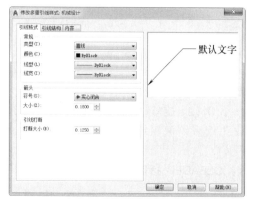

图 5-182 设置多重引线格式

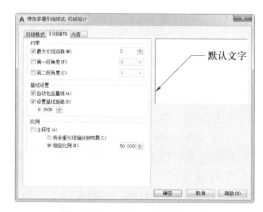

图 5-183 设置多重引线结构

（3）设置多重引线内容

在"修改多重引线样式：机械设计"对话框中单击"内容"选项卡，如图 5-184 所示，在该选项卡中可设置多重引线内容，包括文字选项及引线连接等，本例采用系统默认设置。

完成多重引线样式设置后，单击"修改多重引线样式：机械设计"对话框中的"确定"按钮，新建的多重引线样式显示在"多重引线样式管理器"对话框中，如图 5-185 所示。选中该样式，单击"置为当前"按钮，可将新建的样式设置为当前标注样式。

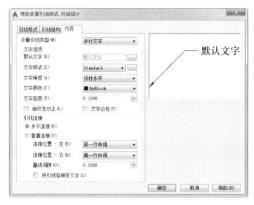

图 5-184　设置多重引线内容

图 5-185　管理多重引线样式

5.8.2　多重引线标注方法

对如图 5-186 所示的支座工程图，需要在左边视图的圆弧面上添加多重引线标注，用来指示零件中的标记位置。下面以此为例介绍多重引线标注方法。

步骤 1　打开练习文件：cad_jxsj\ch05 label\5.8\lead。

步骤 2　选择命令。在"注释"选项卡的"引线"区域单击"多重引线"按钮 ⌐ 。

步骤 3　标注多重引线。在如图 5-187 所示的位置单击以确定多重引线标注位置，然后在合适位置单击以确定引线折弯位置，此时在引线后出现文本输入框，同时在功能选项卡区域弹出如图 5-188 所示的"文字编辑器"选项卡。在文本输入框中输入"标记位置"，在"文字编辑器"选项卡中单击 ✓ 按钮，完成多重引线操作，结果如图 5-189 所示。

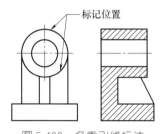

图 5-186　多重引线标注

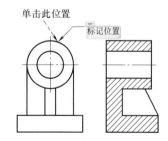

图 5-187　定义引线位置

图 5-188　"文字编辑器"选项卡

步骤 4　添加引线。按照以下操作在已有的多重引线上添加引线。

① 在"注释"选项卡"引线"区域单击"添加引线"按钮 添加引线 ，系统提示：
AIMLEADEREDITADD 选择多重引线：。

② 选择以上创建的多重引线作为添加引线对象，系统提示：AIMLEADEREDITADD 指定引线箭头位置或 [删除引线 (R)]：。

③ 在如图 5-190 所示的位置单击以确定添加引线标注的位置，完成后按 ESC 键退出。

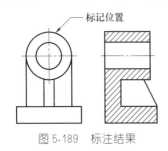

图 5-189　标注结果 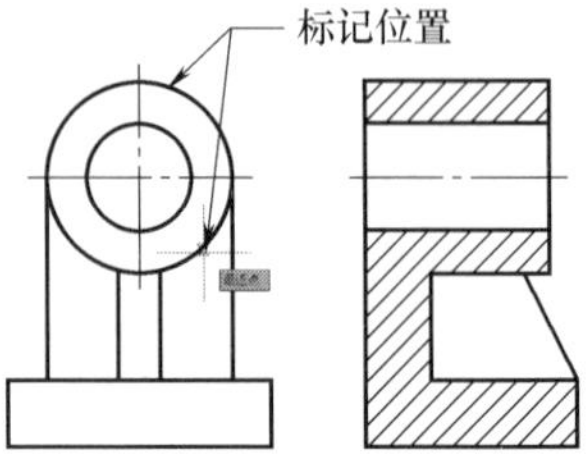　　　　　　　　图 5-190　添加引线

5.9　文本标注

实际绘图设计中除了用视图表示零件及产品的结构形状外，还要用文字和数字说明零件及产品的技术要求与大小，下面具体介绍文本理论基础及文字样式与文本标注操作。

5.9.1　文本基础

机械制图中国家标准对图样中的汉字、拉丁字母、希腊字母、阿拉伯数字、罗马数字的形式做了具体规定，图样上标注的汉字、数字、字母必须做到：字体工整、笔画清楚、间隔均匀、排列整齐。这样要求的目的是使图样清晰、文字准确，便于识读、便于交流，给生产和科研带来方便。下面具体介绍标注的汉字，字母及数字的要求。

汉字应写成长仿宋体，并应采用中华人民共和国国务院正式公布推行的《汉字简化方案》中规定的简化字。字体字号规定了八种：20、14、10、7、5、3.5、2.5、1.8。字体的号数即是字体高度，如 10 号字，它的字高为 10mm，字体的宽度一般是字体高度的 2/3 左右。汉字的字体高度不应小于 3.5mm，其字号及字体要求如图 5-191 所示。

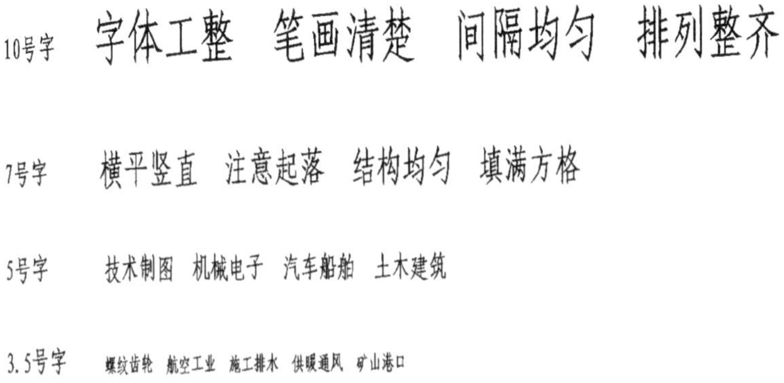

10号字　字体工整　笔画清楚　间隔均匀　排列整齐

7号字　横平竖直　注意起落　结构均匀　填满方格

5号字　技术制图　机械电子　汽车船舶　土木建筑

3.5号字　螺纹齿轮　航空工业　施工排水　供暖通风　矿山港口

图 5-191　汉字字号及字体要求

字母和数字分斜体和直体两种，斜体字的字体头部向右倾斜 15°，字母和数字各分 A 型和 B 型两种，A 型字体的笔画宽度为字高的 1/14，B 型为 1/10，如图 5-192 所示为斜体字母、数字示例。

(a) A型　　　　　　　　(b) B型

图 5-192　斜体字母与数字

5.9.2　文字样式

创建文本标注之前需要根据绘图要求设置文字样式。选择下拉菜单"格式"→"文字样式"命令，系统弹出如图 5-193 所示的"文字样式"对话框，可在该对话框中新建并管理文字样式。下面主要介绍新建文字样式的操作。

在"文字样式"对话框中单击"新建"按钮，系统弹出如图 5-194 所示的"新建文字样式"对话框，设置样式名称为"机械设计"，单击"确定"按钮，系统弹出如图 5-195 所示的"文字样式"对话框，可在该对话框中设置文字样式，包括字体、大小及效果等。具体设置如图 5-195 所示，单击"应用"按钮，单击"置为当前"按钮，将新建的文字样式设置为当前文字样式，接下来使用该样式进行文本标注。

图 5-193　"文字样式"对话框

图 5-194　"新建文字样式"对话框

图 5-195　设置文字样式

5.9.3　文本标注方法

常用文本标注包括带引线的文本标注（如特殊文本说明）和不带引线的文本标注（如技术要求），在 AutoCAD 中创建文本标注主要有以下两种方法：

第一种方法是在"注释"选项卡"文字"区域选择 A 菜单中的 A 单行文字命令。该方法用来创建单行文字标注（不能换行），不能用于多段文字标注。

第二种方法是在"注释"选项卡"文字"区域选择 A 菜单中的 A 多行文字命令。该方法用来创建多行文字标注（可以换行），可以用于多段文字标注。

对固定座工程图，需要在右下角空白位置创建"技术要求"多行文字标注如图 5-196 所示，下面以此为例介绍多行文字标注方法。

步骤 1　打开练习文件：cad_jxsj\ch05 label\5.9\text。

步骤 2　选择命令。在"注释"选项卡"文字"区域选择 A 菜单中的 A 多行文字命令。

步骤 3　定义文本位置及范围。在图形区右下角空白位置定义文本位置及范围，如图 5-197 所示，此时在功能选项卡区弹出如图 5-198 所示的"文字编辑器"选项卡。

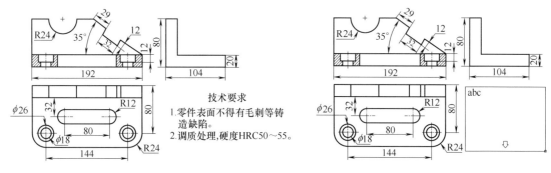

图 5-196　创建多行文字标注　　　　　图 5-197　定义文本位置及范围

步骤 4　输入多行文字。本例要创建的多行文字包括技术要求标题及正文，其中标题字号为 10，正文字号为 7，字体均为"仿宋 _ GB2313"，其余采用默认设置。

图 5-198　"文字编辑器"选项卡

① 设置字号为 10，输入文本"技术要求"，如图 5-199 所示。

② 设置字号为 7，输入文本"1. 零件表面不得有毛刺等铸造缺陷。2. 调质处理，硬度 HRC50～55。"，如图 5-200 所示。

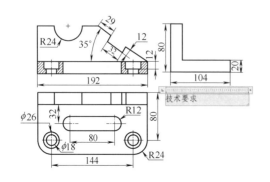

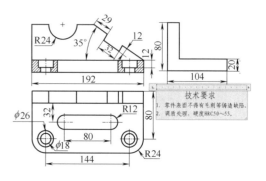

图 5-199　输入标题　　　　　　　　　图 5-200　输入正文

③ 输入文本后调整文本之间的位置，将标题文本调整到居中位置。

步骤5 完成多行文本标注。在"文字编辑器"选项卡中单击 ✔ 按钮，完成文本标注。

5.10 绘图表格

实际绘图中表格的应用非常广泛，如标题栏、明细表、齿轮参数表、系列化零件设计表等，都需要使用表格来创建和管理，下面主要介绍表格样式及创建表格操作。

5.10.1 表格样式

创建表格之前需要根据绘图要求设置表格样式。选择下拉菜单"格式"→"表格样式"命令，系统弹出如图 5-201 所示的"表格样式"对话框，可在该对话框中新建并管理表格样式。下面主要介绍新建表格样式的操作。

在"表格样式"对话框中单击"新建"按钮，系统弹出如图 5-202 所示的"创建新的表格样式"对话框。设置新样式名称为"机械设计"，单击"继续"按钮，系统弹出如图 5-203 所示的"修改表格样式：机械设计"对话框，在该对话框中可以设置表格样式属性。

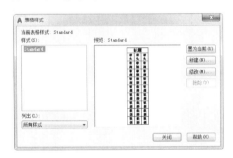

图 5-201 "表格样式"对话框

图 5-202 "创建新的表格样式"对话框

在"修改表格样式：机械设计"对话框的"单元样式"下拉列表中设置表格单元对象，可以分别设置标题、表头及数据的单元格样式。如图 5-204 所示，下面主要介绍标题单元格样式的设置，表头及数据单元格样式的设置与标题单元格样式的设置是类似的。

图 5-203 设置标题、表头及数据单元格样式

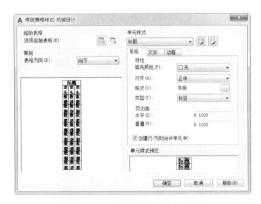

图 5-204 设置标题常规特性

（1）设置标题常规特性

在"修改表格样式：机械设计"对话框的"单元样式"下拉列表中选择"标题"选项，单击"常规"选项卡，在该选项卡中设置标题常规特性，如图 5-204 所示。本例在"对齐"下拉列表中选择"正中"选项，表示表格中的文本显示在每个单元格的正中位置；在"页边

距"区域设置水平及垂直边距为 0.1mm，其他选项采用系统默认设置。

（2）设置标题文字特性

在"修改表格样式：机械设计"对话框单击"文字"选项卡，在该选项卡中设置标题文字特性，如图 5-205 所示。单击"文字样式"下拉列表后的 ... 按钮，系统弹出如图 5-206 所示的"文字样式"对话框，在该对话框中设置文本样式。本例设置字体为"仿宋_GB2313"，单击"应用"按钮，系统返回至"修改表格样式：机械设计"对话框，在"文字高度"文本框中设置文字高度为 5mm，其余选项采用系统默认设置。

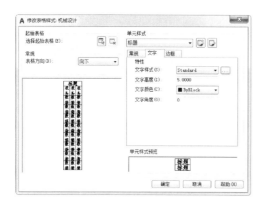
图 5-205　设置标题文字特性

图 5-206　设置标题文字样式

（3）设置标题边框特性

在"修改表格样式：机械设计"对话框单击"边框"选项卡，在该选项卡中设置标题边框特性，如图 5-207 所示。所有选项均采用系统默认设置。

完成表格样式设置后，在"表格样式"对话框中显示创建的表格样式，如图 5-208 所示，选中创建的表格样式，单击"置为当前"按钮，表示使用设置的表格样式创建表格，单击"修改"按钮，可在"修改表格样式：机械设计"对话框中修改表格样式。

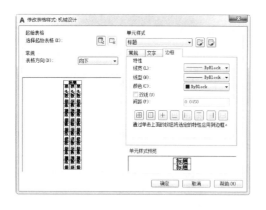
图 5-207　设置标题边框特性

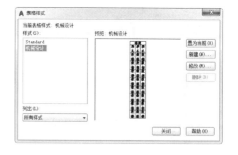
图 5-208　管理表格样式

5.10.2　表格创建方法

对如图 5-209 所示的孔板工程图，需要根据工程图中孔尺寸创建如图 5-210 所示的孔参数表，下面以此为例介绍创建表格的操作方法（使用 5.10.1 小节创建的表格样式）。

步骤 1　打开练习文件：cad_jxsj\ch05 label\5.10\table。

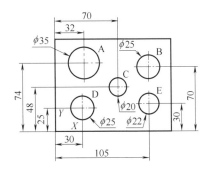

图 5-209　孔板工程图

孔参数表			
孔编号	X 坐标 /mm	Y 坐标 /mm	孔直径 /mm
A	32	74	35
B	105	70	25
C	70	48	20
D	30	25	25
E	105	30	22

图 5-210　孔参数表

步骤 2　插入表格。在"注释"选项卡的"表格"区域单击"表格"按钮，系统弹出如图 5-211 所示的"插入表格"对话框，在对话框中设置表格参数。

① 定义表格样式。在对话框的"表格样式"区域下拉列表中选择"机械设计"选项，表示使用已经设置好的表格样式来插入表格。

说明：如果没有提前设置表格样式，可以在对话框的"表格样式"区域单击 按钮，在系统弹出的"表格样式"对话框中定义表格样式。

② 定义插入方式。在"插入方式"区域选中"指定插入点"选项，表示在插入表格时是通过单击一点来确定表格位置。

③ 定义列和行。定义表格列和行是插入表格中最重要的一个步骤，在"列和行设置"区域设置列数为"4"（表示创建 4 列表格），设置列宽为"40"（表示表格每列宽度为 40mm），设置"数据行数"为"5"（表示表格中的"数据行"为 5 行，不包括标题行和表头行），设置行高为"2"（表示表格行高为 2 个字符）。

④ 设置单元样式。在"设置单元样式"区域设置表格中第一行、第二行及其余行的单元样式，本例使用系统默认设置即可。单击"确定"按钮，结果如图 5-212 所示。

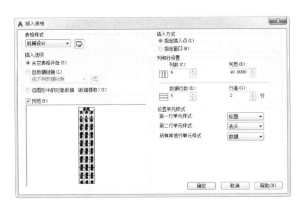

图 5-211　"插入表格"对话框

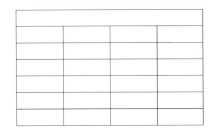

图 5-212　插入表格结果

步骤 3　输入表格标题文本。双击表格中的标题行（第一行单元格），在单元格中输入"孔参数表"，如图 5-213 所示，在空白位置单击完成输入，结果如图 5-214 所示。

步骤 4　输入表格表头文本。参照步骤 3 操作，双击表格中的表头行单元格（第二行单元格），在单元格中输入表头文本，结果如图 5-215 所示。

步骤 5　输入表格数据文本。参照步骤 3 操作，双击表格中的数据单元格（除标题单

图 5-213　输入标题文本

图 5-214　输入标题文本结果

及表头单元以外的所有单元格），在单元格中输入数据文本，结果如图 5-216 所示。

　　步骤 6　编辑表格。按照以上步骤输入数据文本后发现所有的数据格式并不是显示在单元格的中间位置，需要编辑文本，下面具体介绍其方法。

孔参数表			
孔编号	X坐标/mm	Y坐标/mm	孔直径/mm

图 5-215　输入表头文本

孔参数表			
孔编号	X坐标/mm	Y坐标/mm	孔直径/mm
A	32	74	35
B	105	70	25
C	70	48	20
D	30	25	25
E	105	30	22

图 5-216　输入数据文本

　　① 选择表格单元。在表格中使用鼠标拖动形成如图 5-217 所示的虚线选择框，表示选择该虚线框所涉及的所有单元格，选择单元格结果如图 5-218 所示。

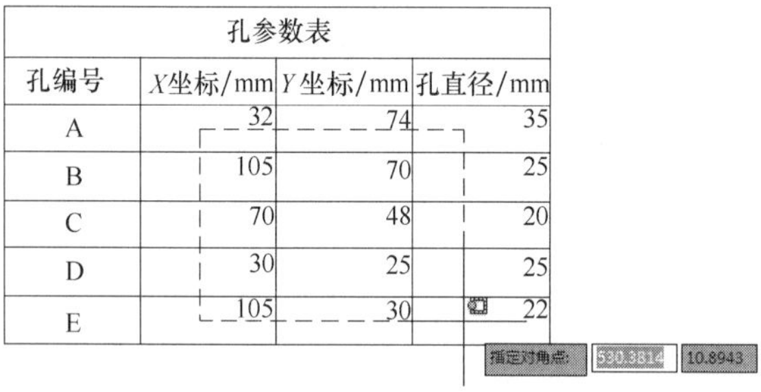

孔参数表			
孔编号	X坐标/mm	Y坐标/mm	孔直径/mm
A	32	74	35
B	105	70	25
C	70	48	20
D	30	25	25
E	105	30	22

指定对角点：530.3814　10.8943

图 5-217　选择单元格

	A	B	C	D
1	孔参数表			
2	孔编号	X坐标/mm	Y坐标/mm	孔直径/mm
3	A	32	74	35
4	B	105	70	25
5	C	70	48	20
6	D	30	25	25
7	E	105	30	22

图 5-218　选择单元格结果

　　② 编辑表格单元。选中单元格后，在选项卡区域出现如图 5-219 所示的"表格单元"选项卡，在"单元样式"区域的 菜单中选择"正中"选项，表示将文本显示在单元格中间位置，结果如图 5-220 所示。在空白位置单击，完成编辑表格操作。

　　选择表格单元后，使用系统弹出的"表格单元"选项卡中的命令，可以对表格进行各种

图 5-219　"表格单元"选项卡

编辑，如插入表格列（或行）、如图 5-221 所示合并单元格等。此处编辑表格（如插入表格行或插入表格列等）与 Word 及 Excel 中的表格编辑操作类似，具体操作请参看随书视频讲解，读者可自行练习，此处不再赘述。

	A	B	C	D
1	孔参数表			
2	孔编号	X坐标/mm	Y坐标/mm	孔直径/mm
3	A	32	74	35
4	B	105	70	25
5	C	70	48	20
6	D	30	25	25
7	E	105	30	22

图 5-220　编辑文本结果

图 5-221　合并单元格

5.11　绘图标注实例

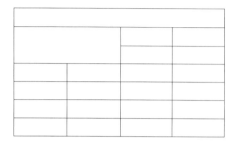

扫码看视频讲解

　　本章前面十节系统介绍了绘图标注操作及知识内容，为了加深读者对绘图标注的理解并更好地应用于实践，下面通过两个具体案例详细介绍绘图标注。

5.11.1　底座零件绘图标注

　　对如图 5-222 所示的底座零件工程图，现在已经完成了工程图视图的创建，需要在各个视图上创建绘图标注，包括尺寸、尺寸公差、基准、形位公差、表面粗糙度、多重引线及技术要求文本标注等，下面具体介绍其标注方法。

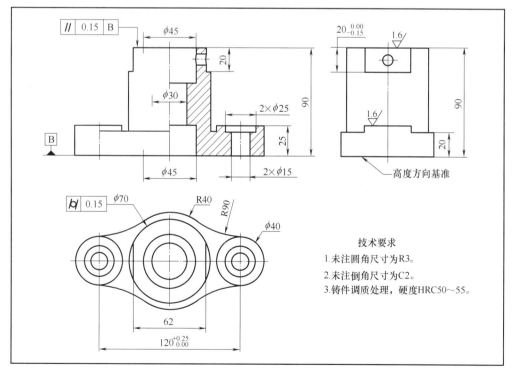

图 5-222　底座零件绘图标注

底座零件绘图标注说明：

① 打开练习文件：cad_jxsj\ch05 label\5.11\draw01。

② 创建绘图标注：首先创建尺寸标注及尺寸公差标注，在创建基准标注及表面粗糙度标注时需要使用文件夹中提供的基准符号及粗糙度符号，然后创建形位公差标注，最后创建多重引线标注及技术要求文本标注。

③ 具体过程：由于书籍写作篇幅限制，本书不详细介绍绘图标注的过程，读者可自行参看随书视频讲解，视频中有详尽的底座零件绘图标注讲解。

5.11.2 螺母座零件绘图标注

对如图 5-223 所示的螺母座零件工程图，现在已经完成了工程图视图的创建，需要在各个视图上创建绘图标注，包括尺寸、尺寸公差、基准、形位公差、表面粗糙度及技术要求文本标注等，除此之外还需要创建螺母座尺寸表，下面具体介绍其方法。

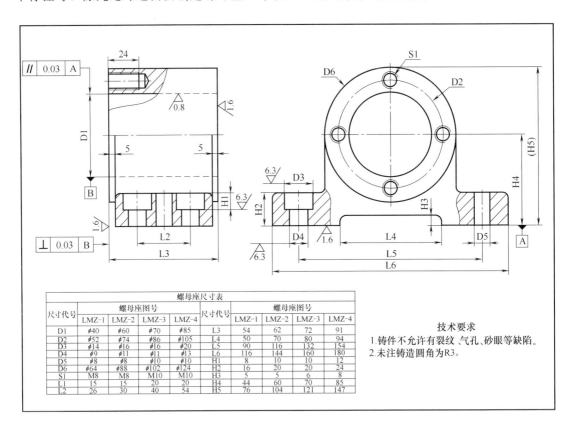

图 5-223 螺母座零件绘图标注

螺母座尺寸表									
尺寸代号	螺母座图号				尺寸代号	螺母座图号			
	LMZ-1	LMZ-2	LMZ-3	LMZ-4		LMZ-1	LMZ-2	LMZ-3	LMZ-4
D1	⌀40	⌀60	⌀70	⌀85	L3	54	62	72	91
D2	⌀52	⌀74	⌀86	⌀105	L4	50	70	80	94
D3	⌀14	⌀16	⌀16	⌀20	L5	90	116	132	154
D4	⌀9	⌀11	⌀11	⌀13	L6	116	144	160	180
D5	⌀8	⌀8	⌀10	⌀10	H1	8	10	10	12
D6	⌀64	⌀88	⌀102	⌀124	H2	16	20	20	24
S1	M8	M8	M10	M10	H3	5	5	6	8
L1	15	15	20	20	H4	44	60	70	85
L2	26	30	40	54	H5	76	104	121	147

技术要求

1. 铸件不允许有裂纹、气孔、砂眼等缺陷。
2. 未注铸造圆角为R3。

螺母座绘图标注说明：

① 打开练习文件：cad_jxsj\ch05 label\5.11\draw02。

② 创建绘图标注：首先创建尺寸标注（注意所有尺寸均使用尺寸代号），在创建基准标注及表面粗糙度标注时需要使用文件夹中提供的基准符号及粗糙度符号，然后创建形位公差标注，最后创建如表 5-5 所示的螺母座尺寸表及技术要求文本标注。

③ 具体过程：由于书籍写作篇幅限制，本书不详细介绍绘图标注的过程，读者可自行参看随书视频讲解，视频中有详尽的螺母座零件绘图标注讲解。

表 5-5　螺母座尺寸表　　　　　　　　　　　　　单位：mm

螺母座尺寸表

尺寸代号	螺母座图号				尺寸代号	螺母座图号			
	LMZ-1	LMZ-2	LMZ-3	LMZ-4		LMZ-1	LMZ-2	LMZ-3	LMZ-4
D1	ϕ40	ϕ60	ϕ70	ϕ85	L3	54	62	72	91
D2	ϕ52	ϕ74	ϕ86	ϕ105	L4	50	70	80	94
D3	ϕ14	ϕ16	ϕ16	ϕ20	L5	90	116	132	154
D4	ϕ9	ϕ11	ϕ11	ϕ13	L6	116	144	160	180
D5	ϕ8	ϕ8	ϕ10	ϕ10	H1	8	10	10	12
D6	ϕ64	ϕ88	ϕ102	ϕ124	H2	16	20	20	24
S1	M8	M8	M10	M10	H3	5	5	6	8
L1	15	15	20	20	H4	44	60	70	85
L2	26	30	40	54	H5	76	104	121	147

第6章

参数化绘图

微信扫码，立即获取
全书配套视频与资源

参数化绘图就是在图形中通过添加几何约束及尺寸标注对图形进行控制，得到最终设计图形的一种绘图方法，使用这种方法能够极大提高图形编辑效率，同时还可以在参数之间定义参数关系，从而实现参数之间的关联设计。

6.1 参数化绘图基础

对于二维图形的绘制，在 AutoCAD 中提供了两种绘图方法：一种是常规绘图方法（也就是 AutoCAD 最原始的一种绘图方法），另外一种是参数化绘图方法。

使用常规绘图方法时，图形对象之间、图形对象与尺寸之间、尺寸与尺寸之间均无任何关联，修改图形对象时其他图形及尺寸均不会发生相应的变化。同样，修改尺寸时图形对象也不会发生相应的变化。这样会对图形编辑与修改造成不便，影响绘图效率。

使用参数化绘图方法时，图形对象之间、图形对象与尺寸之间、尺寸与尺寸之间均存在一定的关联（包括几何关联或参数关联），这样在修改图形对象时其他图形及尺寸均会发生相应的变化，同样，修改尺寸时图形也会发生相应的变化。

> 💡 **说明**：此处介绍的参数化绘图方法也是目前所有三维设计软件，如 Pro/E、Creo、CATIA、UG/NX、SolidWorks 等，普遍使用的二维绘图方法，在 AutoCAD 早期版本中并不提供参数化绘图方法，在较新版本中才提供了参数化绘图方法。

为了帮助读者理解 AutoCAD 常规绘图方法及参数化绘图方法的特点，下面看一个具体实例。如图 6-1 所示，该图形是使用 AutoCAD 常规方法绘制的图形，如果要修改图形中的尺寸，直接双击尺寸修改即可。此处双击尺寸"40"并修改尺寸值为"120"，结果如图 6-2 所示，此时只是尺寸发生了变化，图形并没有随着尺寸的变化而变化，这不符合实际图形编辑要求。为了保证修改尺寸后图形也发生相应的变化，如图 6-3 所示，需要使用 AutoCAD 提供的参数化绘图方法进行图形绘制。

在功能选项卡区域中展开"参数化"选项卡，在该选项卡中提供了参数化绘图工具，如

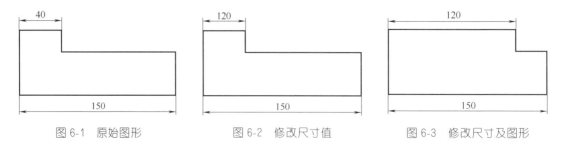

图 6-1 原始图形　　　　　　图 6-2 修改尺寸值　　　　　　图 6-3 修改尺寸及图形

图 6-4 所示，包括"几何""标注"及"管理"三个区域："几何"区域的命令用于添加几何约束，"标注"区域的命令用于添加参数化尺寸标注，"管理"区域的命令用于进行参数管理。本章将具体介绍这些参数化绘图工具的使用方法。

图 6-4　"参数化"选项卡

6.2　几何约束

几何约束就是指图形对象之间的几何关系，如图形之间的平行、垂直、共线、相切、相等、重合、对称等都属于几何约束。在 AutoCAD 中通过在图形之间添加几何约束对图形进行控制，下面具体介绍常用几何约束的添加方法。

6.2.1　几何约束设置

在绘图中添加几何约束之前需要首先设置几何约束，同时还需要注意图形绘制与几何约束之间的关系。下面以如图 6-5 所示的矩形为例介绍几何约束设置的基本方法。

如果使用"矩形"命令或"多段线"命令绘制如图 6-5 所示的矩形，此时的矩形是一个整体图形，但是图形对象之间并没有任何几何约束，使用鼠标选中矩形上的控制点可以任意拖动矩形，如图 6-6 所示，拖动结果如图 6-7 所示。

图 6-5　绘制矩形（一）

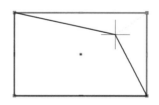

图 6-6　拖动顶点

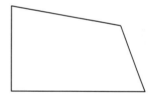

图 6-7　拖动结果

在"参数化"选项卡的"几何"区域单击"水平"按钮 ，选择如图 6-7 所示图形的顶部直线作为约束对象，系统约束直线水平对齐，其余结构保持连接，结果如图 6-8 所示。

如果使用"直线"命令绘制如图 6-5 所示的矩形，此时的矩形是由四条直线"拼凑"而成，并不是一个整体图形，而且对象之间没有任何几何约束，使用鼠标选中矩形上的控制点可以任意拖动矩形使其"散架"，如图 6-9 所示。

如果使用"直线"命令绘制如图 6-10 所示的梯形，此时的梯形是由四条直线"拼凑"而成，在"参数化"选项卡的"几何"区域单击"竖直"按钮 ，选择如图 6-10 所示图形的右侧斜线作为约束对象，系统约束斜线竖直，其余结构断开，结果如图 6-11 所示。

在"参数化"选项卡的"几何"区域单击右下角的 按钮，系统弹出如图 6-12 所示的"约束设置"对话框，在该对话框的"几何"选项卡中选中"推断几何约束"选项，表示在绘制图形的过程中系统将根据图形结构自动添加几何约束。

设置几何约束后选择"矩形"命令绘制矩形，此时系统将根据矩形结构特点自动添加几何约束，结果如图 6-13 所示。使用鼠标选中矩形上的控制点可以任意拖动矩形，此时图形将受到几何约束的控制，矩形不会"散架"，如图 6-14 所示。

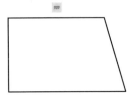

图 6-8　添加水平约束

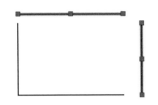

图 6-9　拖动直线

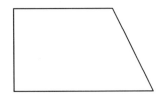

图 6-10　绘制梯形

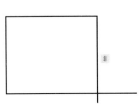

图 6-11　添加竖直约束

图 6-12　"约束设置"对话框

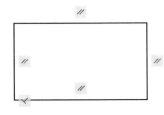

图 6-13　绘制矩形（二）

综上所述，在绘图设计中，如果需要在图形中添加几何约束，最好使用"多段线"命令或专门的绘图工具（如矩形、多边形工具）绘制图形，这样在添加几何约束时不会使图形"散架"。另外，在"约束设置"对话框中选中"推断几何约束"选项，系统在绘图设计中将自动添加几何约束，从而省去添加几何约束的麻烦，提高了图形绘制效率。

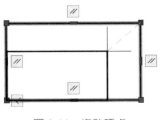

图 6-14　拖动顶点

6.2.2　几何约束类型

在 AutoCAD 中提供了十二种约束类型，下面具体介绍各种约束的添加与使用。

（1）重合约束

"重合"用于约束两个点重合，或者将点约束到某一个对象或对象的延长线上。约束规则是将选择的第二个对象与第一个对象重合（第一个对象保持不变）。

如图 6-15 所示的图形，其中四边形使用"多段线"命令绘制，在"参数化"选项卡的"几何"区域单击"重合"按钮└┘，选择左侧竖直直线上端点为第一对象，选择顶部直线左端点为第二对象，此时约束顶部直线左端点与竖直直线上端点重合，如图 6-16 所示。

如果需要约束圆心到右侧斜线上，如图 6-17 所示，必须按照以下操作进行：

步骤 1　在"参数化"选项卡的"几何"区域单击"重合"按钮└┘，系统提示：GC-COINCIDENT 选择第一个点或 [对象(O) 自动约束(A)]〈对象〉：

步骤 2　在命令栏中输入"O"并回车，表示选择对象进行约束，系统提示：GCCOIN-CIDENT 选择对象：

步骤 3　首先选择右侧斜线为第一个对象，然后选择圆心为第二个对象，此时将圆心约束到右侧直线上（直线任意位置上），如图 6-17 所示。

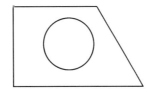
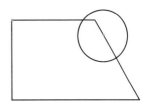

图 6-15 重合约束示例　　　　图 6-16 定义点与点重合　　　　图 6-17 定义点与对象重合

**说明：**在图形中添加几何约束之前一定要注意图形绘制方法。对于本例图形，如果图中四边形是使用"直线"命令绘制的，如图 6-18 所示，这种情况下直线与直线之间实际上是"断开"的，如果按照以上方法添加重合约束，其余直线将断开，如图 6-19 所示。

（2）共线约束

"共线"用于约束两条直线对齐，约束规则是将选择的第二条直线与第一条直线共线对齐（第一条直线保持不变）。

如图 6-20 所示，该图形使用"多段线"命令绘制。在"参数化"选项卡的"几何"区域单击"共线"按钮 ，选择顶部右侧水平直线为第一个对象，选择顶部左侧水平直线为第二个对象，此时约束左侧直线与右侧直线共线对齐，如图 6-21 所示。

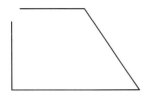
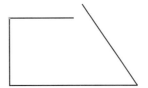
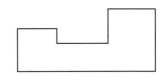

图 6-18 一般直线图形　　　　图 6-19 添加重合约束结果　　　　图 6-20 共线约束示例

（3）同心约束

"同心"用于约束圆、圆弧或椭圆具有相同的圆心点，约束规则是将选择的第二个对象与第一个对象同心（第一个对象保持不变）。

如图 6-22 所示的图形，其中直线圆弧使用"多段线"命令绘制。在"参数化"选项卡的"几何"区域单击"同心"按钮 ，首先选择顶部圆弧为第一个对象，然后选择圆为第二个对象，此时约束圆与圆弧同心，结果如图 6-23 所示。

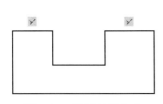
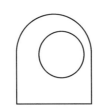
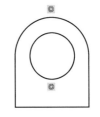

图 6-21 添加共线约束　　　　图 6-22 同心约束示例　　　　图 6-23 添加同心约束

（4）固定约束

"固定"用于约束点或曲线固定在特定位置及方向上。

对如图 6-24 所示的图形，在"参数化"选项卡的"几何"区域单击"固定"按钮 后，选择圆心为固定对象，系统将圆心固定在当前位置，如图 6-25 所示，此时只能调整圆大小，如图 6-26 所示。如果需要固定整个圆，必须按照以下操作进行。

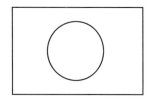

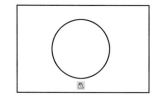

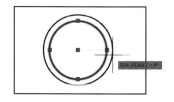

图 6-24　固定约束示例　　　　　图 6-25　固定圆心　　　　　图 6-26　调整圆大小

步骤 1　在"参数化"选项卡的"几何"区域单击"固定"按钮 🔒，系统提示：GCFIX
选择点或［对象(O)]〈对象〉:。

步骤 2　在命令栏中输入"O"并回车，表示选择对象进行约束，系统提示：
GCFIX 选择对象:。

步骤 3　选择圆为约束对象，系统将整个圆固定在当前位置，此时无法调整圆的大小，如图 6-27 所示。

（5）平行约束

"平行"用于约束两条直线对象平行，约束规则是将选择的第二个对象与第一个对象平行（第一个对象保持不变）。

如图 6-28 所示，该图形使用"多段线"命令绘制，在"参数化"选项卡的"几何"区域单击"平行"按钮 ∥，选择底部水平直线为第一个对象，选择顶部斜线为第二个对象，此时约束顶部斜线与底部直线平行，如图 6-29 所示。

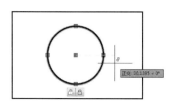

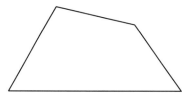

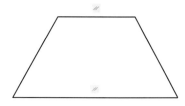

图 6-27　无法调整圆大小　　　　图 6-28　平行约束示例　　　　图 6-29　添加平行约束

（6）垂直约束

"垂直"用于约束两条直线对象垂直，约束规则是将选择的第二个对象与第一个对象垂直（第一个对象保持不变）。

如图 6-30 所示的图形，该图形使用"多段线"命令绘制，在"参数化"选项卡的"几何"区域单击"垂直"按钮 ⊻，选择顶部斜线为第一个对象，选择右侧斜线为第二个对象，此时约束右侧斜线与顶部斜线垂直，如图 6-31 所示。

（7）水平约束

"水平"用于约束直线保持水平或约束两个点水平对齐，约束两点水平对齐时是将选择的第二个点对象与第一个点对象水平对齐（第一个点对象保持不变）。

如图 6-32 所示，该图形使用"多段线"命令绘制，在"参数化"选项卡的"几何"区域单击"水平"按钮 ╤，选择底部斜线为约束对象，结果如图 6-33 所示。

如果需要约束两个点水平对齐，需要按照以下操作进行：

步骤 1　在"参数化"选项卡的"几何"区域单击"水平"按钮 ╤，系统提示：
GCHORIZONTAL 选择对象或［两点(2P)]〈两点〉:。

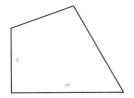   

图 6-30　垂直约束示例　　图 6-31　添加垂直约束　　图 6-32　水平约束示例　　图 6-33　约束直线水平

步骤 2　在命令栏中输入"2P"并回车，表示选择点对象进行约束，系统提示：GCHORIZONTAL 选择第一个点：。

步骤 3　选择如图 6-33 所示左侧竖直直线上端点为第一个对象，系统提示：GCHORIZONTAL 选择第一个点：。

步骤 4　选择如图 6-33 所示右侧竖直直线上端点为第二个对象，结果如图 6-34 所示。

（8）竖直约束

"竖直"用于约束直线保持竖直或约束两个点竖直对齐，约束两点竖直对齐时是将选择的第二个点对象与第一个点对象竖直对齐（第一个点对象保持不变）。

如图 6-35 所示，该图形使用"多段线"命令绘制，在"参数化"选项卡的"几何"区域单击"竖直"按钮 ⫴，选择右侧斜线为约束对象，结果如图 6-36 所示。

如果需要约束两个点竖直对齐，需要按照以下操作进行：

步骤 1　在"参数化"选项卡的"几何"区域单击"竖直"按钮 ⫴，系统提示：GCVERTICAL 选择对象或 **［两点(2P)]**〈两点〉：。

步骤 2　在命令栏中输入"2P"并回车，表示选择点对象进行约束，系统提示：GCVERTICAL 选择第一个点：。

步骤 3　选择如图 6-36 所示上部水平直线左端点为第一个对象，系统提示：GCVERTICAL 选择第二个点：。

步骤 4　选择如图 6-36 所示底部水平直线左端点为第二个对象，结果如图 6-37 所示。

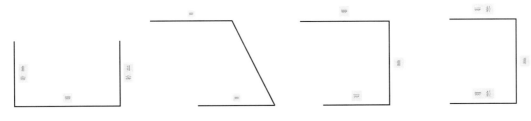

图 6-34　约束点水平对齐　　图 6-35　竖直约束示例　　图 6-36　约束直线竖直　　图 6-37　约束点竖直对齐

（9）相切约束

"相切"用于约束直线与圆弧对象或圆弧与圆弧对象相切，约束规则是将选择的第二个对象与第一个对象相切（第一个对象保持不变）。

如图 6-38 所示，该图形使用"多段线"命令绘制，在"参数化"选项卡的"几何"区域单击"相切"按钮 ⌀，首先选择底部直线为第一个对象，然后选择右侧圆弧为第二个对象，此时系统约束圆弧与直线相切，结果如图 6-39 所示。

按空格键继续使用"相切"命令，首先选择如图 6-39 所示的右侧圆弧为第一个对象，然后选择如图 6-39 所示的顶部圆弧为第二个对象，结果如图 6-40 所示。

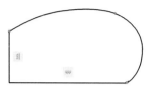

图 6-38　相切约束示例

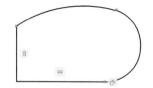

图 6-39　约束圆弧与直线相切

图 6-40　约束圆弧与圆弧相切

（10）平滑约束

"平滑"用于约束样条曲线与其他样条曲线、直线、圆弧或多段线相连且保持 G2 连续性（相切连续），约束规则是选择的第一个对象必须是样条曲线，选择的第二个对象将与第一条样条曲线相连且保持相切连续。

对如图 6-41 所示的图形，在"参数化"选项卡的"几何"区域单击"平滑"按钮 ✎后，首先选择左侧样条曲线左端点为第一个对象，然后选择右侧样条曲线右端点为第二个对象，此时约束第二条样条曲线与第一条样条曲线相连且相切，如图 6-42 所示。

（11）对称约束

"对称"用于约束两条曲线或两个点关于直线对称。

对如图 6-43 所示的图形，在"参数化"选项卡的"几何"区域单击"对称"按钮 ⑪，首先选择左侧斜线为第一个对象，然后选择右侧斜线为第二个对象，最后选择中间竖直中心线为对称轴线，系统约束两条斜线关于中心线对称，如图 6-44 所示。

图 6-41　平滑约束示例

图 6-42　添加平滑约束

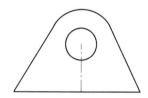

图 6-43　对称约束示例

如果需要约束两个点关于中心线对称，需要按照以下操作进行：

步骤 1　在"参数化"选项卡的"几何"区域单击"对称"按钮 ⑪，系统提示：GCSYMMETRIC 选择第一个对象或 **[两点(2P)]**〈两点〉：。

步骤 2　在命令栏中输入"2P"并回车，表示选择点对象进行约束，系统提示：GCSYMMETRIC 选择第一个点：。

步骤 3　选择左侧斜线底部端点为第一个点对象，系统提示：GCSYMMETRIC 选择第二个点：。

步骤 4　选择右侧斜线底部端点为第二个点对象，结果如图 6-44 所示。

（12）相等约束

"相等"用于约束两条直线长度相等或圆弧（圆）半径相等，约束规则是将选择的第二个对象与第一个对象相等（第一个对象保持不变）。

对如图 6-45 所示的图形，在"参数化"选项卡的"几何"区域单击"相等"按钮 ＝后，首先选择左侧斜线为第一个对象，然后选择右侧斜线为第二个对象，如图 6-46 所示。

对如图 6-47 所示的图形，在"参数化"选项卡的"几何"区域单击"相等"按钮 ＝后，首先选择左侧圆弧为第一个对象，然后选择右侧圆弧为第二个对象，结果如图 6-48 所示。继续选择"相等"命令，依次选择左侧圆及右侧圆，结果如图 6-49 所示。

图 6-44　约束直线或点对称

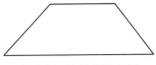

图 6-45　直线相等示例

图 6-46　约束直线相等

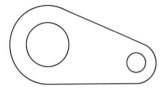

图 6-47　圆弧（圆）半径相等示例

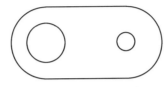

图 6-48　约束圆弧半径相等

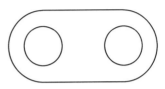

图 6-49　约束圆半径相等

6.2.3　几何约束实例

几何约束主要用于设置图形对象之间的几何关系，同时保证图形对象之间的关联性，使图形便于后期修改，下面以图 6-50 所示的图形为例介绍几何约束应用。

步骤 1　选择"圆"命令绘制如图 6-51 所示的圆。

步骤 2　选择"直线"命令绘制如图 6-52 所示的相切直线。

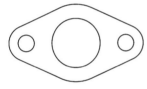

图 6-50　垫圈图形

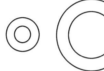

图 6-51　绘制圆

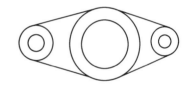

图 6-52　绘制相切直线

步骤 3　选择"修剪"命令修剪图形中多余结构，如图 6-53 所示。

步骤 4　使用鼠标拖动直线将直线与圆弧拉开便于添加几何约束，如图 6-54 所示。

步骤 5　选择"重合"命令在直线与圆弧之间添加重合约束，如图 6-55 所示。

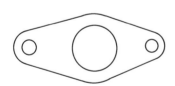

图 6-53　修剪图形

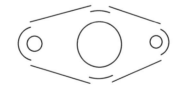

图 6-54　移动分散图形

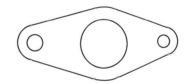

图 6-55　添加重合约束

步骤 6　选择"相等"命令约束直线相等，如图 6-56 所示。

步骤 7　选择"相切"命令约束圆弧与直线相切，如图 6-57 所示。

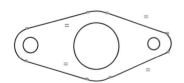

图 6-56　约束直线相等

图 6-57　约束圆弧与直线相切

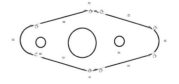

图 6-58　约束圆半径相等

步骤 8 选择"相等"命令约束圆半径相等，如图 6-58 所示。

步骤 9 选择"水平"命令约束圆心水平对齐，如图 6-59 所示。

步骤 10 使用鼠标拖动图形调整图形形状，如图 6-60 所示。

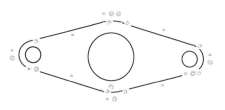

图 6-59　约束圆心水平对齐

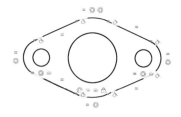

图 6-60　调整图形形状

说明： 在图形中添加几何约束后会显示相应的约束符号，如图 6-60 所示。在"参数化"选项卡的"几何"区域单击"显示/隐藏"按钮 显示/隐藏 ，用于设置选定几何约束符号的显示与隐藏；单击"全部显示"按钮 全部显示 ，用于显示所有几何约束符号；单击"全部隐藏"按钮 全部隐藏 ，用于隐藏所有几何约束符号。

6.3　参数化尺寸标注

在 AutoCAD 中对图形进行尺寸标注主要有两种方法：一种方法是使用"注释"选项卡"标注"区域的命令进行尺寸标注，这种方法称为一般尺寸标注（本书第 4 章有详细介绍），如图 6-61 所示；另外一种方法是使用"参数化"选项卡"标注"区域的命令进行尺寸标注，这种方法称为参数化尺寸标注，如图 6-62 所示。

图 6-61　一般尺寸标注

图 6-62　参数化尺寸标注

使用一般尺寸标注无法通过修改尺寸驱动图形发生相应变化，使用参数化尺寸标注能够通过修改尺寸驱动图形变化，这是两种尺寸标注方法最本质的区别。

在"参数化"选项卡的"标注"区域单击右下角的 按钮，系统弹出如图 6-63 所示的"约束设置"对话框，单击"标注"选项卡，可在"标注名称格式"下拉列表中设置标注名称样式，包括"名称""值"及"名称和表达式"三种，如图 6-64 所示。

图 6-63　"约束设置"对话框

(a) 名称　　　　　　　(b) 值　　　　　　(c) 名称和表达式

图 6-64　标注名称格式

创建参数化尺寸标注与一般尺寸标注的操作方法是类似的，下面以如图 6-65 所示的垫片图形为例介绍参数化尺寸的标注方法。

步骤 1 打开练习文件：cad_jxsj\ch06 parameter\6.3\dim。

步骤 2 标注线性尺寸。在"参数化"选项卡"标注"区域单击"线性"按钮，选择左右两个小圆圆心为标注对象，系统标注两圆心之间的线性尺寸，如图 6-66 所示。

步骤 3 标注半径尺寸。在"参数化"选项卡"标注"区域单击"半径"按钮，分别选择中间圆弧及右侧圆弧为标注对象，系统标注圆弧半径尺寸，如图 6-66 所示。

步骤 4 标注直径尺寸。在"参数化"选项卡"标注"区域单击"直径"按钮，分别选择中间圆与右侧圆为标注对象，系统标注圆的直径尺寸，如图 6-66 所示。

步骤 5 修改尺寸标注。直接双击尺寸标注可以修改尺寸，图形会随着尺寸的修改发生相应的变化，修改尺寸标注结果如图 6-67 所示。

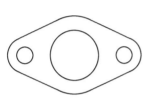

图 6-65 垫片图形

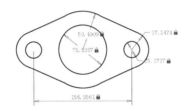

图 6-66 标注尺寸

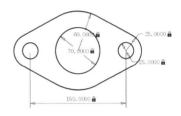

图 6-67 修改尺寸标注

> **说明**：因为参数化尺寸标注与一般尺寸标注的操作是类似的，本例只介绍了其中线性尺寸、半径尺寸及直径尺寸的标注，其他标注读者可自行操作，此处不再赘述。

6.4 参数化绘图方法与技巧

参数化绘图最重要的是要注意绘图方法与技巧，其关键就是要处理好轮廓绘制、几何约束处理及尺寸标注的问题。下面具体介绍参数化绘图方法与技巧。

6.4.1 参数化绘图过程

在 AutoCAD 中进行参数化绘图的一般流程如下：

① 分析图形。分析图形的形状，几何约束关系以及尺寸标注。

② 绘制图形大体轮廓。以最快的速度绘制图形大体轮廓，不需要绘制过于细致。

③ 处理图形中的几何约束。根据图形几何关系添加几何约束。

④ 标注图形尺寸。按照设计要求标注图形中的尺寸并修改尺寸。

⑤ 整理草图。按照机械制图的规范要求整理图形中的尺寸标注。

6.4.2 分析图形

在开始任何一项工作或项目之前，首先一定要对这项工作或项目做一定的分析，工作或项目分析清楚后再开始，定会达到事半功倍的效果。

图形设计亦是如此，而且对图形的前期分析直接关系到后面图形绘制的全过程是否能够顺利进行。对图形的分析主要从以下几个方面入手：

（1）分析图形总体结构特点

分析图形的总体结构特点，对草图做到心中有数、胸有成竹，这样既能够快速得出一个可行的图形绘制方案，同时也能够快速完成图形大体轮廓的绘制。

（2）分析图形轮廓形状

分析图形的轮廓形状时需要特别注意图形中的一些典型结构，例如圆角，还有直线-圆弧-直线相切、圆弧-圆弧-圆弧相切以及直线-圆弧-圆弧相切结构等，这些典型的图形结构都具有独特的绘制方法与技巧，灵活运用这些独特的绘制方法与技巧，能够大大提高图形轮廓绘制效率。

（3）分析图形中的几何约束

图形中的几何约束往往是最难分析也最难把握的，因为图形中的几何约束关系属于一种隐性属性，不像图形轮廓和尺寸标注那么明显，需要绘图人员自行分析与判断。一般根据产品设计要求、图形结构特点以及图形中标注的尺寸来分析几何约束，而且分析的结果因人而异，将图形约束到需要的状态可能有多种约束方法。

在分析图形约束时，可以一个图元一个图元地分析每个图元的约束关系，当然也要注意一些方法和技巧，比如，一般情况下，对圆角不用考虑其约束，因为圆角的约束是固定的，就是两个相切，除此以外只需要确定圆角半径值是多少就行了。对于一般圆弧，主要分析两点：第一是圆弧与圆弧相连接的图元之间的关系，一般情况下相切的情况比较多；第二是圆弧的圆心位置，最后确定圆弧的半径值。注意这几点就可以很容易分析图形中的几何约束了。

（4）分析图形中的尺寸标注

首先，通过尺寸分析，能够直观判断图形整体尺寸大小，便于帮助我们在绘制轮廓时确定轮廓比例；其次，分析图形中哪些地方需要标注尺寸，以便快速标注图形尺寸。总之，分析图形的最终目的就是要对图形非常了解，也是为下一步做好铺垫。

6.4.3 绘制图形大体轮廓

图形大体轮廓是指图形的大概形状轮廓，开始绘制图形时，往往不需要绘制得很细致，只需要绘制一个大概的图形形状，因为在产品设计的最初阶段，工程师一般没有很精确的形状及尺寸设计，只有一个大概的图形甚至一个大概的想法，所以，绘制图形时先绘制大概形状，并通过后续的步骤使图形具体化是有一定道理的。

（1）绘制图形基准、辅助参考线及草图大体轮廓

首先确定图形的尺寸大小基准，这一点对于图形的绘制非常重要，特别是结构复杂的图形，绘制图形轮廓时不注意尺寸大小，会对后面的工作带来很大的影响，快速确定尺寸大小基准的方法是先在图形中找一个比较有代表性的图元，根据图形中标注的尺寸（或者估算的尺寸）将其首先绘制出来，然后以此基准作为参考绘制图形的大体轮廓。

绘制图形基准参考尽量选择图形中的完整图元，例如圆、椭圆、矩形等，如图 6-68 所示的梯形垫片图形，在绘制大体轮廓时就应该选择直径为 55mm 的圆为基准参考图元，如图 6-69 所示，然后绘制草图大体轮廓，结果如图 6-70 所示。

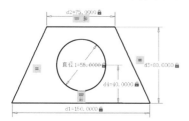

图 6-68　梯形垫片图形

图 6-69　绘制基准参考图元

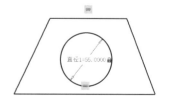

图 6-70　绘制草图大体轮廓（一）

如果图形中没有合适的较为完整的图元作为基准参考图元，可以根据图形尺寸大小估算一个图元作为基准参考图元。对如图6-71所示的面板盖图形，在绘制大体轮廓时可以以图形整体宽度为依据绘制如图6-72所示的直线（长度为70mm）作为基准参考图元，然后在该参考图元的基础上绘制草图大体轮廓，如图6-73所示。

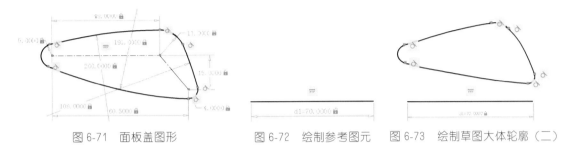

图6-71　面板盖图形　　　图6-72　绘制参考图元　图6-73　绘制草图大体轮廓（二）

为了辅助绘制图形轮廓或对图形进行特殊尺寸的标注，需要在图形中绘制一些辅助参考线，然后在辅助参考线基础上绘制图形大体轮廓。如图6-74所示，吊摆图形中有一段半径为135mm的圆弧，其主要作用是对图形结构进行定位，在绘制图形时，应该先绘制这些辅助参考线，如图6-75所示，然后绘制如图6-76所示的草图大体轮廓。

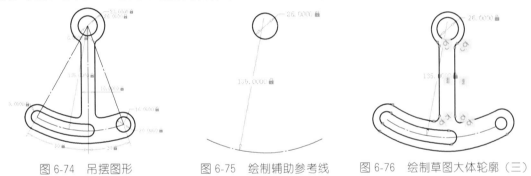

图6-74　吊摆图形　　　图6-75　绘制辅助参考线　图6-76　绘制草图大体轮廓（三）

（2）草图大体轮廓的把握

虽然说是绘制图形的大体轮廓，但是也不要绘制得太大体、太随意了，否则会给后面的操作带来不必要的麻烦，也会严重影响后面图形的绘制，从而影响图形绘制效率。在绘制图形大体轮廓时一定要把握好大体轮廓与图形的相似性。

对如图6-77所示的吊钩截面图形，在绘制该图形大体轮廓时，要注意与图形轮廓的相似性。相似性越高，绘制图形就会越顺利，如图6-78所示。如果不注意相似性，图形后期处理会比较困难，例如无法添加几何约束，无法修改尺寸标注等，特别是圆弧结构比较多的图形。如图6-79所示，图形相似性控制得不是很好，会严重影响图形后期的处理。

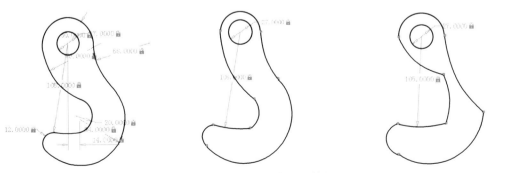

图6-77　吊钩截面图形　　图6-78　草图相似性控制得比较好　图6-79　草图相似性控制得比较差

（3）对称与非对称结构图形的绘制

如果是非对称图形，应该按照一般的方法直接绘制；如果是对称图形，那么在绘制大体轮廓时有两种方法：一种是使用对称方式来绘制；另外一种是使用一般的方法来绘制，然后通过添加对称约束保证图形对称。分析图形是否对称很重要，直接关系到图形绘制的总体把握，而且，对称与非对称这两种图形绘制方法存在很大区别。

需要注意的是，对于对称图形，不一定非要按照对称方式来绘制，但一般对于复杂的对称图形，特别是圆弧结构比较多或者对称性比较高的图形最好使用对称方式绘制，这样能够大大减少图形绘制的工作量，提高绘制速度。如图 6-80 所示的垫片截面图形，图形结构比较复杂，而且图形对称性比较好（上下、左右分别关于水平中心线和竖直中心线对称），在绘制图形轮廓时就应该使用对称的方式来绘制：先绘制图形的四分之一如图 6-81 所示，然后对图形进行镜像，得到完整轮廓。

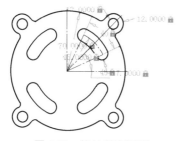 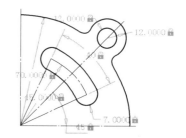

图 6-80　垫片截面图形　　　　　图 6-81　绘制图形的四分之一

对于一些简单的对称图形，一般是直接绘制，然后通过几何约束使图形对称。对简单的对称图形使用对称方式绘制反而会使图形绘制复杂化。如图 6-82 所示的燕尾槽滑盖截面图形，属于结构简单的对称图形，不应使用对称方式来绘制，应该直接绘制如图 6-83 所示的大体轮廓，然后使用几何约束使图形对称，结果如图 6-84 所示。

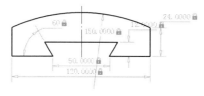 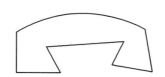 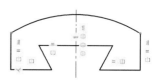

图 6-82　燕尾槽滑盖截面图形　　　图 6-83　直接绘制大体轮廓　　图 6-84　约束草图轮廓对称

另外，对于对称结构的图形，有时根据图形结构特点，还可以采用局部对称的方式来绘制。在绘制如图 6-85 所示的垫片截面草图轮廓时可以先绘制如图 6-86 所示的局部结构，然后对局部结构进行镜像得到如图 6-87 所示的整个草图轮廓。

  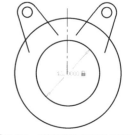

图 6-85　垫片截面草图　　　图 6-86　绘制局部镜像部位　　　图 6-87　对草图局部进行镜像

（4）典型结构的绘制

绘制图形轮廓时需要特别注意图形中的一些典型结构，例如直线-圆弧-直线相切、圆弧-

圆弧-圆弧相切以及直线-圆弧-圆弧相切结构等。

对于直线-圆弧-直线相切结构，如图 6-88 所示，一般是直接绘制成折线样式（图 6-89），最后使用"倒圆角"命令绘制直线中间的圆弧结构，如图 6-90 所示。

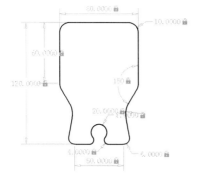

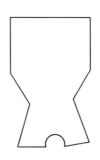

图 6-88 直线-圆弧-直线相切结构　　　图 6-89 绘制初步轮廓折线　　　图 6-90 绘制倒圆角

圆弧-圆弧-圆弧相切（图 6-91）和直线-圆弧-圆弧相切（图 6-92）结构也是如此，先绘制两边的结构，中间部分的圆弧使用"倒圆角"命令绘制，如图 6-93、图 6-94 所示，这样既省去了绘制圆弧的麻烦，同时也省去了添加两个相切约束的麻烦。

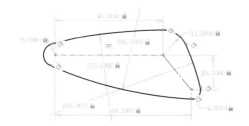

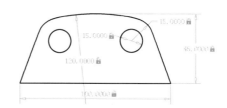

图 6-91 草图中的圆弧-圆弧-圆弧相切结构　　　图 6-92 草图中的直线-圆弧-圆弧相切结构

图 6-93 圆弧-圆弧-圆弧相切结构画法　　　图 6-94 直线-圆弧-圆弧相切结构画法

6.4.4 处理图形中的几何约束

处理图形中的几何约束就是按照设计要求或者图纸要求，根据之前对图形约束的分析，处理图形中对象与对象之间的几何关系，主要包括两部分内容：

首先是删除图形中无用的几何约束。我们在快速绘制图形大体轮廓时，系统会自动捕捉一些约束，这些自动捕捉的约束中有可能是有用的约束，有可能是无用的约束，也有可能是一部分有用、一部分无用的约束。对于无用的约束一定要删除干净，一个不能留！因为这些无用的约束保留在图形中会出现两个结果：一个是使将来有用的约束加不上去；另外一个是使有用的尺寸加不上去。最终都会影响整个图形的绘制！

无用的约束处理干净后，就要根据之前分析的结果正确添加有用的几何约束。这一部分可以说是图形绘制过程中最灵活，也最难掌控的一个环节，这一部分处理的结果也直接影响图形绘制的效率。因为图形中的几何约束都是各人根据自己的分析判断出来的，同一个图形可能有很多种添加约束的方法，完全因人而异，所以，只要将图形正确约束到我们需要的状态就可以了。这一部分一定要处理好，否则后期会花费大量时间来检查图形约束的问题，从而大大影响图形绘制效率。

实际上，在处理图形约束时，有时图形中的约束实在确定不了，这个时候应该暂时放下，继续后面的操作，一定不要添加没有把握的约束，一旦这个约束错误，对后面的影响就大了。总之，对于没有把握的约束要放在最后去处理。

6.4.5 标注图形尺寸

图形绘制的最后是标注图形尺寸，主要是根据设计要求或者图纸尺寸要求，在相应的位置添加尺寸标注。尺寸标注一般流程如下：

① 首先快速标注所有尺寸，且不要急于修改尺寸值。如果标注一个，修改一个，这样效率比较低，而且容易使图形发生很大变化，影响图形进一步的绘制。

② 然后按照设计要求或图纸要求修改图形中的尺寸。修改图形尺寸时一定要注意修改的先后顺序，否则会严重影响对其他尺寸的修改。在修改图形尺寸时，主要要遵循的一个原则就是要避免图形因为修改尺寸而发生太大的变化，导致无法观察图形轮廓。

对如图 6-95 所示的燕尾槽滑轨截面图形，完成尺寸标注后如图 6-96 所示，如果首先修改图形中的"1244.4"尺寸（修改为"120"），此时图形结果如图 6-97 所示。由此可见这个修改使图形变化很大，严重影响对图形的后续操作，所以先修改"1244.4"尺寸是不对的。

一般如果绘制的图形整体尺寸都比目标图形尺寸偏大，应该首先修改小的尺寸，如果绘制的图形比目标图形小，就需要首先修改大的尺寸，这样才能保证尺寸的修改不至于使图形形状轮廓发生太大的变化。

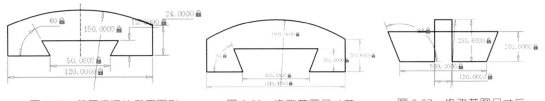

图 6-95　燕尾槽滑轨截面图形　　　图 6-96　修改草图尺寸前　　　图 6-97　修改草图尺寸后

对如图 6-96 所示的图形，现在需要修改图形中的尺寸至图 6-95 所示。因为图 6-96 所示图形中的尺寸比设计尺寸都大，就需要先修改图形中较小的尺寸，所以正确的修改顺序是先修改角度尺寸"68"、竖直方向的"201"和"283.6"，然后修改水平方向的"599"和"1244.4"，最后修改半径尺寸"1202.9"。

另外，如果在修改尺寸过程中遇到修改不了的尺寸，可以先去修改其他能够修改的尺寸，将这些暂时不能修改的尺寸放在最后去修改，或采用逐步修改的方法，逐步将尺寸修改到最终目标尺寸。

图形尺寸标注完成后，还需要整理图形中各尺寸的位置，各尺寸要摆放整齐、紧凑，而且各尺寸位置要和图纸尺寸位置对应，这样有一个好处就是便于以后对草图的检查与修改，如果不按照图纸位置放置草图尺寸，那么在检查或者审核时容易给检查者造成漏标草图尺寸的错觉。

6.5　参数管理器

参数管理器用于管理绘图中的尺寸标注，同时还可以定义参数与参数之间的关联关系。

下面以如图 6-98 所示的法兰圈图形为例介绍参数管理器的操作。

图 6-98 中关键参数包括：法兰圈内径（D1），法兰圈外径（D2），法兰圈定位圆直径（D3）及法兰圈孔直径（D4）。其中法兰圈内径为基础尺寸，其余参数需要根据法兰圈内径计算，具体参数关系如下：

① 法兰圈外径为：$D2 = 2 \times D1$。

② 法兰圈定位圆直径为：$D3 = (D1 + D2)/2$。

③ 法兰圈孔直径为：$D4 = (D2 - D1)/2 - 10$。

步骤 1 打开练习文件：cad_jxsj\ch06 parameter\6.5\parameter_manager。

步骤 2 标注内径尺寸。在"参数化"选项卡"标注"区域单击"直径"按钮 ，选择内径圆为标注对象，系统标注内径圆的直径尺寸，如图 6-99 所示。

步骤 3 标注外径尺寸。在"参数化"选项卡"标注"区域单击"直径"按钮 ，选择外径圆为标注对象，系统标注外径圆的直径尺寸，如图 6-100 所示。

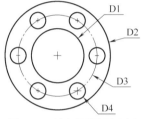

图 6-98 法兰圈图形示例

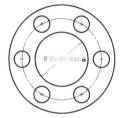

图 6-99 标注内径尺寸

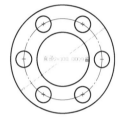

图 6-100 标注外径尺寸

步骤 4 标注定位圆直径尺寸。定位圆直径尺寸如图 6-101 所示。

步骤 5 标注孔直径尺寸。孔直径尺寸如图 6-102 所示，最终结果如图 6-103 所示。

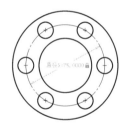

图 6-101 标注定位圆直径尺寸

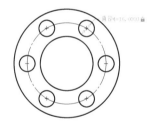

图 6-102 标注孔直径尺寸

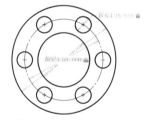

图 6-103 标注尺寸结果

步骤 6 查看参数。在"参数化"选项卡"管理"区域单击"参数管理器"按钮 $f(x)$，系统弹出如图 6-104 所示的"参数管理器"特性板，其中显示所有尺寸参数。

步骤 7 重命名参数。在"参数管理器"特性板"名称"列中双击参数名称对参数进行重命名（按照如图 6-98 所示的图形参数进行重命名），结果如图 6-105 所示。

步骤 8 定义参数关系。在"参数管理器"特性板"表达式"列中依次双击各行参数，然后根据绘图要求定义参数关系表达式，结果如图 6-106 所示。

图 6-104 查看参数

图 6-105 重命名参数

图 6-106 定义参数关系

步骤 9 验证参数关联。在"参数管理器"特性板中修改内径参数，将内径改为"65"，如图 6-107 所示，其他参数将根据参数关系自动更新，图形结果如图 6-108 所示。

💡 **说明**：参数化绘图的关键是需要首先在图形中添加合适的几何约束。本例法兰圈图形中根据设计要求添加了大量的几何约束关系，如图 6-109 所示。

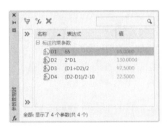

图 6-107 修改内径参数

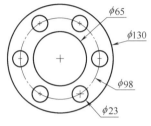

图 6-108 修改参数结果

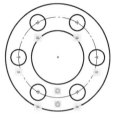

图 6-109 法兰圈图形约束关系

6.6 参数化绘图实例

扫码看视频讲解

本章前面五节系统介绍了参数化绘图操作及知识内容，为了加深读者对参数化绘图的理解并更好地应用于实践，下面通过两个具体案例详细介绍参数化绘图。

6.6.1 叉架轮廓绘图

对如图 6-110 所示的叉架轮廓图形，需要使用参数化方法完成图形绘制，便于后期对图形进行编辑与修改，具体过程请参看随书视频讲解。

叉架轮廓绘图说明：

① 新建绘图文件：cad_jxsj\ch06 parameter\6.6\parameter_sketch01。
② 绘制大体轮廓：使用多段线、圆角、圆及直线工具绘制大体轮廓，如图 6-111 所示。
③ 添加几何约束：根据图形结构特点添加几何约束，如图 6-112 所示。
④ 添加尺寸标注：根据图形要求添加参数化尺寸标注，如图 6-113 所示。

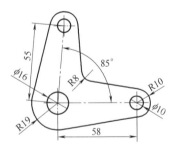

图 6-110 叉架轮廓图形

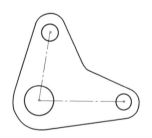

图 6-111 绘制叉架大体轮廓

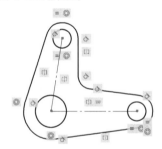

图 6-112 添加几何约束（一）

⑤ 具体过程：由于书籍写作篇幅限制，本书不详细介绍叉架轮廓绘图的过程，读者可自行参看随书视频讲解，视频中有详尽的叉架轮廓绘图讲解。

6.6.2 三孔垫片绘图

对如图 6-114 所示的三孔垫片图形，需要使用参数化方法完成图形绘制并根据参数要求定义参数关系，便于后期对图形进行编辑与修改，具体过程请参看随书视频讲解。

三孔垫片参数要求：

① 等边三角形边长：S。

② 下部圆直径：D1＝S/2。

③ 上部圆直径：D2＝S/1.5。

④ 下部圆弧半径：R1＝D1。

⑤ 上部圆弧半径：R2＝0.8×D2。

三孔垫片绘图说明：

① 新建绘图文件：cad_jxsj\ch06 parameter\6.6\parameter_sketch02。

② 绘制大体轮廓：使用多段线、圆及圆弧工具绘制大体轮廓，如图 6-115 所示。

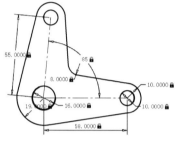

图 6-113 添加尺寸标注（一）

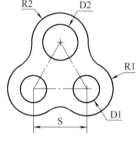

图 6-114 三孔垫片图形

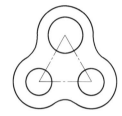

图 6-115 绘制三孔垫片大体轮廓

③ 添加几何约束：根据图形结构特点添加几何约束，如图 6-116 所示。

④ 添加尺寸标注：根据图形要求添加参数化尺寸标注，如图 6-117 所示。

⑤ 定义参数关系：在"参数管理器"中定义参数关系，如图 6-118 所示。

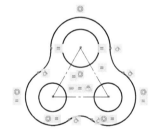

图 6-116 添加几何约束（二）

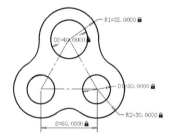

图 6-117 添加尺寸标注（二）

图 6-118 编辑参数关系

⑥ 具体过程：由于书籍写作篇幅限制，本书不详细介绍三孔垫片绘图的过程，读者可自行参看随书视频讲解，视频中有详尽的三孔垫片绘图讲解。

第7章

图层管理

 微信扫码，立即获取
全书配套视频与资源

机械绘图设计中经常需要使用各种不同规格的线型，这些线型用于绘制不同的图形对象，在 AutoCAD 中使用不同的图层来管理不同的线型，这样不仅提高了图形设计效率，同时还便于修改图形文件中的线型样式。本章将具体介绍图层管理操作。

7.1 绘图图线

机械图样中的图形都是使用各种不同粗细、不同样式的图线绘制而成的，不同的图线在图样中表示不同的含义，下面具体介绍图线属性、图线画法及注意事项。

7.1.1 图线属性

机械绘图设计中使用的图线属性主要涉及两种：一种是线宽属性；一种是线型样式属性。在具体图形设计时要严格按照机械制图标准及行业标准正确设置图线属性。

线宽属性主要分粗、细两种，粗线的宽度 b 应照图样大小及复杂程度设置，通常在 $0.5 \sim 2\mathrm{mm}$ 之间选择，细线的宽度约为 $b/3$，一般线宽推荐系列为 $0.18\mathrm{mm}$、$0.25\mathrm{mm}$、$0.35\mathrm{mm}$、$0.5\mathrm{mm}$、$0.7\mathrm{mm}$、$1\mathrm{mm}$、$1.4\mathrm{mm}$、$2\mathrm{mm}$。同一图样中，同类线型的线宽应该保持一致。

线型样式主要包括实线、虚线、点画线、双点画线、波浪线及双折线等，绘制不同图形对象应该选择不同的线型样式进行绘制，具体见表 7-1。

表 7-1 常用线型及线宽表

线名称	线型用途	线型样式	线宽
粗实线	主要用于绘制可见立体的棱边,可见的轮廓线,可见过渡线、螺纹的牙顶线,螺纹终止线等	——————	b
细实线	主要用于绘制尺寸线和尺寸界线、指引线、基准线、剖面线、重合断面的轮廓线、螺纹的牙底线、齿轮齿根线、表示平面的对角线、局部放大范围线、短的中心线等	————	$b/3$
虚线	主要用于绘制不可见的棱边、不可见的轮廓线等	- - - - - -	$b/3$
点画线	主要用于绘制中心线、轴线、对称线、齿轮分度圆、齿轮节圆、圆的圆心线、轨迹线等	—·—·—·—	$b/3$
双点画线	主要用于绘制相邻零件的轮廓、运动件的极限位置、剖切面之前的结构投影线等	—··—··—··	$b/3$
波浪线	主要用于绘制局部剖视图、局部视图的边界线等	～～	$b/3$
双折线	主要用于绘制断裂处的边界线等	—∿—	$b/3$

7.1.2　图线画法及注意事项

实际绘图时需要注意图线画法及注意事项，如图 7-1 所示，下面具体介绍：

① 同一图样中同类图线的宽度应保持一致。

② 虚线、点画线及双点画线的线段长度和间距应各自大致相等。

③ 点画线、双点画线的首末两端应是线段，而不是点（点画线、双点画线的点是一个约 1mm 的短画线）。

④ 绘制圆的中心线，圆心应为线段的交点。

⑤ 在较小的图形上绘制点画线或双点画线有困难时，可用细实线代替。

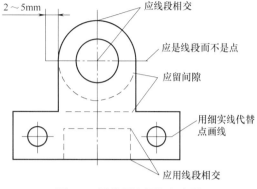

图 7-1　图线画法及注意事项

⑥ 虚线与虚线相交、虚线与点画线相交，应以线段相交；虚线、点画线如果是粗实线的延长线，应留有间隙；虚线与粗实线相交，不留间隙。

⑦ 图线的颜色深浅程度要一致，不要粗线深细线浅。

7.2　创建图层

下面首先介绍线型与图层之间的关系，然后介绍 AutoCAD 中的图层管理工具，最后通过一张具体工程图详细介绍创建图层操作。

7.2.1　图层概述

在实际图形设计中经常需要处理以下几种实际问题：

① 使用不同的线型绘制不同的图形对象。如使用点画线绘制中心线、使用粗实线绘制轮廓线、使用细实线绘制剖面线、使用虚线绘制不可见轮廓线等。

② 在复杂图形设计中需要区分不同的对象。如图形对象、标注对象及文本对象。

③ 在图形设计中编辑和修改同一类型对象的线型属性。如修改所有中心线的颜色、修改所有剖面线的颜色及线宽、修改所有文本的颜色等。

在实际图形设计中为了快速、高效地解决以上遇到的问题，一般使用 AutoCAD 图层工具进行管理，基本思路是首先按照不同线型属性创建多个图层，使每个图层表示一种线型，在实际绘图时可以直接选择不同图层绘制不同对象，如果要修改某一种线型属性（包括线宽、线样式及颜色等属性），直接修改图层即可。

7.2.2　图层工具

在功能选项卡区域的"默认"选项卡中单击"图层特性"按钮 ，系统弹出如图 7-2 所示的"图层特性管理器"对话框，在该对话框中创建和管理图层。

"默认"选项卡中如图 7-3 所示的图层工具及特性工具都可以用来设置线型属性，主要区别是：使用图层工具需要提前创建需要的图层，然后使用创建好的图层进行图形设计，符合"先定义后使用"的使用规则；而使用特性工具可以随时设置选中对象的线型属性，符合"随用随改"的使用规则。

💡 **说明：**实际绘图时建议读者先使用图层工具创建好需要的图层，然后使用这些图层进行图形设计，这样效率高而且便于后期统一修改线型属性。

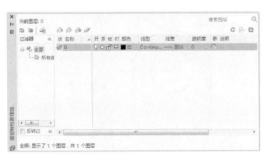

图 7-2 "图层特性管理器"对话框

图 7-3 图层与特性工具区

7.2.3 创建图层

如图 7-4 所示的托架零件工程图，是一张符合国标要求的工程图文件，包括图纸边框及表格、工程图视图、各种工程图标注等，为了在 AutoCAD 中高效绘制托架零件工程图，需要提前创建各种线型图层，下面具体介绍创建图层的方法。

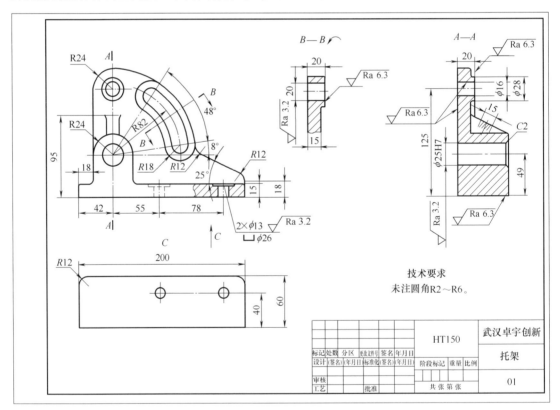

图 7-4 托架零件工程图

（1）分析图层

分析图层就是找出图形设计中需要哪些线型属性，这是创建图层的重要依据。本例托架零件工程图主要包括以下几种线型：

轮廓线：用于绘制图样中的可见轮廓线。

细实线：用于绘制图样中的剖面线、尺寸线及尺寸界线、表格及图框边界线。

虚线：用于绘制图样中的不可见轮廓线。

点画线：用于绘制图样中的中心线及辅助参考线。

粗实线：用于绘制图样中的边框线。

（2）新建图层

分析图层后，接下来根据分析图层结果创建需要的图层。

步骤 1　打开练习文件：cad_jxsj\ch07 laymch\layout。

步骤 2　选择命令。在功能选项卡区域的"默认"选项卡中单击"图层特性"按钮，系统弹出"图层特性管理器"对话框，在该对话框中创建图层。

步骤 3　创建轮廓线图层。在对话框中单击"新建图层"按钮，此时在对话框中生成一个新的图层，设置图层名称为"轮廓线"，如图 7-5 所示，颜色和线型均采用系统默认设置，单击轮廓线图层对应线宽位置，系统弹出如图 7-6 所示的"线宽"对话框，选择0.35mm 线宽，单击"确定"按钮关闭"线宽"对话框，完成轮廓线图层创建。

图 7-5　创建轮廓线图层

图 7-6　设置轮廓线图层线宽

💡 **说明**：此处创建轮廓线图层使用系统默认的颜色和线型。若"颜色"显示为 ■白，表示当视图区为白色背景时，线型颜色显示为黑色，当图形区为黑色背景时，线型颜色显示为白色。默认线型 Continuous 表示实线。

步骤 4　创建细实线图层。在对话框中单击"新建图层"按钮，设置图层名称为"细实线"，颜色、线型及线宽均使用系统默认设置，如图 7-7 所示。

步骤 5　创建虚线图层。在对话框中单击"新建图层"按钮，设置图层名称为"虚线"。创建虚线图层需要设置线型样式，单击虚线图层对应线型位置，系统弹出如图 7-8 所示的"选择线型"对话框，此时在对话框中只有一种默认线型，单击"加载"按钮，系统弹出如图 7-9 所示的"加载或重载线型"对话框，在该对话框中选择"ACAD_ISO02W100"虚线对象，单击"确定"按钮将选择的虚线加载到如图 7-10 所示的"选择线型"对话框中，在该对话框中选择加载的虚线对象，单击"确定"按钮，完成线型设置。创建虚线图层结果如图 7-11 所示。

步骤 6　创建点画线图层。在对话框中单击"新建图层"按钮，设置图层名称为"点画线"，颜色及线宽均使用系统默认设置。创建点画线图层需要设置线型样式，参照步骤5 加载中心线"CENTER"，如图 7-12 所示。创建点画线图层结果如图 7-13 所示。

步骤 7　创建粗实线图层。在对话框中单击"新建图层"按钮，设置图层名称为"粗实线"，颜色及线型均使用系统默认设置，参照步骤 3 设置线宽为 0.35mm，创建粗实线图层结果如图 7-14 所示。

图 7-7　创建细实线图层

图 7-8　"选择线型"对话框

图 7-9　加载虚线

图 7-10　选择加载虚线

图 7-11　创建虚线图层

图 7-12　加载中心线

图 7-13　创建点画线图层

图 7-14　创建粗实线图层

（3）改进图层

完成以上图层创建后，所有图层均为黑色，只是线宽及线样式不同，实际绘图设计中还要考虑为了便于使用与区分，这种情况下需要改进图层。

步骤 1　重命名图层。创建图层时往往需要根据具体应用要求设置图层名称，比如用于剖面线的图层直接设置图层名称为剖面线。下面具体介绍其设置方法。

① 创建剖面线图层。选中细实线图层单击右键，在弹出的快捷菜单中选择"重命名图层"命令，输入图层名称为"剖面线"，如图 7-15 所示。

图 7-15　创建剖面线图层

② 创建标注线图层。选中剖面线图层，单击"新建图层"按钮，表示复制剖面线图层创建新的图层，设置图层名称为"标注线"，如图 7-16 所示。

图 7-16　创建标注线图层

③ 创建辅助参考线图层。选中点画线图层，单击"新建图层"按钮，表示复制点画线图层创建新的图层，设置图层名称为"辅助参考线"，如图 7-17 所示。

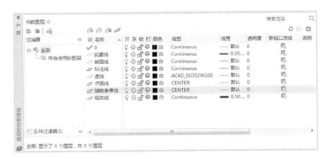

图 7-17　创建辅助参考线图层

步骤 2　设置图层颜色。考虑到便于区分的要求，需要设置各个图层颜色。在图层对象对应颜色的位置单击，系统弹出如图 7-18 所示的"选择颜色"对话框，在该对话框中设置图层颜色，此时各图层颜色结果如图 7-19 所示。

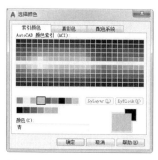

图 7-18 "选择颜色"对话框

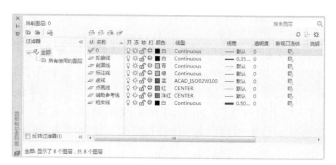

图 7-19 设置各图层颜色结果

💡 **说明**：实际工作中我们看到的所有 CAD 源文件几乎都是五颜六色的，主要原因就是根据绘图要求设置了多个图层，而且设置了不同的颜色以便区分。

（4）应用图层

完成图层创建后，在"默认"选项卡中展开"图层"区域的下拉列表可以查看创建的所有图层，如图 7-20 所示，在图层列表中选择一种图层就表示使用选择的图层绘图。下面以如图 7-21 所示的几何图形为例介绍使用图层进行绘图设计的一般操作。

步骤 1 使用点画线绘制如图 7-22 所示的正五边形。

图 7-20 选择图层

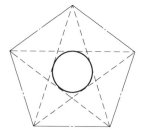

图 7-21 使用图层绘图

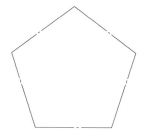

图 7-22 绘制正五边形

① 选择图层。在"默认"选项卡"图层"区域的下拉列表中选择点画线图层。

② 设置绘图环境。在状态栏中单击 ┗ 开启正交模式，单击 ≣ 按钮显示线宽。

③ 绘制正五边形。在命令栏中输入"POL"并回车，表示激活多边形绘制命令，输入边数"5"并回车，在空白位置单击一点作为正五边形的中心点，直接回车，输入内接圆半径为"50"（注意调整正五边形的方位），完成正五边线的绘制，如图 7-22 所示。

步骤 2 使用虚线绘制如图 7-23 所示五角星连线。

① 选择图层。在"默认"选项卡"图层"区域的下拉列表中选择虚线图层。

② 设置绘图环境。在状态栏中单击 ┗ 取消正交模式，单击 ⛬ 按钮启用捕捉对象。

③ 绘制五角星连线。在命令栏中输入"LINE"并回车，表示激活直线绘制命令，直接选择上一步绘制的正五边形的顶点绘制五角星连线，如图 7-23 所示。

步骤 3 使用粗实线绘制中间圆。

① 选择图层。在"默认"选项卡"图层"区域的下拉列表中选择粗实线图层。

② 绘制中间圆。在"默认"选项卡"绘图"区域单击 ○ 按钮，选择五角星连线中间五边形的三条边为相切对象创建中间圆，结果如图 7-21 所示。

（5）修改图层

使用图层绘制图形后，通过修改图层可以对图形进行修改。在功能选项卡区域的"默认"选项卡中单击"图层特性"按钮，系统弹出"图层特性管理器"对话框，在对话框中修改点画线线宽为 0.5mm，如图 7-24 所示，此时图形中使用该图层的对象同时被修改，结果如图 7-25 所示。

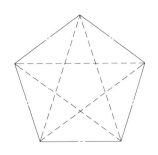

图 7-23　绘制五角星连线

图 7-24　修改图层

另外，如果只需要修改局部对象，可以直接使用"默认"选项卡中的特性工具进行修改。首先在图形中选择五角星连线中两条竖直方向的斜线，在"特性"区域设置颜色为红色，线宽为 0.5mm，线型为实线，如图 7-26 所示，结果如图 7-27 所示。

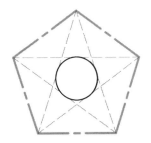

图 7-25　修改图层结果

图 7-26　编辑特性

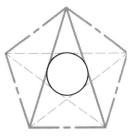

图 7-27　编辑特性结果

说明： 在修改图形时，如果需要将对象修改到与其他对象一样的特性，可以在"默认"选项卡"特性"区域单击"特性匹配"按钮，首先选择参考对象，然后选择要修改的对象，系统会将后选择的对象设置为与参考对象一样的特性，读者可自行操作。

7.2.4　创建图层总结

创建图层直接关系到图形文件的设计与管理，同时还关系到图形文件标准化的建立。实际绘图中创建图层时一定注意以下两个方面的问题：

① 创建图层应该在样板（模板）文件中创建，这样只要调用样板就可以直接使用样板中创建好的图层，从而避免使用相同样板文件时重复创建图层的麻烦。

② 创建图层要根据实际绘图要求创建所有需要的线型，避免在具体绘图时反复创建线型，否则不仅效率低下，而且容易出现错误。

7.3　管理图层

完成图层创建后，通过对图层的管理能够实现对图形的管理，大大提高了图形管理效率。下面通过一个具体案例详细介绍管理图层操作。

7.3.1 删除图层

对于多余的图层或错误的图层可以直接删除。如图 7-28 所示，垫片截面图形文件中的图层如图 7-29 所示，下面以此为例介绍删除图层操作。

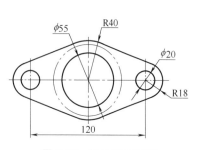

图 7-28 垫片截面图形

图 7-29 创建的图层

步骤 1 打开练习文件：cad_jxsj\ch07 laymch\7.3\laymch_manage。

步骤 2 删除空图层。所谓空图层就是没有被用于图形绘制的图层，这种图层可直接删除。本例包括多个空图层需要删除，在"图层特性管理器"对话框中分别选择波浪线图层、粗实线图层、剖面线图层及细实线图层后单击鼠标右键，在系统弹出的快捷菜单中选择"删除图层"命令，系统直接删除这些空图层，结果如图 7-30 所示。

步骤 3 删除绘图图层。如果图层被用于图形绘制，这种图层无法直接删除。本例中双点画线图层已经用于图形绘制，所以无法直接删除，删除时系统将弹出如图 7-31 所示的"图层-未删除"对话框提示用户无法删除该选定图层。要删除这种绘图图层，需要首先在图形中删除使用该图层的绘图图形。本例需要首先删除使用双点画线绘制的圆，如图 7-32 所示，然后在"图层特性管理器"对话框中选中双点画线图层单击鼠标右键，在系统弹出的快捷菜单中选择"删除图层"命令，系统直接删除双点画线图层，结果如图 7-33 所示。

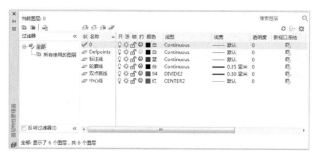

图 7-30 删除空图层

图 7-31 "图层-未删除"对话框

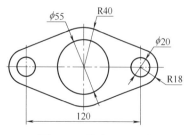

图 7-32 删除双点画线

图 7-33 删除双点画线图层

7.3.2 图层基本操作

图层基本操作包括开启/关闭图层、冻结/解冻图层及锁定/解锁图层，下面继续使用7.3.1 小节垫片截面图形详细介绍图层基本操作。

步骤 1 关闭标注线图层。在"图层特性管理器"对话框的标注线图层对应"开"列单击 💡 按钮（单击后变成 💡 按钮）关闭标注线图层，如图 7-34 所示，此时图形中使用标注线绘制的图形将被隐藏，结果如图 7-35 所示。再次单击 💡 按钮可重新开启图层。

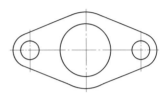

图 7-34　关闭标注线图层　　　　　　　　　图 7-35　关闭标注线图层结果

步骤 2 冻结中心线图层。在"图层特性管理器"对话框的中心线图层对应"冻结"列单击 ☀ 按钮（单击后变成 ❄ 按钮）冻结中心线图层，如图 7-36 所示，此时图形中使用中心线绘制的图形将被隐藏，结果如图 7-37 所示。再次单击 ❄ 按钮可解冻图层。

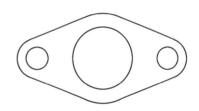

图 7-36　冻结中心线图层　　　　　　　　　图 7-37　冻结中心线图层结果

步骤 3 锁定轮廓线图层。在"图层特性管理器"对话框的轮廓线图层对应"锁定"列单击 🔓 按钮（单击后变成 🔒 按钮）锁定轮廓线图层，如图 7-38 所示，此时图形中使用轮廓线绘制的图形将被锁定。再次单击 🔒 按钮可解锁图层。

 说明：锁定的图层将无法进行编辑，否则系统将弹出如图 **7-39** 所示的提示对话框。

图 7-38　锁定轮廓线图层　　　　　　　　　图 7-39　提示对话框

7.3.3 管理图层状态

在实际工作中（特别是演示和技术交流），我们经常需要快速切换图形的若干种不同显示效果，这种需求可以通过管理图层状态实现。下面继续使用7.3.2小节图形介绍管理图层状态操作。

步骤1 新建并保存第一个图层状态。在"图层特性管理器"对话框中关闭标注线图层（其余图层为正常状态），在对话框空白位单击右键，在弹出的快捷菜单中选择"保存图形状态"命令，系统弹出如图7-40所示的"要保存的新图层状态"对话框，设置状态名称为"A"，具体设置如图7-40所示。单击"确定"按钮，完成图层状态的保存。

步骤2 新建并保存第二个图层状态。在"图层特性管理器"对话框中冻结中心线图层（标注线图层保持关闭，其余图层为正常状态），在对话框空白位单击右键，在弹出的快捷菜单中选择"保存图形状态"命令，系统弹出如图7-41所示的"要保存的新图层状态"对话框，设置状态名称为"B"，具体设置如图7-41所示，单击"确定"按钮。

步骤3 新建并保存第三个图层状态。在"图层特性管理器"对话框中显示所有图层，在对话框空白位单击右键，在弹出的快捷菜单中选择"保存图形状态"命令，系统弹出如图7-42所示的"要保存的新图层状态"对话框，设置状态名称为"C"，具体设置如图7-42所示。单击"确定"按钮，完成图层状态的保存。

图7-40 保存状态A　　　　图7-41 保存状态B　　　　图7-42 保存状态C

步骤4 切换图层状态。完成图层状态的新建与保存后，在"默认"选项卡展开"图层"区域，在展开区域的下拉列表中可以查看保存的图层状态，如图7-43所示。从下拉列表中选择不同的图层状态，在图形区将显示不同的图形状态结果，如图7-44所示。

 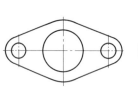 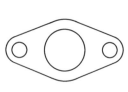 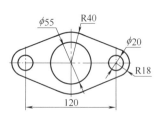

图7-43 切换图层状态　　　　图7-44 通过切换图层状态查看图形

步骤5 管理图层状态。在"默认"选项卡展开"图层"区域，在展开区域选择"管理图层状态"命令，系统弹出如图7-45所示的"图层状态管理器"对话框，在该对话框中可查看和管理所有的图层状态。选中一种图层状态，单击"编辑"按钮，系统弹出如图7-46所示的"编辑图层状态：A"对话框，在该对话框中可编辑图层状态。

图 7-45　"图层状态管理器"对话框

图 7-46　"编辑图层状态：A"对话框

7.4　图层管理实例：支架零件工程图

本章前面三节已经详细介绍了图层管理的具体内容，下面通过一个具体案例详细介绍图层管理操作，加深读者对图层管理的理解，帮助读者提高图层管理实战能力。

对如图 7-47 所示的支架零件工程图，需要根据提供的样板文件创建工程图，包括基本视图 [主视图（包括局部剖视图）、俯视图（包括局部剖视图）及左视图] 和尺寸标注，下面首先根据工程图要求创建需要的图层，然后使用图层创建支架零件工程图。

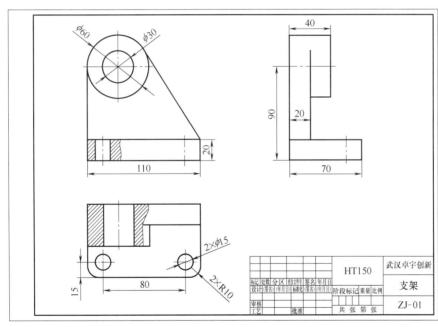

扫码看视频讲解

图 7-47　支架零件工程图

创建支架零件工程图思路：

① 打开练习文件：cad_jxsj\ch07 laymch\7.4\support。

② 创建图层。根据工程图要求，需要创建轮廓线、细实线、剖面线、中心线及标注线五个图层，具体图层属性如图 7-48 所示。

③ 创建支架零件工程图。首先使用轮廓线、细实线及剖面线图层创建基本视图（包括

主视图、俯视图及左视图），然后使用中心线图层创建各个视图中的中心线，最后使用标注线图层创建所有视图中的尺寸标注。

④ 具体创建过程：由于书籍写作篇幅限制，本书不详细介绍支架零件工程图创建过程，读者可自行参看随书视频讲解，视频中有详细的创建过程讲解。

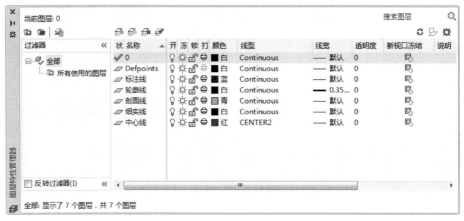

图 7-48　创建图层

第8章

绘图模板定制

在实际绘图设计之前，需要首先选择合适的绘图模板，绘图模板中对绘图的各项标准样式均做了相应的规定，从而避免在具体绘图时临时设置标准样式，影响绘图效率，避免出现标准样式不统一的问题。本章主要介绍绘图模板定制操作。

8.1 绘图模板定制基础

在定制绘图模板之前需要首先了解绘图模板定制作用及绘图模板定制要求，这也是实际绘图模板定制的重要依据，下面对此进行具体介绍。

8.1.1 绘图模板定制作用

绘图模板定制是企业标准化工作之一，为了在企业内部对图纸的格式进行规范管理，实现图纸格式的统一，需要首先定制标准绘图模板。技术部门在进行产品设计及工艺设计时都应该统一使用定制好的标准绘图模板。定制标准绘图模板作用如下：

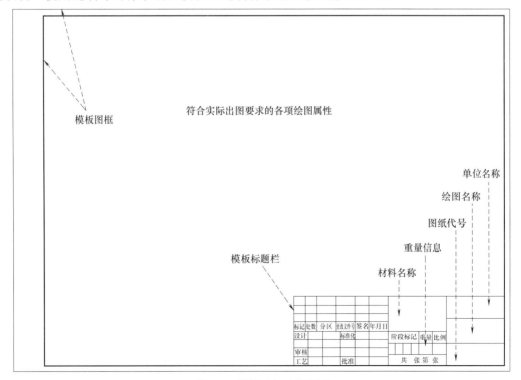

图 8-1　绘图模板定制要求

首先，定制绘图模板是企业标准化工作的需要，有利于图纸的规范化管理。

其次，在企业内部使用统一的绘图模板进行设计工作，图纸中图层的使用规范、线型、颜色等都采用统一且规范的格式，有利于企业内部对设计进行有效的交流沟通。

8.1.2 绘图模板定制要求

一张完整的绘图模板一般包括图框、标题栏及绘图属性标准，如图 8-1 所示，定制要求就是要根据企业实际要求定制图框、标题栏及绘图属性。

绘图模板中的图框实际上是由两个矩形构成的，具体大小要视图纸幅面大小而定，其中较大的矩形与图纸幅面大小一致，用于确定图纸的实际边界大小，较小的矩形为绘图区的边界，实际绘制图形时应该在该边界中绘制，不应超出该边界。

绘图模板中的标题栏主要用于填写图纸的基本属性信息，包括绘图名称、图纸代号、材料名称、单位名称等，这些基本信息一般根据具体绘图对象填写。

绘图属性是指绘图中需要设置的各项标准样式及图层等，在绘图模板中正确设置标准样式及图层能够避免在具体绘图时临时设置，从而影响绘图效率。

8.2 新建绘图模板文件

定制绘图模板时需要首先新建一张空白的 AutoCAD 文件。在快速访问工具栏中单击"新建"按钮，系统弹出"选择样板"对话框，在该对话框中选择"acad"样板文件，如图 8-2 所示，单击"打开"按钮，完成绘图模板文件的新建。

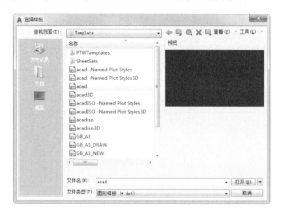

图 8-2 新建模板文件

8.3 绘图模板属性设置

绘图模板中需要首先设置一些常用属性，包括基本属性、绘图单位、图形界限及各种标注样式等，下面具体介绍该方法。

8.3.1 设置基本属性

新建模板文件并进入绘图环境后需要首先设置状态栏（图 8-3），本例只需要隐藏绘图栅格，其余状态栏需要根据实际绘图需要进行设置。实际上，绘图模板中一般不需要在状态栏中做过多设置，其中很多设置需要根据具体绘图要求临时设置，此处不再赘述。

图 8-3 设置状态栏

8.3.2 设置绘图单位

绘图模板中的绘图单位是一项非常重要的属性，直接关系到实际绘图大小。本例需要定制国标（GB）绘图模板，所以需要设置绘图单位为毫米（mm）。

选择下拉菜单"格式"→"单位"命令（或直接在命令栏输入"UNITS"并回车），系统弹出"图形单位"对话框，在"插入时的缩放单位"区域设置绘图单位为"毫米"，如图 8-4 所示，单击"确定"按钮，完成绘图单位的设置。

8.3.3 设置图形界限

设置图形界限用于限定绘图模板的最大边界，本例

图 8-4 设置图形单位

需要定制 A3 标准大小的绘图模板。A3 标准大小尺寸为 420mm×297mm，需要按照该尺寸设置图形界限。

选择下拉菜单"格式"→"图形界限"命令，此时命令栏提示：LIMITS 指定左下角点或[开(ON)关(OFF)]〈0.0000,0.0000〉：。

直接回车接受（0,0）作为图形界限左下角点，此时命令栏提示：LIMITS 指定右下角点〈12.0000，9.0000〉：。

在命令栏输入"420，297"作为图形界限右上角点并回车，完成图形界限的设置。

8.3.4 设置标注样式

绘图模板中需要根据企业绘图要求及行业标准要求设置各项标注样式，包括尺寸标注样式、文字样式、多重引线样式及表格样式。

（1）尺寸标注样式设置

选择下拉菜单"格式"→"标注样式"命令，系统弹出"标注样式管理器"对话框，单击"新建"按钮，新建一种标注样式，命名为"机械设计"，如图 8-5 所示。单击"修改"按钮，系统弹出"修改标注样式：机械设计"对话框。

在对话框中单击"线"选项卡，设置线样式，如图 8-6 所示。

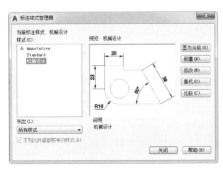

图 8-5 新建标注样式

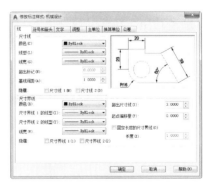

图 8-6 设置线样式

在对话框中单击"符号和箭头"选项卡，设置符号和箭头样式，如图8-7所示。

在对话框中单击"文字"选项卡，设置尺寸标注中的文字样式，如图8-8所示。

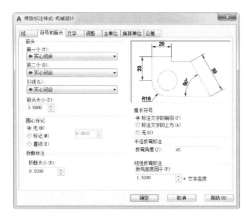

图8-7 设置符号和箭头样式

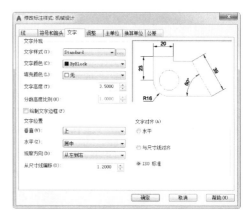

图8-8 设置尺寸标注中的文字样式

在对话框中单击"调整"选项卡，设置调整参数，如图8-9所示。

在对话框中单击"主单位"选项卡，设置主单位参数，如图8-10所示。

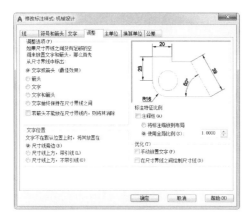

图8-9 设置调整参数

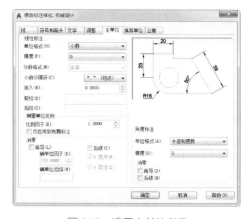

图8-10 设置主单位参数

（2）文字样式设置

选择下拉菜单"格式"→"文字样式"命令，系统弹出"文字样式"对话框，在对话框中单击"新建"按钮，新建一种文字样式，命名为"机械设计"，然后在"文字样式"对话框中设置文字样式，包括字体、大小及效果等，具体设置如图8-11所示。

（3）多重引线样式设置

选择下拉菜单"格式"→"多重引线样式"命令，系统弹出"多重引线样式管理器"对话框，单击"新建"按钮，新建一种多重引线样式，命名为"机械设计"，如图8-12所示。单击"修改"按钮，系统弹出"修改多重引线样式：机械设计"对话框。

在对话框单击"引线格式"选项卡，设置引线格式，如图8-13所示。

图8-11 新建文字样式

图 8-12 新建多重引线样式

图 8-13 设置引线格式

在对话框单击"引线结构"选项卡,设置引线结构,如图 8-14 所示。

在对话框单击"内容"选项卡,设置内容样式,如图 8-15 所示。

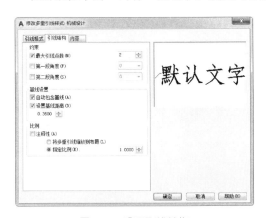

图 8-14 设置引线结构

图 8-15 设置引线内容样式

（4）表格样式设置

选择下拉菜单"格式"→"表格样式"命令,系统弹出"表格样式"对话框,单击"新建"按钮,新建一种表格样式,命名为"机械设计",如图 8-16 所示。单击"修改"按钮,系统弹出"修改表格样式:机械设计"对话框。

① 设置标题样式。在对话框的"单元样式"下拉列表中选择"标题"选项,单击"常规"选项卡,在该选项卡中设置标题常规特性,如图 8-17 所示;单击"文字"选项卡,在该选项卡中设置标题文字特性,如图 8-18 所示;单击"边框"选项卡,在该选项卡中设置标题边框特性,如图 8-19 所示。

② 设置表头及数据样式。具体设置与标题样式类似,此处不再赘述。

8.3.5 设置图层

绘图模板中需要根据实际绘图要求及机械设计标准要求创建所有的常用图层,以便在绘图时直接使用,从而避免在实际绘图时临时创建图层。

在功能选项卡区域的"默认"选项卡中单击"图层特性"按钮，系统弹出"图层特性管理器"对话框,在该对话框中创建并设置图层,如图 8-20 所示。

图 8-16　新建表格样式

图 8-17　设置标题常规特性

图 8-18　设置标题文字特性

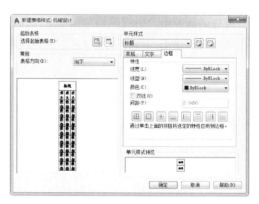
图 8-19　设置标题边框特性

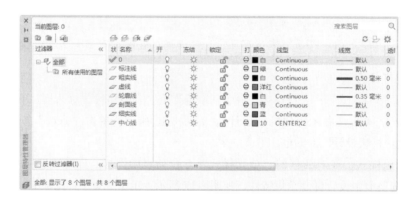
图 8-20　创建、设置图层

8.4　创建绘图模板图框

绘图模板图框主要包括两种，一种是带装订线的图框，如图 8-21 所示，另外一种是不带装订线的图框，如图 8-22 所示，各种幅面图框具体尺寸如表 8-1 所示。

下面以带装订线的 A3 模板图框为例，介绍绘图模板图框的创建过程。

（1）绘制图框边界

步骤 1　在图层列表中选择默认图层为图框边界图层。

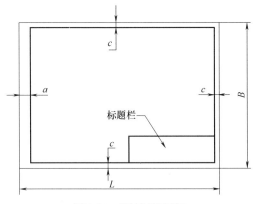

图 8-21 带装订线图框

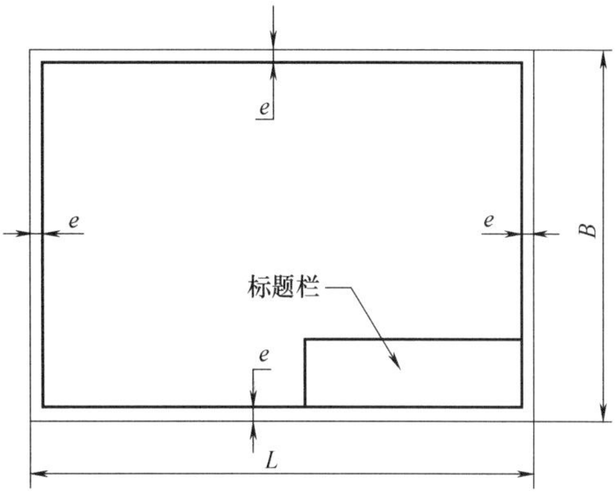

图 8-22 不带装订线图框

表 8-1 各种幅面图框具体尺寸 单位：mm

幅面代号	幅面尺寸 $B \times L$	边框尺寸		
		a	c	e
A0	841×1189	25	10	20
A1	594×841	25	10	20
A2	420×594	25	10	20
A3	297×420	25	5	10
A4	210×297	25	5	10

步骤 2 在"默认"选项卡中单击"矩形"按钮▭，系统提示：RECTANG 指定第一个角点或［倒角(C) 标高(E) 圆角(F) 厚度(T) 宽度(W)］：。

步骤 3 在命令栏中输入矩形第一个点坐标"0，0"并回车，系统提示：RECTANG 指定另一个角点或［面积(A) 尺寸(D) 旋转(R)］：。

步骤 4 在命令栏中输入矩形第二个点坐标"420，297"并回车，结果如图 8-23 所示。

（2）绘制图框区域

步骤 1 在图层列表中选择轮廓线图层为图框区域图层。

步骤 2 在"默认"选项卡中单击"矩形"按钮▭，系统提示：RECTANG 指定第一个角点或［倒角(C) 标高(E) 圆角(F) 厚度(T) 宽度(W)］：。

步骤 3 在命令栏中输入矩形第一个点坐标"25，5"并回车，系统提示：RECTANG 指定另一个角点或［面积(A) 尺寸(D) 旋转(R)］：。

步骤 4 在命令栏中输入矩形第二个点坐标"415，292"并回车，如图 8-24 所示。

图 8-23 绘制图框边界

图 8-24 绘制图框区域

说明：参照以上步骤，读者可自行创建其他幅面大小的绘图模板图框，此处不再赘述。

8.5 创建绘图模板标题栏

标题栏主要包括标题栏格式（标题栏表格）与标题栏属性（标题栏中的文本注释）两部分。为了方便在不同图框中调用标题栏并填写标题栏属性，需要将标题栏创建成块并保存。下面以如图 8-25 所示的标题栏为例介绍创建绘图模板标题栏的过程。

扫码看视频讲解

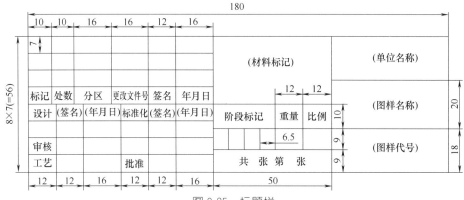

图 8-25　标题栏

8.5.1 创建标题栏格式

按照如图 8-25 所示的标题栏尺寸，使用默认图层及二维绘图工具创建如图 8-26 所示的标题栏格式（具体创建过程请参看随书视频讲解）。

说明：本节使用一般二维绘图工具创建标题栏格式，除此以外还可以使用"表格"工具创建标题栏格式，读者可自行练习，此处不再赘述。

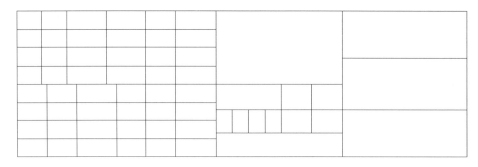

图 8-26　创建标题栏格式

8.5.2 定义标题栏属性

标题栏属性包括固定属性和非固定属性两种。固定属性就是指标题栏中固定的文本注释，如"标记""设计""重量"及"比例"等，非固定属性就是指标题栏中会根据具体绘图对象随时变化的文本注释，如"单位名称""图样名称""图样代号"等，这些属性需要根据具体绘图对象填写，下面具体介绍标题栏属性的定义过程。

（1）定义固定属性

使用"多行文字"命令直接在对应的单元格中定义标题栏中的固定属性。在"注释"选项卡"文字"区域选择 A 菜单中的 A 多行文字 命令，设置字体为"宋体"，字号为 2.5（或 2），对齐样式为"正中"，定义固定属性结果如图 8-27 所示。

（2）定义非固定属性

使用"块属性"命令在对应的单元格中定义标题栏中的非固定属性。在"默认"选项卡的"块"区域单击"定义属性"按钮，系统弹出"属性定义"对话框。下面以"单位名称"属性为例介绍标题栏非固定属性的定义操作。

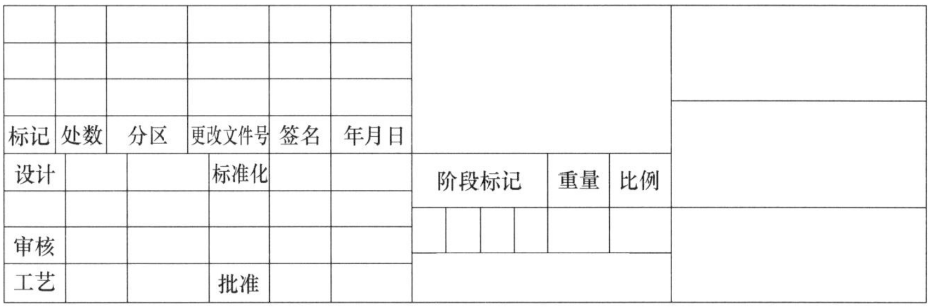

标记	处数	分区	更改文件号	签名	年月日			
设计			标准化			阶段标记	重量	比例
审核								
工艺			批准					

图 8-27　定义固定属性

首先在对话框中取消选中"固定"选项，选中"预设"选项，设置文字对正方式为"正中"，文字样式为"Standard"，文字高度为"5.5"，输入"标记"为"（单位名称）"，输入"提示"为"输入单位名称"，"默认"为空白，如图 8-28 所示。

图 8-28　"属性定义"对话框

然后在标题栏中"单位名称"单元格中放置"单位名称"属性（注意放置到单元格正中位置），用相同方法定义其余非固定属性，结果如图 8-29 所示。

 说明：定义非固定属性时，设置"单位名称""图样名称""图样代号"及"材料标记"字号为"5.5"，设置其余非固定属性字号为"2.5"。

8.5.3　创建标题栏块

为了方便在不同图框中调用标题栏并填写标题栏属性，需要将标题栏创建成块并保存，这也是定制绘图模板中实现高效绘图的重要操作，下面具体介绍该方法。

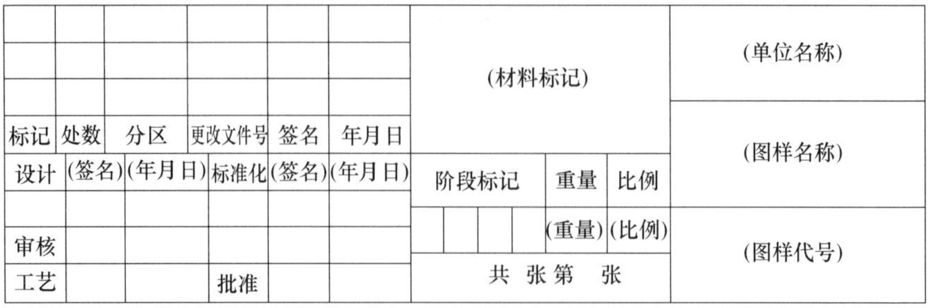

						(材料标记)			(单位名称)	
标记	处数	分区	更改文件号	签名	年月日					
设计	(签名)	(年月日)	标准化	(签名)	(年月日)	阶段标记	重量	比例	(图样名称)	
									(图样名称)	
审核						(重量)	(比例)		(图样代号)	
工艺			批准			共 张第 张				

图 8-29　定义非固定属性

在"默认"选项卡的"块"区域单击"创建"按钮 ，系统弹出"块定义"对话框，定义块名称为"标题栏"，定义拾取点为标题栏表格的右下角点，设置块单位"毫米"，选择整个标题栏表格及属性为块对象，在"对象"区域选中"保留"选项，如图 8-30 所示，单击"确定"按钮，完成图块的定义。

在"命令栏"中输入"WBLOCK"并回车，系统弹出"写块"对话框，在"源"区域选中"块"选项，在下拉列表中选择"标题栏"为保存对象，设置保存路径及单位，如图 8-31 所示，单击"确定"按钮，完成图块的保存。

图 8-30　定义标题栏块

图 8-31　保存标题栏块

8.6　装配绘图模板并保存

在本章前面 8.4 和 8.5 节分别创建了模板图框及模板标题栏，将模板标题栏插入到模板图框的合适位置，即可得到最终的绘图模板（将标题栏插入到 A3 图框的合适位置即可得到 A3 模板，将标题栏插入到 A2 图框的合适位置即可得到 A2 模板），这个操作就称为装配绘图模板。下面具体介绍将标题栏块插入到 A3 模板图框中得到 A3 绘图模板的操作。

在"默认"选项卡的"块"区域单击"插入"按钮 ，系统弹出"插入块"菜单，在菜单中选择前面保存的标题栏块为插入对象，将标题栏块插入到 A3 模板图框内框的右下角位置，最终结果如图 8-32 所示，完成绘图模板的装配。

选择"另存为"命令，系统弹出如图 8-33 所示的"图形另存为"对话框，在对话框中设置文件类型为"AutoCAD 图形样板（＊.dwt）"，系统自动将保存路径设置为 AutoCAD 的默认模板位置（C:\Users\AppData\Local\Autodesk\AutoCAD 2020\R23.1\chs\Template），在"文件名"文本框中输入模板名称为"GB_A3_JXSJ"，单击"保存"按钮，系统弹出如图 8-34 所示的"样板选项"对话框，在"测量单位"区域的下拉列表中选择"公制"选项，单击"确定"按钮，完成绘图模板的保存。

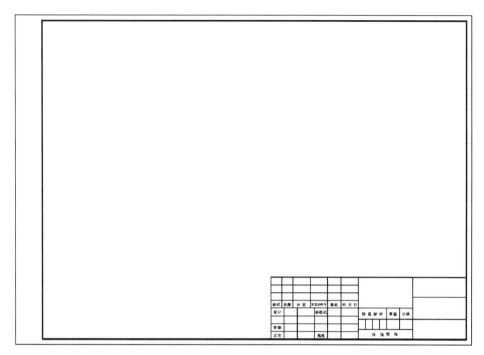

图 8-32 装配 A3 绘图模板

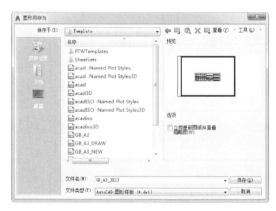

图 8-33 保存绘图模板

图 8-34 定义样板选项

8.7 调用绘图模板

　　定制绘图模板的最终目的就是能够随时调用绘图模板进行图形设计。下面调用以上保存的绘图模板进行图形设计，验证绘图模板的属性设置。

　　选择"新建"命令，系统弹出"选择样板"对话框，在对话框中选择 8.6 节保存的绘图模板"GB_A3_JXSJ"，如图 8-35 所示，单击"打开"按钮，系统进入绘图环境。

　　在绘图模板中使用轮廓线图层绘制如图 8-36 所示的矩形，使用标注线图层创建尺寸标注，这里使用的图层及尺寸标注样式均是绘图模板中定义的。

　　完成绘图设计后需要根据图形信息填写标题栏属性。在绘图模板中双击标题栏，系统弹出如图 8-37 所示的"增强属性编辑器"对话框，在该对话框中设置所需的标题栏属性，单击"确定"按钮，结果如图 8-38 所示。

图 8-35　选择样板

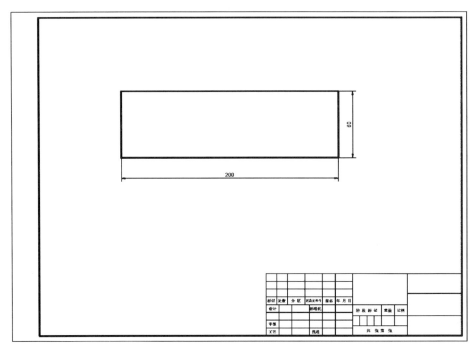

图 8-36　使用模板绘图

图 8-37　填写标题栏属性

标记	处数	分区	更改文件号	签名	年月日	HT150			武汉卓宇创新
设计	李四	20/12/6	标准化	张三	20/12/6	阶段标记	重量	比例	阀体
审核							15.42	1:1	01
工艺			批准			共10张 第1张			

图 8-38　填写标题栏属性结果

8.8 绘图模板应用案例：某企业 A2 绘图模板定制

本章前面七节系统介绍了绘图模板定制操作及知识内容，为了加深读者对绘图模板定制的理解并更好地应用于实践，下面具体介绍如图 8-39 所示某企业 A2 绘图模板定制。

扫码看视频讲解

某企业 A2 绘图模板定制说明：

① 使用系统自带的 acad 图样新建绘图模板文件。
② 根据本章介绍设置标注样式及图层。
③ 按照 A2 幅面尺寸创建如图 8-40 所示的绘图模板图框（注意添加文本）。
④ 按照如图 8-41 所示的标题栏尺寸及格式创建标题栏（注意创建块并保存）。
⑤ 在绘图模板图框中插入标题栏并保存为绘图图样文件。
⑥ 具体过程：由于书籍写作篇幅限制，本书不详细介绍模板定制过程，读者可自行参看随书视频讲解，视频中有详尽的模板定制过程讲解。

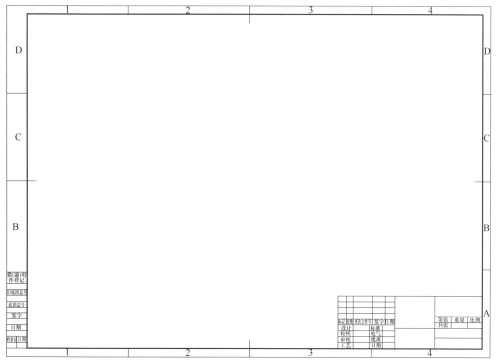

图 8-39　定制绘图模板

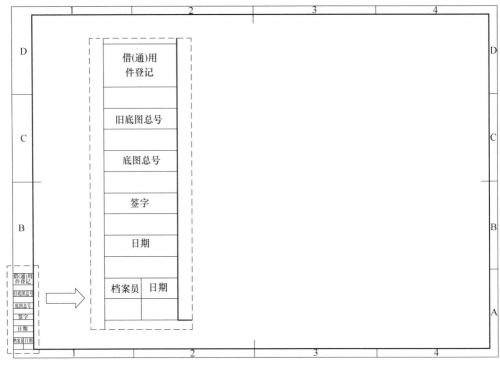

图 8-40　图框

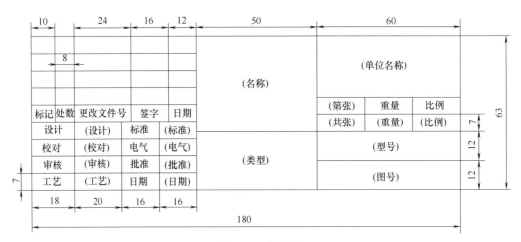

图 8-41　标题栏

第**9**章

工程图视图

　微信扫码，立即获取
全书配套视频与资源　

　　工程图视图是机械制图的重要内容，用于表达机械零部件的外形或内部结构，主要包括各种零件视图、轴测图及装配图，在具体绘制时一定要符合机械设计要求及规范。

9.1 零件视图绘制

　　零件视图是机械制图中的重要内容，它的主要作用是从各个方位表达零件结构，主要包括基本三视图、全剖视图、半剖视图、阶梯剖视图、旋转剖视图、局部视图、局部剖视图及局部放大视图等，下面具体介绍这些零件视图的绘制。

9.1.1 基本三视图

　　基本三视图主要包括主视图与投影视图（包括俯视图及左视图），这是工程图中最常见也是最基本的一种视图。下面使用如图 9-1 所示的底座零件为例介绍基本三视图的创建，结果如图 9-2 所示，包括主视图、俯视图及左视图的创建（不包括尺寸标注）。

图 9-1　底座零件

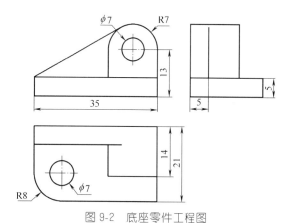

图 9-2　底座零件工程图

　　步骤 1　打开练习文件：cad_jxsj\ch09 mechanical\9.1\base_view。
　　步骤 2　创建初步基本三视图。底座零件主要包括底板结构、U 形凸台结构及加强筋结构三部分，在创建基本三视图时可以按照结构组成逐一创建零件视图。
　　① 创建底板视图。使用轮廓线图层，按照零件工程图尺寸创建如图 9-3 所示的底板视图。
　　② 创建 U 形凸台视图。使用轮廓线图层，按照零件工程图尺寸创建如图 9-4 所示的 U 形凸台视图。
　　③ 创建加强筋视图。使用轮廓线图层，按照零件工程图尺寸创建如图 9-5 所示的加强

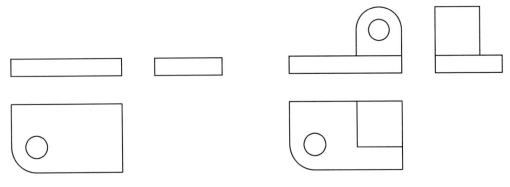

图 9-3　创建底板视图　　　　　　　图 9-4　创建 U 形凸台视图

筋视图。

步骤 3　调整基本三视图。完成初步基本三视图创建后发现视图相对于图纸模板太小，如图 9-6 所示，这不符合机械制图规范的要求，需要调整视图与图纸模板之间的大小关系。

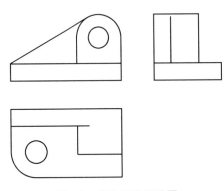

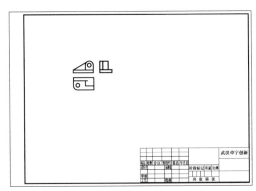

图 9-5　创建加强筋视图　　　　　　图 9-6　视图相对于图纸模板太小

① 设置视图缩放比例。在"默认"选项卡中单击"缩放"按钮 <kbd>缩放</kbd>，选中所有的视图为缩放对象，选择任意点为缩放基点，设置比例为"4"，表示将视图放大 4 倍，此时标注的所有尺寸也放大 4 倍，结果如图 9-7 所示。

② 设置标注比例因子。为了使尺寸标注符合设计要求，需要设置标注比例因子。选择下拉菜单"格式"→"标注样式"命令，在对话框中修改主单位比例因子为"0.25"，如图 9-8 所示，单击"确定"按钮，完成设置。此时再标注尺寸，与零件图尺寸一致。

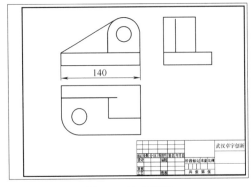

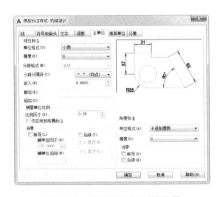

图 9-7　放大视图　　　　　　　　　图 9-8　设置标注比例因子

说明：为了调整基本三视图与图纸模板之间的比例关系，除了本例介绍的方法以外，还可以将图纸模板缩放到合适的大小，此处不再赘述，读者可自行操作。

9.1.2　全剖视图

在机械制图中，对于非对称的视图，如果外形结构简单而内部结构比较复杂，在这种情况下，为了清楚表达零件内部结构，需要创建全剖视图。

对如图 9-9 所示的阀体零件，已经完成了如图 9-10 所示基本三视图的创建，现在需要在主视图中创建如图 9-11 所示的全剖视图，以表达阀体零件内部结构。

扫码看视频讲解

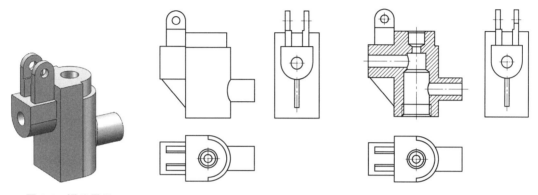

图 9-9　阀体零件　　　图 9-10　基本三视图　　　图 9-11　主视图为全剖视图

步骤 1　打开练习文件：cad_jxsj\ch09 mechanical\9.1\full_section_view。

说明：本例文件夹中的"full_section_view_ok"为阀体零件完整工程图文件，此处需要打开该文件作为参考文件创建全剖视图。

步骤 2　删除多余对象。首先在主视图中删除多余的轮廓线，如图 9-12 所示。
步骤 3　绘制剖面轮廓。使用轮廓线图层，根据阀体零件工程图绘制剖面轮廓，如图 9-13 所示。
步骤 4　填充剖面线。使用默认图层，在剖面轮廓合适位置填充剖面线，如图 9-14 所示。

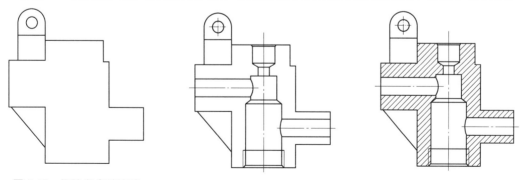

图 9-12　删除多余轮廓线　　　图 9-13　绘制剖面轮廓　　　图 9-14　填充剖面线

9.1.3　半剖视图

在机械制图中，对于对称的视图，如果外形结构简单，内部结构复杂，可以考虑创建半剖视图来表达视图结构。对如图 9-15 所示的支座零件，现在已经完成了如图 9-16 所示基本视图的创建，需要创建如图 9-17 所示的半剖视图。下面具体介绍其操作。

图 9-15　支座零件

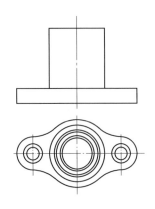

图 9-16　基本视图

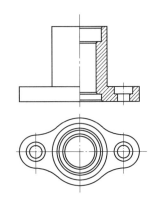

图 9-17　半剖视图

　　步骤 1　打开练习文件：cad_jxsj\ch09 mechanical\9.1\half_section_view。

💡 **说明:**本例文件夹中的"half_section_view_ok"为支座零件完整工程图文件，此处需要打开该文件作为参考文件创建半剖视图。

　　步骤 2　绘制剖面轮廓。使用轮廓线图层，根据支座零件工程图绘制剖面轮廓，如图 9-18 所示。

　　步骤 3　填充剖面线。使用默认图层，在剖面轮廓合适位置填充剖面线，如图 9-19 所示。

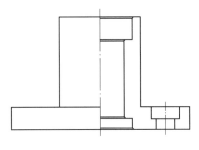

图 9-18　绘制剖面轮廓

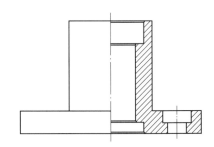

图 9-19　添加剖面线

9.1.4　阶梯剖视图

　　使用阶梯剖视图将不在同一平面上的结构放在同一个剖切面上表达，这样能增强视图可读性，同时能够有效减少视图数量。对如图 9-20 所示的模板零件，现在已经完成了如图 9-21 所示基本视图的创建，需要在主视图中创建阶梯剖视图，用来将模板零件上不同位置上的孔使用同一个剖切面进行表达，如图 9-22 所示。下面具体介绍创建过程。

　　步骤 1　打开练习文件：cad_jxsj\ch09 mechanical\9.1\step_section_view。

💡 **说明:**本例文件夹中的"step_section_view_ok"为模板零件完整工程图文件，此处需要打开该文件作为参考文作创建阶梯剖视图。

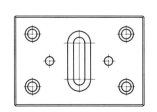

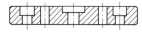

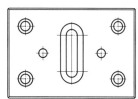

图 9-20　模板零件　　　　图 9-21　模板零件基本视图　　　　图 9-22　阶梯剖视图

　　步骤 2　绘制剖面轮廓。使用轮廓线图层，根据模板零件工程图绘制剖面轮廓，如图 9-23 所示。

　　步骤 3　填充剖面线。使用默认图层，在剖面轮廓合适位置填充剖面线，如图 9-24 所示。

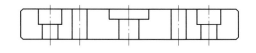

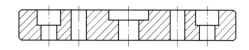

图 9-23　绘制剖面轮廓　　　　　　　　　　图 9-24　填充剖面线

9.1.5　旋转剖视图

　　在机械制图中对于盘盖类型的零件，为了将盘盖零件上不同角度位置的孔放在同一个剖切面上进行表达，需要创建旋转剖视图。对如图 9-25 所示的轴承透盖零件，现在已经完成了如图 9-26 所示基本视图的创建，需要在左视图上创建如图 9-27 所示的旋转剖视图。下面具体介绍创建过程。

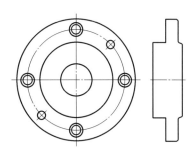

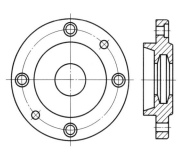

图 9-25　轴承透盖零件　　　图 9-26　轴承透盖零件基本视图　　　图 9-27　旋转剖视图

　　步骤 1　打开练习文件：cad_jxsj\ch09 mechanical\9.1\revolved_section_view。

　　💡 **说明**：本例文件夹中的 "revolved_section_view_ok" 为轴承透盖零件完整工程图文件，此处需要打开该文件作为参考文件创建旋转剖视图。

　　步骤 2　绘制剖面轮廓。使用轮廓线图层，根据轴承透盖零件工程图绘制剖面轮廓，如图 9-28 所示。

　　步骤 3　填充剖面线。使用默认图层，在剖面轮廓的合适位置填充剖面线，如图 9-29 所示。

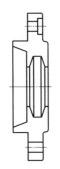

图 9-28　绘制剖面轮廓

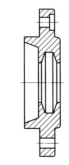

图 9-29　填充剖面线

9.1.6　局部视图

在机械制图中，有时只需要表达视图的局部外形结构，这种情况下需要创建局部视图。对如图 9-30 所示的阀体零件，现在已经完成了如图 9-31 所示基本视图的创建，需要在基本视图上创建如图 9-32 所示的局部视图。下面具体介绍创建过程。

图 9-30　阀体零件

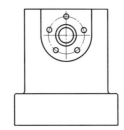

图 9-31　基本视图

图 9-32　局部视图

步骤 1　打开练习文件：cad_jxsj\ch09 mechanical\9.1\partial_view。

步骤 2　绘制样条曲线。使用默认图层，使用样条曲线绘制如图 9-33 所示的样条曲线以确定局部视图范围（具体操作请参看随书视频讲解）。

步骤 3　删除多余轮廓线。使用"修剪"命令修剪多余轮廓线，得到最终的局部视图。

9.1.7　局部剖视图

在机械制图中，如果需要表达视图的局部内部结构，需要创建局部剖视图，这样既能增强视图可读性又能够减少视图数量。对如图 9-34 所示的传动轴零件，现在已经完成了如图 9-35 所示主视图的创建，需要在主视图两端创建局部剖视图以表达轴两端内部结构，如图 9-36 所示。下面具体介绍创建过程。

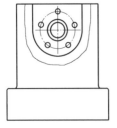

图 9-33　绘制样条曲线

图 9-34　传动轴零件

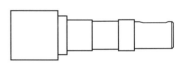

图 9-35　主视图

步骤 1　打开练习文件：cad_jxsj\ch09 mechanical\9.1\partial_section_view。

> 💡 **说明**：本例文件夹中的 "partial_section_view_ok" 为传动轴零件完整工程图文件，此处需要打开该文件作为参考文件创建局部剖视图。

步骤 2　绘制剖面轮廓。使用轮廓线图层，根据传动轴零件工程图绘制剖面轮廓，如图 9-37 所示。

步骤 3　绘制样条曲线。使用默认图层，在视图合适位置绘制样条曲线作为局部剖视图的剖切边界，如图 9-38 所示。

步骤 4　填充剖面线。使用默认图层，在剖面轮廓合适位置填充剖面线，结果如图 9-36 所示。

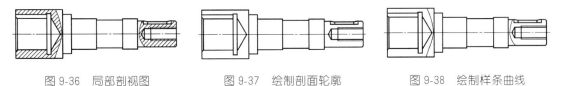

图 9-36　局部剖视图　　　　图 9-37　绘制剖面轮廓　　　　图 9-38　绘制样条曲线

9.1.8　局部放大视图

局部放大视图用于将视图中相对尺寸较小且较复杂的局部结构进行放大，从而增强视图可读性。对如图 9-39 所示的轴零件，现在已经完成了如图 9-40 所示主视图的创建，需要在主视图下方创建如图 9-41 所示的局部放大视图。下面具体介绍创建过程。

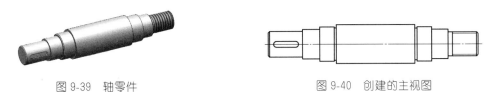

图 9-39　轴零件　　　　　　　　　图 9-40　创建的主视图

步骤 1　打开练习文件：cad_jxsj\ch09 mechanical\9.1\detailed_view。

步骤 2　绘制放大区域。使用默认图层，使用"圆"命令在视图合适位置绘制放大区域，如图 9-42 所示。

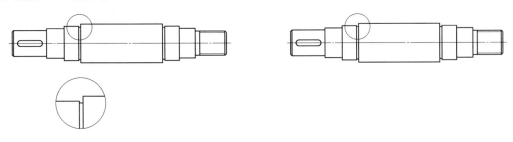

图 9-41　局部放大视图　　　　　　图 9-42　绘制放大区域

步骤 3　复制视图。使用"复制"命令将视图及放大区域一起复制到视图下方，如图 9-43 所示。

步骤 4　修剪视图。使用"修剪"命令将复制的视图中除放大区域以外的轮廓删除掉，结果如图 9-44 所示。

步骤 5　放大视图。使用"放大"命令将修剪后的放大区域放大 2 倍得到最终的放大视图，如图 9-41 所示。

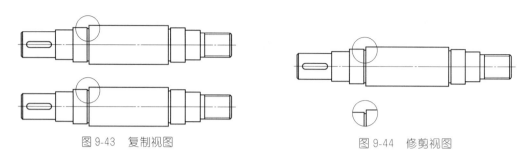

图 9-43　复制视图　　　　　　　　　　　　　　　　图 9-44　修剪视图

9.1.9　移出断面图

移出断面图主要用于清晰表达零件断面结构，而且可以简化视图。对如图 9-45 所示的传动轴零件，现在已经完成了如图 9-46 所示主视图的创建，需要在主视图下方创建如图 9-47 所示的移出断面图。下面具体介绍创建过程。

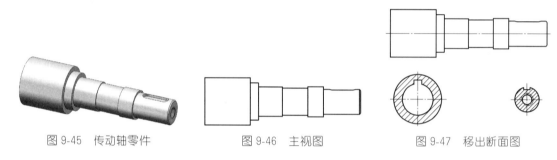

图 9-45　传动轴零件　　　　　图 9-46　主视图　　　　　图 9-47　移出断面图

步骤 1　打开练习文件：cad_jxsj\ch09 mechanical\9.1\section_view。

💡 **说明：**本例文件夹中的"section_view_ok"为传动轴零件完整工程图文件，此处需要打开该文件作为参考文件创建移出断面图。

步骤 2　绘制断面轮廓。使用轮廓线图层，根据传动轴零件工程图在主视图下方合适位置绘制断面轮廓，如图 9-48 所示。

步骤 3　填充剖面线。使用默认图层，在断面轮廓合适位置填充剖面线，结果如图 9-47 所示（具体操作请参看随书视频讲解）。

9.1.10　破断视图

对于工程图中细长结构的视图，如果要反映整个零件的结构，往往需要使用大幅面的图纸来绘制。为了既节省图纸幅面，又可以反映整个零件结构，一般使用破断视图来表达。即将视图中选定两个位置之间的部分删除，将余下的两部分合并成一个破断视图。对如图 9-49 所示的轴零件，现在已经完成了如图 9-50 所示主视图的创建，需要在此基础上创建如图 9-51 所示的破断视图。下面具体介绍创建过程。

图 9-48　绘制断面轮廓

图 9-49　轴零件

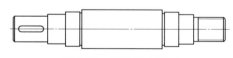

图 9-50　创建的主视图

步骤 1 打开练习文件：cad_jxsj\ch09 mechanical\9.1\broken_view。

步骤 2 绘制破断线。使用默认图层，使用"样条曲线"命令及"复制"命令在视图合适位置绘制破断线，如图 9-52 所示（具体操作请参看随书视频讲解）。

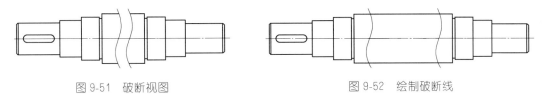

图 9-51 破断视图   图 9-52 绘制破断线

步骤 3 整理视图。首先删除多余的轮廓线，如图 9-53 所示，然后使用移动命令将剩下的视图移动到合适的位置，得到破断视图（具体操作请参看随书视频讲解）。

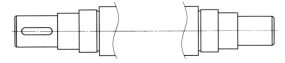

图 9-53 删除多余轮廓线

9.1.11 辅助视图

辅助视图也叫向视图，是指从某一指定方向进行投影，从而得到特定方向的视图效果。对如图 9-54 所示的支架零件，现在已经完成了如图 9-55 所示主视图的创建，需要继续创建如图 9-56 所示的辅助视图（向视图）。下面具体介绍创建过程。

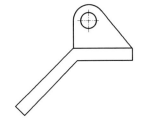
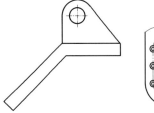

图 9-54 支架零件（一）   图 9-55 主视图   图 9-56 辅助视图

步骤 1 打开练习文件：cad_jxsj\ch09 mechanical\9.1\auxilliary_view。

说明：本例文件夹中的"auxilliary_view_ok"为支架零件完整工程图文件，此处需要打开该文件作为参考文件创建辅助视图。

步骤 2 绘制辅助视图。使用轮廓线图层，根据支架零件工程图在主视图右侧合适位置绘制辅助视图，如图 9-57 所示（具体操作请参看随书视频讲解）。

9.1.12 加强筋剖视图

机械制图中规定加强筋结构是不用剖切的，这一点需要特别注意。对如图 9-58 所示的支架零件，现在已经完成了如图 9-59 所示的主视图的创建，需要继续在主视图右侧创建如图 9-60 所示的加强筋剖视图。下面具体介绍创建过程。

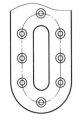

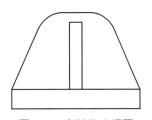

图 9-57 绘制辅助视图   图 9-58 支架零件（二）   图 9-59 创建的主视图

步骤 1　打开练习文件：cad_jxsj\ch09 mechanical\9.1\rib_view。

💡　**说明：**本例文件夹中的"rib_view_ok"为支架零件完整工程图文件，此处需要打开该文件作为参考文件创建加强筋剖视图。

步骤 2　创建左视图。使用轮廓线图层，根据支架零件工程图在主视图右侧合适位置绘制左视图，如图 9-61 所示。

步骤 3　填充剖面线。使用默认图层，在左视图合适位置填充剖面线，结果如图 9-60 所示（具体操作请参看随书视频讲解）。

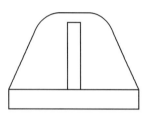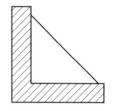

图 9-60　创建加强筋剖视图

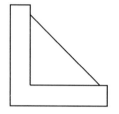

图 9-61　创建左视图

9.2　轴测图绘制

机械设计中一般使用正投影来表达零件或产品结构。使用正投影易于测量、绘图简单，但立体感不强，必须具备一定的识图能力才能看懂具体的结构。为了增强视图的可读性，需要在工程图中创建轴测图，通过轴测图能够直观地查看零件或产品结构。

轴测图接近于人类的视觉习惯，类似于三维视图，但是轴测图的本质仍然属于二维平面图形，其绘制方法与介绍的二维图形的绘制方法基本相同。在绘制轴测图时，需要首先确定等轴测平面，然后使用二维绘图工具绘制轴测图，最后使用标注命令完成轴测图标注。下面具体介绍轴测图绘制工具及绘制方法。

9.2.1　轴测图绘制准备

在 AutoCAD 中提供了专门绘制轴测图的方法，在绘制轴测图之前需要首先熟悉轴测图绘制的一些基本操作，下面对其进行具体介绍。

在底部状态栏中选择 ::: ▼菜单中的"捕捉设置"命令，系统弹出"草图设置"对话框，在"捕捉和栅格"选项卡的"捕捉类型"区域中选中"栅格捕捉"及"等轴测捕捉"选项，如图 9-62 所示，表示启用等轴测绘图模式。

启用等轴测绘图模式后，在底部状态栏的 ✕ ▼菜单中可以切换等轴测平面，如图 9-63 所示，也可以直接按键盘的 F5 键快速切换。在 AutoCAD 中提供了三种等轴测平面，如图 9-64 所示，分别是左等轴测平面、顶部等轴测平面及右等轴测平面。在等轴测绘图中一定要灵活切换正确的等轴测平面进行轴测图绘制。

9.2.2　轴测图绘制实例

如图 9-65 所示的底座零件，其工程图如图 9-66 所示。需要根据底座零件工程图绘制如图 9-67 所示的底座零件轴测图，下面以此为例介绍轴测图绘制及标注方法。

图 9-62 设置捕捉类型

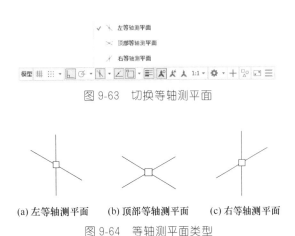

图 9-63 切换等轴测平面

(a) 左等轴测平面　　(b) 顶部等轴测平面　　(c) 右等轴测平面

图 9-64 等轴测平面类型

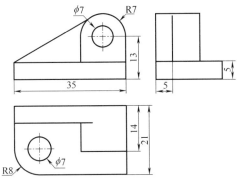

图 9-65 底座零件　　图 9-66 底座零件工程图

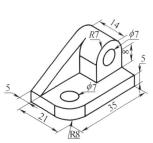

图 9-67 底座零件轴测图

（1）新建文件

新建轴测图文件与新建一般二维绘图文件的操作及创建的文件类型都是一样的，本例直接打开练习文件"cad_jxsj\ch09 mechanical\9.2\axonometrical_drawing"进行练习。

（2）绘制轴测图

底座零件主要包括底板结构、U 形凸台结构及加强筋结构三部分，在绘制轴测图时可以按照结构组成逐一绘制轴测图轮廓。

步骤 1 绘制如图 9-68 所示的底板轮廓。底板整体为长方体，其中一个角为圆角结构，同时包括一个与圆角同轴的孔。下面具体介绍绘制方法。

① 创建底面矩形。选择轮廓线图层，选择"直线"命令，按 F5 键切换至顶部等轴测平面为绘图平面，按照底座零件工程图尺寸绘制如图 9-69 所示的矩形。

💡 **说明：** 在轴测图绘制中需要灵活使用正交捕捉或对象捕捉工具来辅助绘制轴测图。

② 创建顶面矩形。按 F5 键切换至左等轴测平面或右等轴测平面，选择"复制"命令，选择底面矩形为复制对象沿着竖直方向复制 5mm，结果如图 9-70 所示。

💡 **说明：** 此处在创建顶面矩形时，也可以先选择"复制"命令及复制对象，然后使用 F5 键切换等轴测平面进行复制，也就是说切换等轴测平面与命令操作之间没有先后顺序。

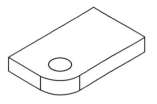

图 9-68　绘制底板轮廓

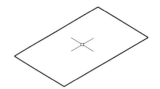

图 9-69　绘制矩形

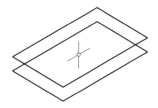

图 9-70　复制矩形

③ 创建连接直线。选择轮廓线图层，选择"直线"命令，按 F5 键切换至左等轴测平面或右等轴测平面，绘制如图 9-71 所示的连接直线。

④ 绘制复制直线。按 F5 键切换至顶部等轴测平面，选择"复制"命令，按照底板圆角半径复制底面与顶面上的矩形边线，结果如图 9-72 所示。

⑤ 创建椭圆。此处绘制椭圆主要是为了创建底板上的圆角，轴测图中绘制圆角与一般投影视图中的圆角绘制完全不同，需要使用"椭圆"命令来绘制。

a. 绘图准备。选择轮廓线图层，按 F5 键切换至顶部等轴测平面为绘图平面。

b. 绘制椭圆。在"默认"选项卡的"绘图"区域选择 ⬭ 轴,端点 命令，此时命令栏提示：ELLIPSE 指定椭圆轴的端点或 [圆弧(A) 中心点(C) 等轴测圆(I)]：。

在命令栏输入"I"并回车，此时系统提示：ELLIPSE 指定等轴测圆的圆心：。

选择步骤 1 中④步骤的两条复制直线的交点为椭圆圆心，此时系统提示：ELLIPSE 指定等轴测圆的半径或 [直径(D)]：。

在命令栏输入轴测圆半径为"8"，完成椭圆绘制，结果如图 9-73 所示。

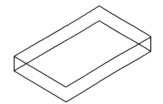

图 9-71　绘制底板连接直线

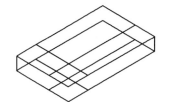

图 9-72　复制底板直线

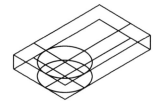

图 9-73　绘制椭圆（一）

⑥ 创建连接直线。选择轮廓线图层，选择"直线"命令，按 F5 键切换至左等轴测平面或右等轴测平面，绘制如图 9-74 所示的连接直线。

⑦ 修剪底板轮廓。选择"修剪"命令删除多余的轮廓对象，结果如图 9-75 所示。

⑧ 创建椭圆。此处绘制的椭圆相当于底板上的圆孔。选择轮廓线图层，按 F5 键切换至顶部等轴测平面，参照步骤 1 中⑤步骤创建如图 9-76 所示的椭圆，直径为 7mm。

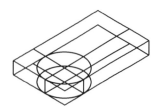

图 9-74　绘制连接直线

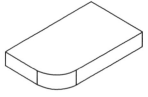

图 9-75　修剪底板轮廓

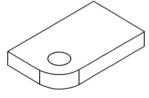

图 9-76　绘制椭圆（二）

步骤 2　绘制如图 9-77 所示的凸台轮廓。凸台顶面为半圆弧结构，整体为一个倒 U 形结构，同时包括一个与顶部圆弧同轴的孔。下面具体介绍绘制方法。

① 创建复制直线。按 F5 键切换至顶部等轴测平面，选择"复制"命令，按照凸台尺寸

复制底板顶面上的矩形边线，结果如图 9-78 所示。

　　② 创建直线。选择轮廓线图层，选择"直线"命令，按 F5 键切换合适等轴测平面绘制如图 9-79 所示的直线，这些直线将作为凸台的轮廓边线及参考线。

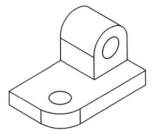

图 9-77　绘制凸台轮廓

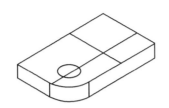

图 9-78　复制直线

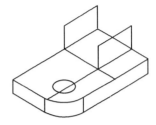

图 9-79　绘制直线

　　③ 创建椭圆。选择轮廓线图层，按 F5 键切换至右等轴测平面，参照步骤 1 中⑤步骤创建如图 9-80 所示的椭圆，其中大椭圆半径为 7mm，小椭圆直径为 7mm。

　　💡 **说明:** 此处绘制椭圆的圆心为步骤 2 的②步骤中绘制水平直线的中点。

　　④ 创建直线。选择轮廓线图层，选择"直线"命令，按 F5 键切换至左等轴测平面，绘制如图 9-81 所示的连接直线。

　　⑤ 修剪凸台轮廓。选择"修剪"命令删除多余的轮廓对象，结果如图 9-82 所示。

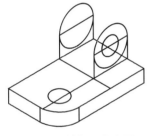

图 9-80　绘制凸台椭圆

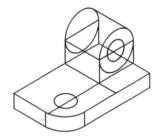

图 9-81　绘制连接直线

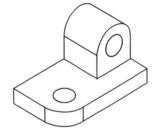

图 9-82　修剪凸台轮廓

　　步骤 3　绘制如图 9-83 所示的加强筋轮廓。加强筋与凸台顶部圆弧面相切，加强筋宽度为 5mm，下面具体介绍绘制方法。

　　① 创建直线。选择轮廓线图层，选择"直线"命令，按 F5 键切换至右等轴测面，绘制如图 9-84 所示的直线，注意直线与椭圆相切。

　　② 创建复制直线。按 F5 键切换至顶部等轴测平面，选择"复制"命令，选择上一步创建的直线及凸台顶部圆弧等为复制对象，复制距离为 5mm，结果如图 9-85 所示。

　　③ 修剪轮廓。选择"修剪"命令删除多余的轮廓对象，结果如图 9-83 所示。

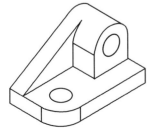

图 9-83　绘制加强筋轮廓

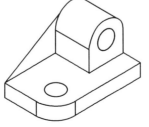

图 9-84　绘制相切直线

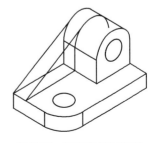

图 9-85　复制直线与圆弧

（3）轴测图标注

轴测图尺寸标注不同于一般投影视图尺寸的标注，下面具体介绍标注方法。

步骤 1 标注对齐尺寸。在"默认"选项卡的"注释"区域选择"对齐"命令，在视图上创建如图 9-86 所示的线性尺寸标注，此时得到的线性尺寸标注不符合轴测图要求。

步骤 2 调整尺寸标注。选择下拉菜单"标注"→"倾斜"命令调整线性尺寸的标注角度，具体操作请参看随书视频讲解，结果如图 9-87 所示。

💡 **说明：** 使用"倾斜"命令调整线性尺寸的标注角度时，如果输入正角度值表示顺时针方向旋转角度，如果输入负角度值表示逆时针方向旋转角度。

步骤 3 标注半径及直径尺寸。轴测图中的"圆弧"实际上都是椭圆，所以不能使用一般的"半径"与"直径"命令进行标注，需要使用"多重引线"命令标注，结果如图 9-88 所示。

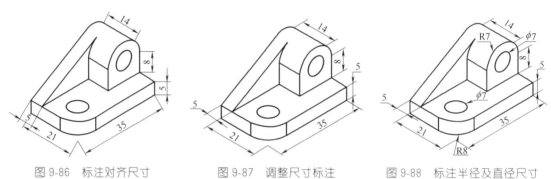

图 9-86　标注对齐尺寸　　　图 9-87　调整尺寸标注　　　图 9-88　标注半径及直径尺寸

9.3　机械制图实例

本章前面二节系统介绍了机械制图中各种视图的创建，为了加深读者对机械制图的理解并更好地应用于实践，下面通过两个具体案例详细介绍机械制图。

扫码看视
频讲解

9.3.1　上盖零件绘图

对如图 9-89 所示的上盖零件三维图及标注，需要按照图中结构及尺寸要求创建如图 9-90 所示的上盖零件工程图，包括上盖零件三视图（包括主视图的局部剖视图与左视图的全剖视图）及轴测图，同时要求在三视图中进行尺寸标注。

上盖零件工程图创建思路及过程：

① 新建工程图文件，使用文件夹中提供的"GB_A3_JXSJ"模板新建工程图文件。

② 创建上盖零件基本三视图，包括主视图的局部剖视图与左视图的全剖视图。

③ 在创建的基本三视图基础上创建尺寸标注。

④ 根据上盖零件尺寸要求创建轴测图，然后使用"缩放"命令调整轴测图大小并将轴测图移动到合适的位置完成上盖零件工程图的创建。

⑤ 具体过程：由于书籍写作篇幅限制，本书不详细介绍上盖零件工程图的绘图过程，读者可自行参看随书视频讲解，视频中有详尽的上盖零件绘图过程讲解。

9.3.2　基体零件绘图

对如图 9-91 所示的基体零件三维图及标注，需要按照图中结构及尺寸要求创建如图 9-

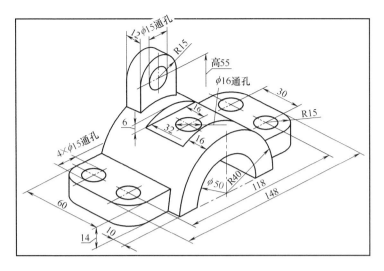

图 9-89　上盖零件三维图及标注

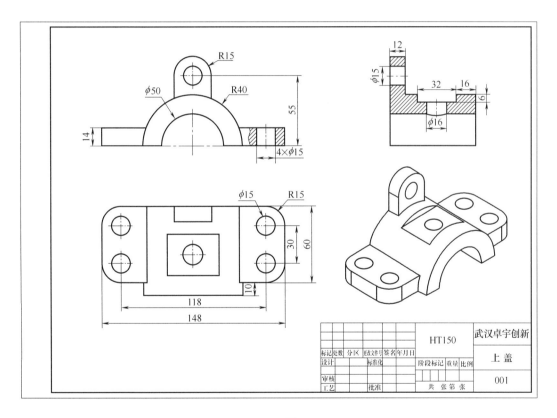

图 9-90　上盖零件工程图

92 所示的基体零件工程图，包括基体零件三视图（包括主视图的全剖视图与左视图的局部剖视图）及轴测图，同时要求在三视图中进行尺寸标注。

　　基体零件工程图创建思路及过程：

　　① 新建工程图文件，使用文件夹中提供的 "GB_A3_JXSJ" 模板新建工程图文件。

　　② 创建基体零件基本三视图，包括主视图的全剖视图与左视图的局部剖视图。

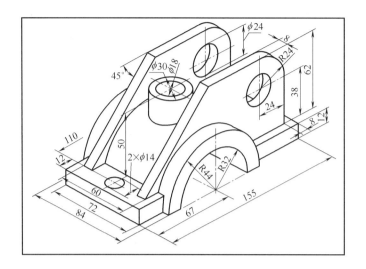

图 9-91 基体零件三维图及标注

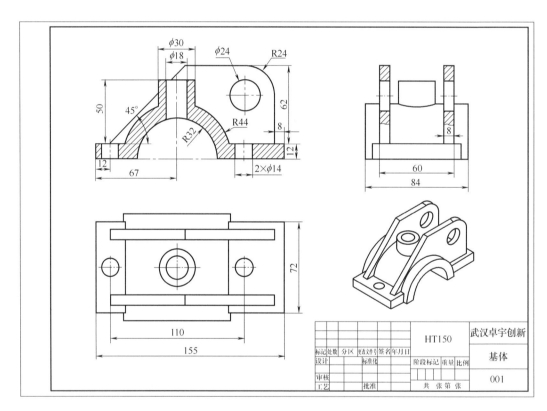

图 9-92 基体零件工程图

③ 在创建的基本三视图基础上创建尺寸标注。

④ 根据基体零件尺寸要求创建轴测图，然后使用"缩放"命令调整轴测图大小并将轴测图移动到合适的位置完成基体零件工程图的创建。

⑤ 具体过程：由于书籍写作篇幅限制，本书不详细介绍基体零件工程图的绘图过程，读者可自行参看随书视频讲解，视频中有详尽的基体零件绘图过程讲解。

第10章

典型机械制图

 微信扫码，立即获取
全书配套视频与资源

机械设计中的典型机械制图包括轴套零件、盘盖零件、叉架零件、箱体零件、齿轮零件、弹簧零件绘图及装配体绘图，本章主要从实际机械设计出发，全面系统介绍这些典型机械制图，帮助读者更好掌握 AutoCAD 软件在实际机械设计中的具体应用。

10.1　轴套零件制图

轴类零件一般是起支承传动零件（如齿轮、带轮）和传递动力的作用；轴套零件一般是装在轴上或机体腔体孔中，起支承、导向、轴向定位或者保护传动零件等作用。

轴套零件多数是由共轴的多段圆柱体、圆锥体构成，一般其轴向尺寸大于径向尺寸，根据设计和加工工艺要求，在各段上常设有倒角、键槽、销孔、螺纹等结构，轴段与轴段之间常设有轴肩、退刀槽、砂轮越程槽等结构。轴类零件的毛坯多是棒料或锻件，加工方法以车削、磨削为主。轴套零件的毛坯多是管筒件或铸造件，加工方法以车削、磨削、镗削为主，如图 10-1 所示的是常见轴套零件举例。

图 10-1　轴套零件举例

10.1.1　轴套零件结构特点分析

轴套零件的设计及机械制图中，首先要分析轴套零件结构特点，其主要划分为四大结构：

① 轴套主体结构。轴套主体结构是轴套零件的基础结构，是将轴套上所有细节去掉之后的结构，轴套零件上的其余结构都是在这个主体结构基础上设计的。

② 轴套沟槽结构。轴套沟槽结构包括各种回转沟槽、退刀槽等。

③ 轴套附属结构。轴套附属结构包括各种键槽、花键、切口、内外螺纹等。

④ 轴套修饰结构。轴套修饰结构是为了方便轴套零件与其他零件安装配合而设计的倒角结构及圆角结构，一般需要在安装配合的轴段连接位置设计。

在轴套零件机械制图中就是按照这四大结构的先后顺序进行绘制的。

10.1.2　轴套零件制图要求及规范

轴套零件机械制图一定要注意绘制要求及规范，下面对其进行具体介绍。

（1）主体结构设计要求及规范

首先，在机械制图中，轴套零件的主体结构（主视图）一般都是沿轴线水平放置的，所以在绘制主体结构视图时需要水平绘制（特殊情况除外）。

其次，轴套零件各段轴径要直接标注直径值，一般不标注轴的半径值，而且在与其他轴上零件安装配合的位置需要标注配合公差。

最后，轴套零件主体结构中各段的长度要根据具体要求进行计算，切记不要随便设计，特别是涉及其他附属零件安装时，一定要保证符合安装尺寸要求，如轴零件上安装轴承的轴段，轴段长度一般要小于或等于安装轴承的宽度值。

（2）沟槽结构设计要求及规范

轴套零件上往往有各种沟槽结构，如回转沟槽、退刀槽等，这些沟槽结构的设计主要包括以下两个方面的作用。

首先，方便加工过程中加工刀具从轴上退出，确保已加工结构的安全。例如当已加工好的轴段上还需要加工螺纹结构时，就需要在加工螺纹结构之前，先在轴段上加工退刀槽，再去加工螺纹，此时加工螺纹的刀具就能够方便地从退刀槽位置退出加工，同时确保其他已加工结构的安全。

其次，沟槽结构方便轴套零件与其他轴套上零件（如齿轮、带轮、轴承等）之间的安装配合，保证安装精度要求，所以凡是涉及要与轴套上零件安装配合的轴段，都要设计相应的沟槽结构。

在机械制图中，对于沟槽结构的标注一般有两种方式：一种是标注沟槽的宽度与直径，另一种是标注沟槽的宽度与深度。如果沟槽结构相对于整个主体结构较小时，需要做局部放大视图进行标注，特别是沟槽中需要倒圆角的场合。

（3）附属结构设计要求及规范

轴套零件上附属结构主要包括键槽、花键、螺纹以及各种孔结构，一定要注意这些附属结构的标准化设计要求及规范。

下面以键槽设计为例来说明：键槽位置将来要安装键零件，而所有的键都属于标准件，其具体尺寸都已经标准化了，一定要根据标准选用，如果不按标准进行设计，将来在安装键零件时找不到合适键零件，最终会影响整个产品设计。

另外，在绘制键槽截面时（以长圆形键槽为例），需要绘制一个长圆形截面，在进行标注时，一定要标注长圆形的宽度值（标注长圆形圆弧半径是不规范的，因为此处的长圆形宽度就是键槽的宽度值），以及键槽的定位尺寸（这个要取决于整个轴套零件的尺寸基准，一般要从尺寸基准处开始标注）。

（4）修饰结构设计要求及规范

修饰结构主要包括倒角与圆角，轴套零件上的一些轴段需要安装各种轴上附属结构，如轴承、轴套等，为了方便以后在轴套上安装这些附属结构，需要在配合的轴段位置设计合适的倒角与圆角，方便安装导向，实现精确安装。

在机械制图中，如果修饰结构比较少，可以直接在各视图中标注修饰结构尺寸（如圆角半径或倒角尺寸），如果修饰结构比较多，可以在技术要求中进行统一说明。

10.1.3 轴套零件制图实例：轴

为了让读者更深入地理解轴套零件设计及机械制图，下面以如图 10-2 所示的轴零件为例，详细介绍轴套零件机械制图过程及要求、规范。

（1）新建绘图文件

使用本书提供的模板文件（GB_A3_JXSJ）新建绘图文件，命名为"轴"。

💡 **说明：** 本书提供的模板文件（GB_A3_JXSJ）中提供了统一的图层属性，在绘图时直接选择合适图层绘图即可。另外，模板文件中对各种标注样式都做了具体的设置，读者在绘图中直接使用这些默认设置即可。

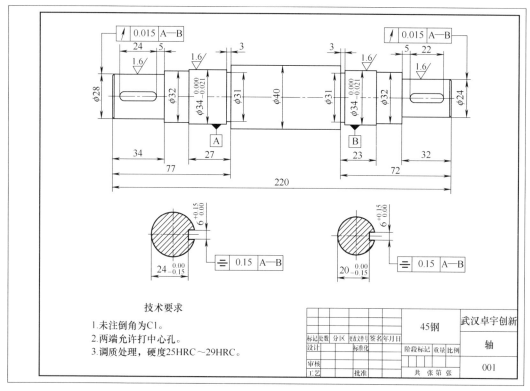

图 10-2　轴零件图纸

（2）创建轴主要视图

因为该轴整体结构比较简单，而且并没有太小的细节结构，所以轴主要视图需要创建一个主视图反映轴主要结构，包括轴两端的键槽结构，同时，为了表达键槽截面结构，需要在主视图下方与键槽对应的位置创建两个断面图。下面具体介绍创建方法。

步骤 1　绘制轴中心线及轴一半轮廓。使用中心线图层绘制水平中心线作为轴中心线，然后在轴中心线上方绘制轴一半轮廓（使用轮廓线图层，带倒角），结果如图 10-3 所示。

步骤 2　绘制完整主视图。使用"镜像"命令将中心线上方轴一半轮廓镜像，得到完整轴轮廓，然后使用轮廓线图层绘制键槽截面图形，结果如图 10-4 所示。

图 10-3　绘制轴中心线及轴一半轮廓　　　　图 10-4　绘制完整主视图

步骤 3　绘制键槽断面图。在主视图键槽位置下方使用轮廓线图层绘制两个键槽断面轮廓图形，然后使用剖面线图层绘制剖面线，最后使用中心线图层绘制中心线，结果如图 10-5 所示。

（3）创建轴尺寸标注

下面按照主体结构、沟槽结构、键槽结构及修饰结构的顺序进行尺寸标注。

步骤 1 标注各轴段直径尺寸及配合公差。在各轴段位置标注直径尺寸（不要标注半径尺寸），在与其他零件装配配合的位置需要标注配合公差，结果如图 10-6 所示。

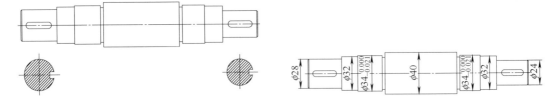

图 10-5　绘制键槽断面图　　　　　　　　图 10-6　标注各轴段直径尺寸及配合公差

步骤 2 标注各轴段长度及轴总长度。在关键轴段位置（涉及与其他零件装配配合的位置）直接标注线性长度尺寸，同时还需要标注轴总长度尺寸，注意不要使尺寸形成封闭尺寸链，结果如图 10-7 所示。

步骤 3 标注沟槽尺寸。在两处沟槽位置标注沟槽的宽度和直径，注意直径尺寸的放置位置，结果如图 10-8 所示。

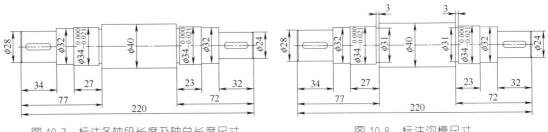

图 10-7　标注各轴段长度及轴总长度尺寸　　　　图 10-8　标注沟槽尺寸

步骤 4 标注键槽尺寸及公差。在主视图中标注两处键槽的长度和定位尺寸，然后在两个断面图中标注键槽深度和宽度尺寸，注意在深度和宽度尺寸上标注公差，因为这些地方需要与键标准件进行装配配合，结果如图 10-9 所示。

（4）创建轴其余标注

为了保证轴加工及制造技术要求，需要标注基准（基准 A 和 B 两处，为标注形位公差做准备）、形位公差（两处圆跳动及两处对称度）、表面粗糙度（关键配合位置均为 $1.6\mu m$）及技术要求（包括未注倒角尺寸及热处理硬度要求），结果如图 10-10 所示。

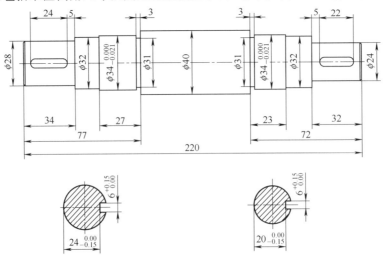

图 10-9　标注键槽尺寸及公差

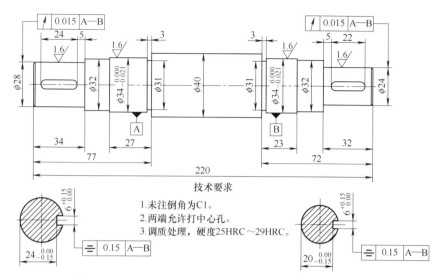

图 10-10 标注基准、形位公差、表面粗糙度及技术要求

技术要求
1. 未注倒角为C1。
2. 两端允许打中心孔。
3. 调质处理，硬度25HRC～29HRC。

扫码看视
频讲解

10.2 盘盖零件制图

盘盖零件的基本形状为扁平的盘状结构，其主要结构为多个回转体，直径方向尺寸一般大于轴向尺寸，为了与其他结构连接，结构中一般包括一些凸台结构及圆周分布的孔结构。盘盖零件的毛坯一般为铸件、锻件，然后经过车削加工、磨削加工形成最终的形状，如图 10-11 所示的是常见盘盖零件举例。

图 10-11 盘盖零件举例

10.2.1 盘盖零件结构特点分析

盘盖零件的设计及机械制图过程中，首先要分析盘盖零件结构特点，其主要划分为三大结构：

① 盘盖主体结构。盘盖主体结构是盘盖零件的基础结构，是将盘盖上所有细节去掉之后的结构，盘盖零件上的其余结构都是在这个主体结构基础上设计的。

② 盘盖附属结构。盘盖附属结构主要包括各种凸台、切口、孔等。

③ 盘盖修饰结构。盘盖修饰结构是为了方便盘盖零件与其他零件安装配合而设计的倒角结构及圆角结构。

10.2.2 盘盖零件制图要求及规范

盘盖零件机械制图一定要注意绘制要求及规范，下面对其进行具体介绍。

（1）主体结构设计要求及规范

盘盖零件主体多为回转结构，在绘制盘盖零件主体截面时要特别注意，虽然在机械制图中对于盘盖类零件的主视图没有严格的要求，但是确定主视图放置一定要从多个方面（如一般的工作方位、放置与安装方位、图纸幅面等）综合考虑，一般都是沿轴线水平放置，所以在绘制盘盖主体时，如果没有特殊的考虑，也应该按照水平方向绘制。

（2）附属结构设计要求及规范

盘盖零件中比较常见的一种附属结构就是圆周孔结构，一般圆周孔包括均匀分布的圆周孔和非均匀分布的圆周孔两种类型。对于均匀分布的圆周孔一般使用阵列方法绘制，对于非均匀分布的圆周孔一般使用复制方法绘制。

10.2.3 盘盖零件制图实例：法兰盘

为了让读者更深入地理解盘盖零件设计及机械制图，下面以如图 10-12 所示的法兰盘零件为例，详细介绍盘盖零件机械制图过程及要求、规范。

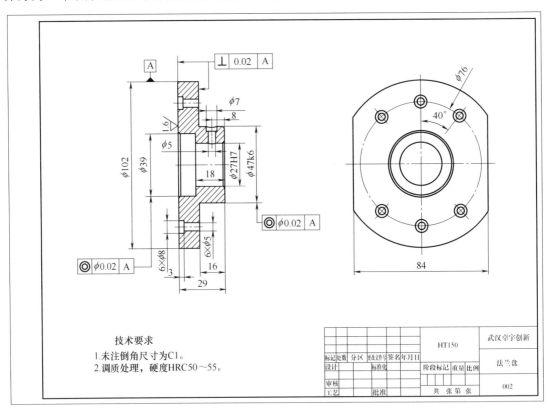

图 10-12 法兰盘零件图纸

（1）新建绘图文件

使用本书提供的模板文件（GB_A3_JXSJ）新建绘图文件，命名为"法兰盘"。

（2）创建法兰盘主要视图

法兰盘主要视图包括主视图与左视图，其中主视图中需要创建为全剖视图。

步骤 1 绘制主体轮廓及轴线、对称线。根据视图之间的投影关系创建法兰盘主视图及左视图外形轮廓及轴线和对称线，结果如图 10-13 所示。

 说明：注意在绘图中选择合适的图层进行绘图。

步骤 2　绘制沉头孔。根据视图之间的投影关系及沉头孔结构特点绘制法兰盘上的沉头孔结构，结果如图 10-14 所示。

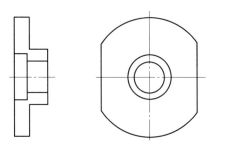

图 10-13　绘制主体轮廓及轴线和对称线

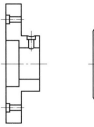
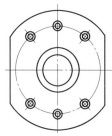

图 10-14　绘制沉头孔

步骤 3　绘制倒角及沉孔中心线。使用"倒角"命令在合适位置绘制倒角结构，然后在各沉孔位置绘制中心线，结果如图 10-15 所示。

步骤 4　绘制剖面线。使用"图案填充"命令在主视图剖切位置绘制剖面线，剖面线比例为"0.6"，角度为"0"，结果如图 10-16 所示。

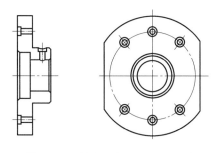

图 10-15　绘制倒角及沉孔中心线

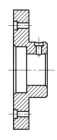
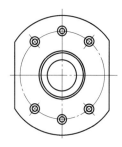

图 10-16　绘制剖面线

（3）创建法兰盘标注

法兰盘标注包括尺寸、基准（基准 A）、形位公差（一处垂直度，两处同轴度）、表面粗糙度及技术要求标注，结果如图 10-17 所示。

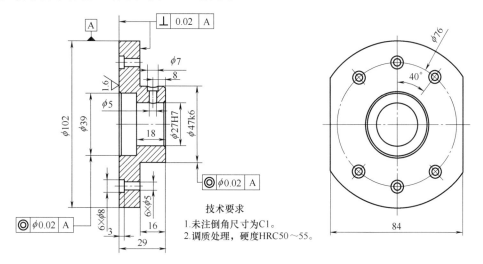

图 10-17　创建法兰盘标注

10.3 叉架零件制图

扫码看视频讲解

叉架零件主要起连接与支承固定作用，如发动机连杆就是连接发动机活塞与曲轴的典型叉架零件，各种管线支架、轴承及轴支架都是起支承固定作用的叉架零件。叉架零件的使用强度及刚度要求比较高，所以其中经常包括各种肋板、梁等结构，肋板、梁的截面形状有工字形、T字形、矩形、椭圆形等，其毛坯多为铸件、锻件，要经过多种机械加工工序制成。如图10-18所示的是常见叉架零件举例。

图10-18 叉架零件举例

10.3.1 叉架零件结构特点分析

欲设计叉架零件，首先要分析叉架零件结构特点。叉架零件形状结构变化灵活，没有比较固定的结构特点，一般按照叉架零件功能进行结构划分，包括以下主要结构：

① 叉架定位结构。叉架零件中经常会包含各种定位结构，这些定位结构就是为了从不同角度、方位对结构进行固定，这些定位结构也是叉架零件设计的基础与关键。

② 叉架连接结构。叉架连接结构作用就是将各种叉架定位结构连接起来形成一个整体零件。

③ 叉架附属结构。叉架附属结构作用就是增强叉架零件结构强度并完善叉架零件功能，需要特别注意的是，叉架附属结构对于叉架零件来讲不是必须的，应根据具体需要确定其设计。

④ 叉架修饰结构。叉架修饰结构主要是指叉架零件上的各种倒角及圆角结构。

10.3.2 叉架零件制图实例：支架

为了让读者更深入地理解支架零件设计及机械制图，下面以如图10-19所示的支架零件为例，详细介绍支架零件机械制图过程及要求、规范。

（1）新建绘图文件

使用本书提供的模板文件（GB_A3_JXSJ）新建绘图文件，命名为"支架"。

（2）创建支架主要视图

支架主要视图包括主视图与左视图，其中左视图中需要创建两处局部剖视图。

步骤1 绘制主体轮廓。根据视图之间的投影关系创建支架主视图及左视图外形轮廓及中心线，结果如图10-20所示。

步骤2 绘制局部剖视图。首先绘制局部剖视图边界曲线，然后使用"图案填充"命令绘制剖面线，结果如图10-21所示。

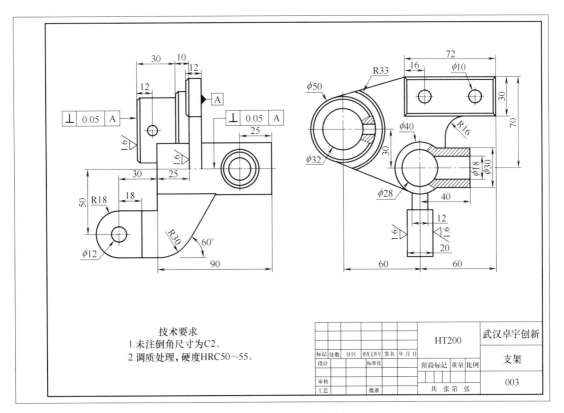

图 10-19 支架零件图纸

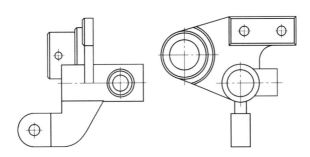

图 10-20 绘制主体轮廓

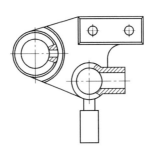

图 10-21 绘制局部剖视图

（3）创建支架标注

支架零件标注包括尺寸、基准（基准 A）、形位公差（两处垂直度）、表面粗糙度及技术要求（包括未注倒角尺寸及热处理硬度）标注，结果如图 10-22 所示。

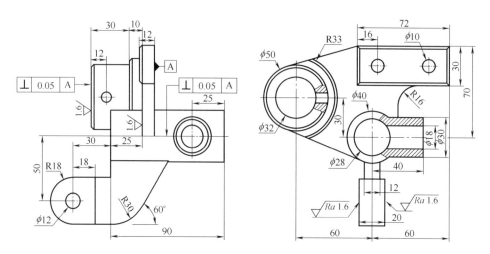

技术要求
1. 未注倒角尺寸为C2
2. 调质处理，硬度HRC50～55。

图 10-22　创建支架标注

10.4　箱体零件制图

扫码看视
频讲解

　　箱体零件一般起支承、容纳、定位和密封等作用。一般箱体类零件的内外结构形状比较复杂，其上常有空腔、轴孔、内支承壁、肋板、凸台、大小各异的孔等结构，如图 10-23 所示。箱体零件毛坯多为铸件，需经各种机械加工。

　　箱体零件是典型零件中结构最复杂的一种，要考虑的具体问题比较多，包括设计顺序问题、典型的细节设计方法与技巧问题，还要特别注意设计效率问题等。

图 10-23　箱体零件举例

10.4.1　箱体零件制图关键点

　　箱体零件制图关键是各种结构形位尺寸的设计，主要包括以下两点：

　　① 箱体高度尺寸的设计。要求合理选择箱体高度设计基准，一般选择箱体底座底面为整个箱体设计基准，然后以该设计基准设计箱体高度即可直接得到箱体高度尺寸。

② 箱体表面凸台尺寸的设计。因为有些箱体零件上凸台比较多，一般先绘制好凸台定位基准，然后根据这些基准绘制凸台结构。

10.4.2　箱体零件典型结构制图

对于箱体零件制图，主要包括以下几种典型结构的绘制，下面具体介绍绘制思路：

① 箱体零件的放置定位一般很好确定，箱体底板结构放置在水平面上，也就是俯视基准平面，然后依次在箱体底板上叠加绘制箱体其余结构。

② 箱体底板的设计一般要考虑箱体安装平稳性问题，所以箱体底板底面一般都不设计成大平整面，而是设计成沟槽结构，按照小面接触代替大面接触的原则进行设计，特别是体型尺寸比较大的箱体更应该采用这种设计思路。

③ 设计箱体主体时还要注意箱体底部和顶部的设计。箱体底部一般比其他位置厚，以保证箱体底部及根部的强度；箱体顶部一般要考虑与箱盖的安装配合问题，需要设计相应的安装孔及定位销孔。

10.4.3　箱体零件制图实例：齿轮箱

为了让读者更深入地理解箱体零件设计及机械制图，下面以如图 10-24 所示的齿轮箱零件为例，详细介绍齿轮箱零件机械制图过程及要求、规范。

（1）新建绘图文件

使用本书提供的模板文件（GB_A3_JXSJ）新建绘图文件，命名为"齿轮箱"。

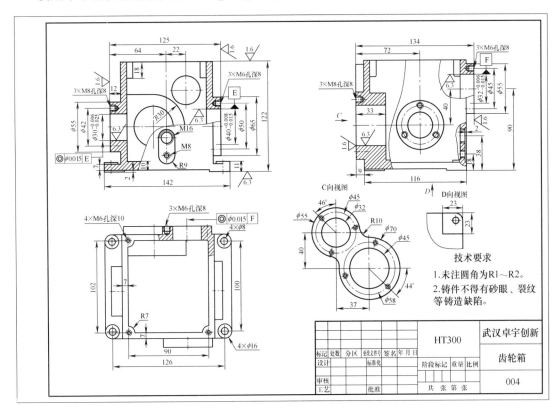

图 10-24　齿轮箱零件图

（2）创建齿轮箱主要视图

齿轮箱主要视图包括主视图、俯视图、左视图及两个局部向视图，其中主视图、俯视图及左视图中均需要创建局部剖视图以表达局部凸台结构。

步骤 1 绘制底板轮廓图形。根据视图之间的投影关系创建箱体底板主视图、俯视图及左视图外形轮廓，结果如图 10-25 所示。

步骤 2 绘制箱体外形轮廓。根据视图之间的投影关系在底板上方绘制箱体外形轮廓，结果如图 10-26 所示。

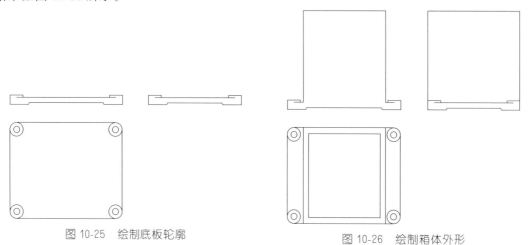

图 10-25　绘制底板轮廓　　　　　　图 10-26　绘制箱体外形

步骤 3 绘制箱体底部与顶部细节。齿轮箱的底部比其他处壁厚要厚实，箱体顶部四个角有安装凸台，结果如图 10-27 所示。

步骤 4 绘制凸台基准线。因为箱体主体四周有各种凸台结构，为了便于凸台绘制，需要首先绘制凸台基准线，结果如图 10-28 所示。

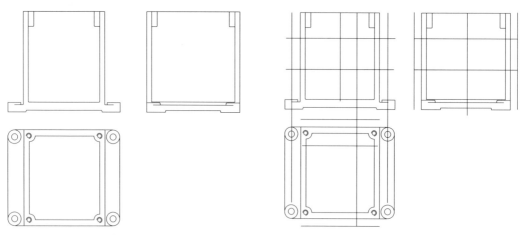

图 10-27　绘制箱体底部与顶部　　　　图 10-28　绘制凸台基准线

步骤 5 绘制箱体前侧凸台。在左视图及俯视图中根据视图之间的投影关系在对应位置绘制前侧凸台，结果如图 10-29 所示。

步骤 6 绘制箱体前侧细节。在主视图及左视图中根据视图之间的投影关系在对应位置绘制前侧细节，结果如图 10-30 所示。

步骤 7 绘制左侧及右侧凸台。在主视图、俯视图及左视图中根据视图之间的投影关系绘制左侧及右侧凸台，结果如图 10-31 所示。

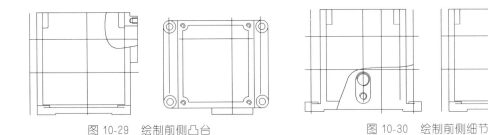

图 10-29　绘制前侧凸台　　　　　　　图 10-30　绘制前侧细节

步骤 8　绘制后侧凸台。在主视图、俯视图及左视图中根据视图之间的投影关系绘制后侧凸台，结果如图 10-32 所示。

步骤 9　绘制剖面线。使用"图案填充"命令分别在各个视图中绘制剖面线（注意三个视图不要一起绘制剖面线），结果如图 10-33 所示。

💡 **说明：**此处在绘制三个视图剖面线时不要一起绘制剖面线，一定要分别绘制三个视图的剖面线，否则以后无法单独移动视图。

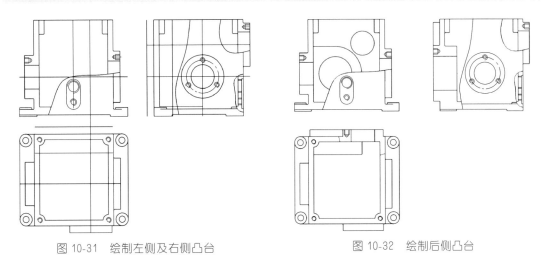

图 10-31　绘制左侧及右侧凸台　　　　　　　图 10-32　绘制后侧凸台

步骤 10　绘制局部向视图。在左视图下方合适位置根据箱体结构特点绘制后视方向及俯视方向的局部向视图，结果如图 10-34 所示。

💡 **说明：**此处 "8" 字形向视图是从齿轮箱后视方向查看 "8" 字形凸台的视图结果，另外一个向视图是从齿轮箱底部仰视方向查看箱体底板底面的视图结果。

（3）创建齿轮箱标注

齿轮箱零件标注包括尺寸、基准（基准 E 和基准 F）、形位公差（两处同轴度）、表面粗糙度及技术要求（包括未注圆角尺寸及铸件要求）标注。

步骤 1　绘制中心线。使用"中心线"及"圆心标记"命令在各视图中标注中心线，结果如图 10-35 所示。

步骤 2　标注主视图。主视图包括尺寸、基准 E、同轴形位公差及表面粗糙度标注，其中孔使用"多重引线"命令标注，结果如图 10-36 所示。

步骤 3　标注左视图。左视图包括尺寸、基准 F 及表面粗糙度标注，其中孔使用"多重引线"命令标注，同时还包括两个向视图箭头（使用"引线"及"多行文字"命令进行标注），结果如图 10-37 所示。

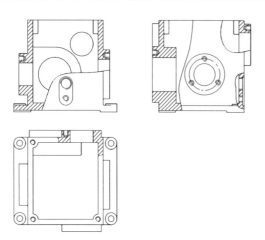

图 10-33　绘制剖面线

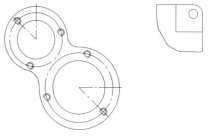

图 10-34　绘制局部向视图

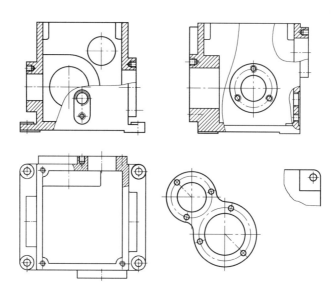

图 10-35　绘制中心线

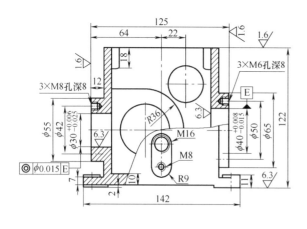

图 10-36　标注主视图

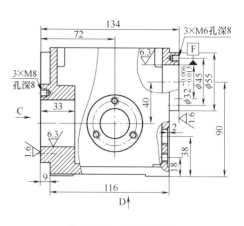

图 10-37　标注左视图

步骤4　标注俯视图。俯视图包括尺寸、同轴形位公差及表面粗糙度标注，其中孔使用"多重引线"命令标注，结果如图 10-38 所示。

步骤5　标注局部向视图及技术要求。局部向视图包括尺寸标注及两处向视图文字注释，技术要求包括未注圆角尺寸及铸件要求，如图 10-39 所示。

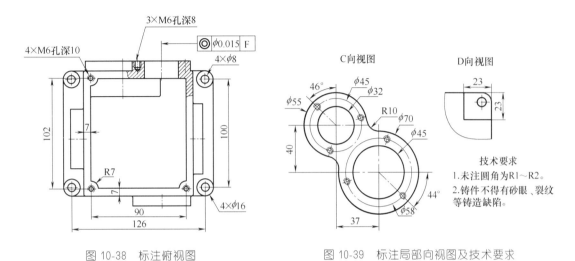

图 10-38　标注俯视图　　　　　图 10-39　标注局部向视图及技术要求

10.5　齿轮零件制图

扫码看视频讲解

齿轮是通过齿形啮合传输动力的一种传动零件，具有传动比稳定、工作可靠、效率高、寿命较长等特点，因此齿轮广泛应用于机械传动设计。如图 10-40 所示的是几种常见的齿轮零件。齿轮是一种非常典型的机械零件，齿轮零件制图既要符合机械制图要求及规范，同时还要符合齿轮制图的要求及规范。

图 10-40　齿轮零件举例

10.5.1　齿轮零件制图要求及规范

齿轮零件制图主要包括齿轮零件视图与齿轮参数表两大部分，下面对它们进行具体介绍。

（1）齿轮画法

在机械制图中，齿轮的轮齿部分作图繁琐，为提高制图效率，需要按照标准绘制。

① 单个齿轮。在齿轮零件制图中一般用两个视图来表示齿轮的结构形状，对轮齿部位，仅仅表示齿顶圆、分度圆和齿根圆。在齿轮轴线平行于投影面的视图中，既可用外形视图表达，也可用剖视图例如全剖视图、半剖视图或局部剖视图来表示。

在齿轮剖视图中，齿顶圆和齿顶线用粗实线绘制，分度圆和分度线用点画线绘制，齿根圆与齿根线在外形视图中用细实线绘制（也可省略不画），在剖视图中则用粗实线绘制，应该注意齿顶高小于齿根高，齿轮其他结构按正投影方法绘制即可。

在剖视图中，当剖切平面包含齿轮轴线时，齿轮一律按不剖绘制。

② 啮合齿轮。两个圆柱齿轮的啮合一般用两个视图表达，在垂直于圆柱齿轮轴线的投影面的视图中，啮合区内的齿顶圆均用粗实线绘制，相互交叉，也可省略不画。

在圆柱齿轮啮合的剖视图中，当剖切平面通过两啮合齿轮轴线时，在啮合区内，将一个齿轮的轮齿齿顶线用粗实线绘制，另一个轮齿被遮挡，其齿顶线用虚线绘制。

（2）齿轮参数表

齿轮零件制图中一般需要包括齿轮参数表，用来管理齿轮零件中的各种参数。

① 齿数 z：齿轮轮齿的数量，为整数。

② 模数 m：模数 m 是设计、制造齿轮的重要参数，模数大，则齿距 p 也大，随之齿厚 s、齿高 h 也大，因而齿轮的承载能力也大。

③ 压力角 α：表示渐开线齿轮轮齿的齿廓形状的夹角，两直齿圆柱齿轮啮合传动时，其中心连接上啮合点的瞬间运动方向与啮合点两齿廓曲线的公法线方向所夹的角。

④ 分度圆 d：位于齿顶圆和齿根圆之间，在加工齿轮用以分度的圆。

⑤ 齿顶圆 da：轮齿外沿所在圆柱的直径。

⑥ 齿根圆 df：圆柱齿轮上齿根所在圆柱的直径。

⑦ 齿厚 s：每个轮齿齿廓在分度圆上的弧长。

⑧ 齿距 p：分度圆上相邻两齿对应点之间的弧长。

⑨ 齿高 h：由齿顶圆到齿根圆的径向距离。

⑩ 齿顶高系数 h^*a：齿轮的齿顶高与其模数的比值，国标规定值为1。

⑪ 齿根高 hf：由分度圆到齿根圆的径向距离。

⑫ 中心距 a：两啮合齿轮轴线之间的距离。

⑬ 传动比 i：主动齿轮转速（r/min）与从动齿轮转速（r/min）之比。转速与齿数成反比，转速比等于从动齿轮齿数与主动齿轮齿数之比。

10.5.2 齿轮零件制图实例

为了让读者更深入地理解齿轮零件设计及机械制图，下面以如图 10-41 所示的齿轮零件为例，详细介绍齿轮零件机械制图过程及要求、规范。

（1）新建绘图文件

使用本书提供的模板文件（GB_A3_JXSJ）新建绘图文件，命名为"齿轮"。

（2）创建齿轮主要视图

齿轮视图包括主视图与左视图，其中主视图为全剖视图，用于表达齿轮结构，左视图用于表达齿轮外形，下面具体介绍绘制方法。

步骤 1 绘制齿轮视图。根据视图之间的投影关系创建齿轮主视图及左视图外形轮廓，结果如图 10-42 所示。

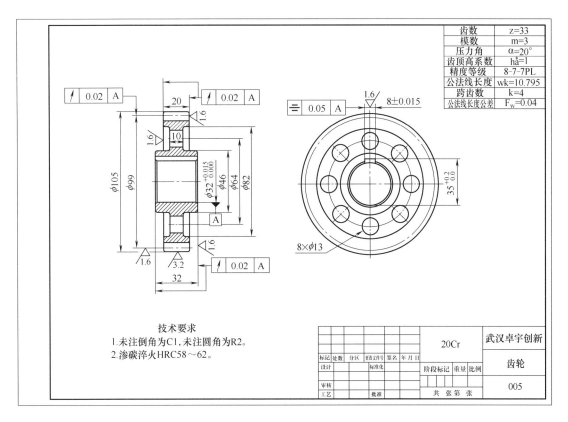

齿数	z=33
模数	m=3
压力角	α=20°
齿顶高系数	h_a^*=1
精度等级	8-7-7PL
公法线长度	wk=10.795
跨齿数	k=4
公法线长度公差	F_w=0.04

技术要求
1.未注倒角为C1，未注圆角为R2。
2.渗碳淬火HRC58～62。

标记	处数	分区	更改文件号	签名	年 月 日		20Cr	武汉卓宇创新
设计			标准化					齿轮
审核						阶段标记	重量	比例	
工艺			批准			共 张第 张		005

图 10-41　齿轮零件图纸

步骤2　绘制主视图剖面线。使用"图案填充"命令在主视图全剖位置绘制剖面线，结果如图 10-43 所示。

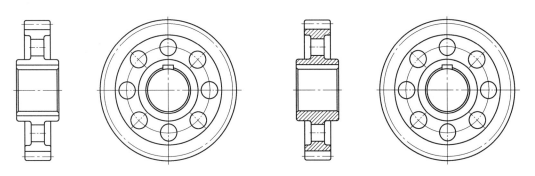

图 10-42　绘制齿轮视图　　　　图 10-43　绘制主视图剖面线

（3）创建齿轮标注
齿轮标注包括尺寸、基准（基准 A）、形位公差（三处圆跳动及一处对称度）、表面粗糙度及技术要求标注，结果如图 10-44 所示。
（4）创建齿轮参数表
齿轮参数表包括齿轮重要设计参数、齿轮精度等级等，结果如图 10-45 所示，使用"表格"命令创建表格，然后将表格移动到图纸边框右上角位置。

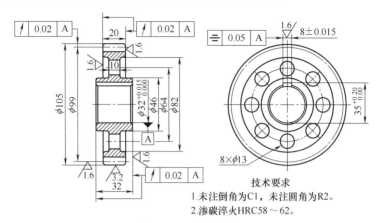

图 10-44　齿轮标注

技术要求
1. 未注倒角为C1，未注圆角为R2。
2. 渗碳淬火HRC58～62。

齿数	Z=33
模数	m=3
压力角	α=20°
齿顶高系数	h_a^*=1
精度等级	8-7-7FL
公法线长度	wk=10.795
跨齿数	k=4
公法线长度公差	Fw=0.04

图 10-45　齿轮参数表

扫码看视
频讲解

10.6　弹簧零件制图

　　弹簧主要用来储藏能量、减振、测力等，在机械设计中弹簧常用来保证零件之间的良好接触或使零件脱离接触。弹簧的种类很多，有螺旋弹簧、蜗卷弹簧、板弹簧和片弹簧等，如图10-46所示的是常见弹簧零件举例。

图 10-46　弹簧零件举例

10.6.1　弹簧零件制图要求与规范

　　弹簧是一种特殊且典型的机械零件，应按照以下要求及规范绘制：
　　① 在平行于螺旋弹簧轴线的投影面的视图中，各圈的外轮廓线应画成直线。

② 螺旋弹簧均可画成右旋，但左旋螺旋弹簧不论画成左旋或右旋，必须用"左"字加以说明。

③ 对于螺旋压缩弹簧，如要求两端并紧且磨平时，不论支承圈数多少和末端贴紧情况如何，均按有效圈是整数、支承圈为 2.5 圈的形式绘制，必要时也可按支承圈的实际结构绘制。

④ 当弹簧的有效圈数在 4 圈以上时，可以只画出两端的 1～2 圈（支承圈除外），中间部分省略不画，用通过弹簧钢丝中心的两条点画线表示，并允许适当缩短长度。

⑤ 在装配图中，型材直径或厚度在图形上等于或小于 1mm 的螺旋弹簧，允许用示意图绘制。当弹簧被剖切时，剖面直径或厚度在图形上等于或小于 2mm 时，也可用涂黑表示，且各圈的轮廓线不画。

⑥ 在装配图中，被弹簧挡住的结构一般不画出，可见部分应从弹簧的外轮廓线或从弹簧钢丝剖面的中心线画起。

⑦ 圆柱螺旋压缩弹簧的零件图，主视图上方的三角形，表示弹簧的机械性能，其中 P1、P2 为弹簧的工作负荷，Pi 为工作极限负荷，同时还需要表示对应负荷条件下的工作高度，及工作极限负荷下的高度。

10.6.2 弹簧零件制图实例：压缩弹簧

为了让读者更深入地理解弹簧零件设计及机械制图，下面以如图 10-47 所示的压缩弹簧零件为例，详细介绍弹簧零件机械制图过程及要求、规范。

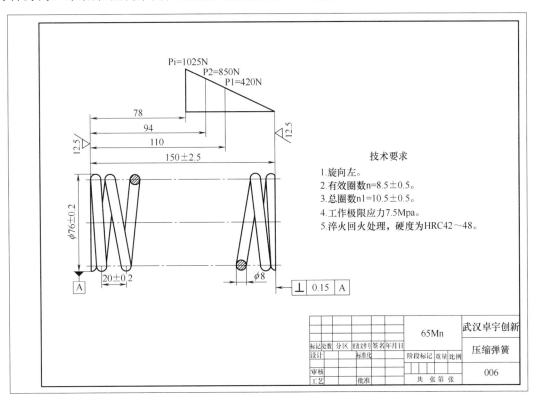

图 10-47　弹簧零件制图

（1）新建绘图文件

使用本书提供的模板文件（GB_A3_JXSJ）新建绘图文件，命名为"压缩弹簧"。

（2）创建弹簧主要视图

弹簧视图中需要绘制一个主视图（需要做剖视图）表达弹簧结构，然后使用一个三角形表示弹簧机械性能，下面具体介绍绘制方法。

步骤 1　绘制弹簧主视图。根据弹簧绘图要求及规范绘制弹簧主视图，注意在主视图中创建弹簧型材剖视图，结果如图 10-48 所示。

步骤 2　绘制弹簧性能三角形。使用标注线图层绘制弹簧性能三角形，以便在三角形上标注弹簧机械性能，结果如图 10-49 所示。

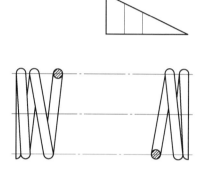

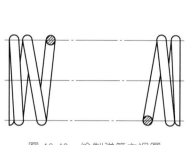

图 10-48　绘制弹簧主视图　　　　　　　　　　图 10-49　绘制弹簧性能三角形

（3）创建弹簧标注

弹簧标注包括尺寸、基准（基准 A）、形位公差（一个相对于 A 基准的垂直度公差）、表面粗糙度及技术要求标注，结果如图 10-50 所示。

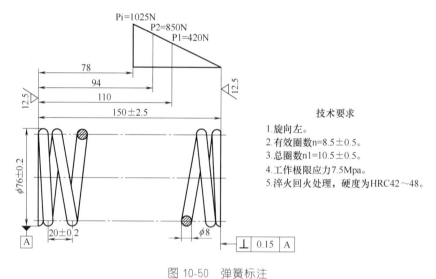

技术要求
1. 旋向左。
2. 有效圈数n=8.5±0.5。
3. 总圈数n1=10.5±0.5。
4. 工作极限应力7.5Mpa。
5. 淬火回火处理，硬度为HRC42～48。

图 10-50　弹簧标注

10.7　装配体制图

一台机器或一个产品往往都是由若干个零（部）件按一定的装配关系组装而成的，如图10-51 所示的是一些装配体的举例。在机械制图中表示装配产品的连接、装配关系的图样称为装配图，装配图与零件图都是机械设计及制造过程中的重要技术文件。

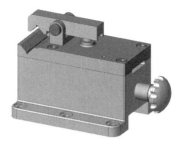

图 10-51　装配体举例

10.7.1　装配体制图要求与规范

装配图应按照以下要求及规范绘制：

（1）装配图规定画法

在装配图中，为了便于区分不同零件、正确理解零件之间的装配关系，机械制图对装配图画法做了必要的规定。

① 接触面、配合面的画法。相邻零件的接触表面和配合表面只画一条粗实线，不接触表面和非配合表面应画两条粗实线。

② 剖面线的画法。两个（或两个以上）金属零件相互邻接时，各零件的剖面线的倾斜方向应当相反，或者方向一致，但间隔错开、间距不等，同一零件在各剖视图和剖面图中的剖面线倾斜方向和间距一致。

③ 紧固件和实心件的画法。当剖切平面通过螺钉、螺母、垫圈等连接件及实心件如轴、手柄、连杆、键、销、球等的基本轴线时，这些零件均按不剖绘制，如果其上的结构如凹槽、键槽、销孔，需表达时可采用局部剖视。

（2）装配图的特有表达方法

① 沿零件结合面的剖切画法和拆卸画法。为了表示部件内部零件间的装配情况，在装配图中可假想沿某些零件结合面剖切，或假想将某些零件拆卸后再画出视图，结合面上不画剖面符号。

② 假想画法。对于不属于本部件，但与本部件有关系的相邻零件可用双点画线来表示；对于运动的零件，当需要表明其运动极限位置时，亦可用双点画线来表示。

③ 简化画法。装配图中若干相同的零件组如螺纹紧固件等，可以详细地画出一组或几组，其余只需用点画线表示其装配位置。零件的工艺结构如小圆角、倒角、退刀槽等，允许省略不画。

④ 夸大画法。装配图中有些薄垫片、小间隙等，如按其实际尺寸画出仍不能表达清楚时，允许把它们的厚度、间隙适当放大画出。

（3）装配图尺寸标注

装配图的尺寸标注要求与零件图的尺寸标注要求不同，它不需要标注每个零件的全部尺寸，只需标注一些必要尺寸，这些必要尺寸可按其作用不同大致归纳为以下几类：

① 规格尺寸。用以表明装配产品的性能或规格的尺寸，这类尺寸一般在任务书中就已确定，它是设计、了解和选用该装配产品或部件的重要依据。

② 装配尺寸。装配图中需标注出相关零件间有装配要求的尺寸。

③ 配合尺寸。凡两零件有配合要求时，必须标注出配合尺寸。

④ 重要的相对位置尺寸。相关零件间必须保证的距离、间隙等相对位置尺寸。

⑤ 连接尺寸。装配图中一般应标注连接尺寸以表明螺纹紧固件、键、销、滚动轴承等标准零、部件的规格尺寸（通常填写在明细表中）。

⑥ 安装尺寸。装配产品安装到其他零、部件或基座上的相关尺寸称为安装尺寸。

⑦ 外形尺寸。外形尺寸是装配产品的总长、总高、总宽尺寸，它反映了装配产品的总体大小，为安装、包装、运输等提供所占空间的尺寸大小。

（4）零件序号与明细表

为了便于读图、便于图样管理，以及做好生产准备工作，装配图中所有零、部件都必须编写序号，并在标题栏上方填写与图中序号一致的明细表。

10.7.2 装配体制图实例：起吊座

为了让读者更深入地理解装配体设计及机械制图，下面以如图 10-52 所示的起吊座装配体为例，详细介绍装配体机械制图过程及要求、规范。

装配体绘图之前需要首先了解装配体制图方法，主要有以下两种。

第一种方法：如果已经完成了装配体中各零件图的绘制，这种情况下可以将零件图复制到装配图中进行"装配"得到装配图，这也是最高效的一种方法。

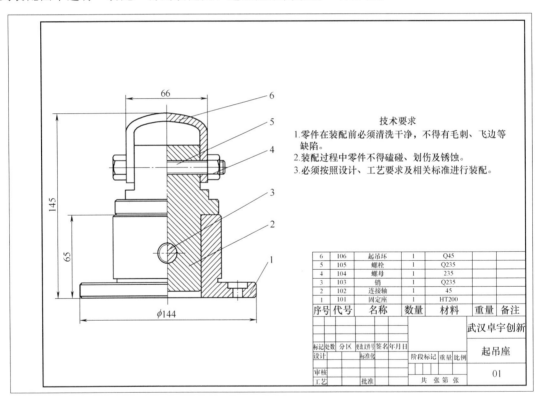

图 10-52　起吊座装配图

第二种方法：如果没有现成的零件图，需要在装配图中逐一绘制零件图进行"装配"得到装配图。下面分别使用这两种方法绘制起吊座装配图：

（1）使用零件图绘制装配图

使用零件图绘制装配图就是将做好的零件图复制到装配图中进行"装配"得到装配图，在"cad_jxsj\ch10 typical\10.7"文件夹中提供了所有零件的零件图，如图 10-53 所示。下面具体介绍使用这些零件图绘制起吊座装配图过程。

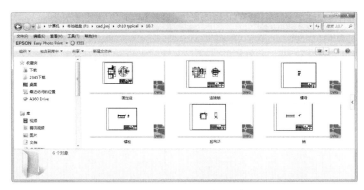

图 10-53 起吊座零件图

步骤 1 使用本书提供的模板文件（GB_A3_JXSJ）新建绘图文件，命名为"起吊座"。

步骤 2 绘制固定座。打开"固定座"零件图，将固定座主视图复制到起吊座装配图中，如图 10-54 所示，然后对该主视图进行编辑，得到如图 10-55 所示的固定座视图。

> 💡 **说明:**在起吊座装配图中需要创建整个装配产品的半剖视图，所以在复制零件图进行编辑时需要按照半剖视图的要求进行编辑，其余零件也是按照这个方式操作。

步骤 3 绘制连接轴。打开"连接轴"零件图，将连接轴主视图复制到起吊座装配图中，如图 10-56 所示，然后对该主视图进行编辑得到如图 10-57 所示的连接轴。

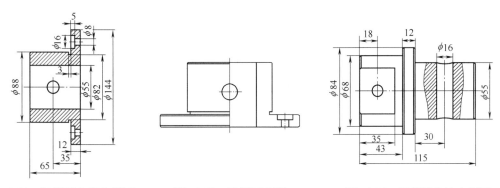

图 10-54 复制固定座主视图　　　　图 10-55 编辑固定座　　　　图 10-56 复制连接轴主视图

步骤 4 绘制销。打开"销"零件图，将销左视图复制到起吊座装配图中，如图 10-58 所示，然后对该左视图进行编辑得到如图 10-59 所示的销。

图 10-57 编辑连接轴　　　　图 10-58 复制销左视图　　　　图 10-59 编辑销

步骤 5 绘制起吊环。打开"起吊环"零件图，将起吊环主视图复制到起吊座装配图中，如图 10-60 所示，然后对该主视图进行编辑得到如图 10-61 所示的起吊环。

步骤 6 绘制螺栓。打开"螺栓"零件图，将螺栓主视图复制到起吊座装配图中，如图

10-62 所示，然后对该主视图进行编辑得到如图 10-63 所示的螺栓。

步骤 7　绘制螺母。打开"螺母"零件图，将螺母主视图复制到起吊座装配图中，如图 10-64 所示，然后对该主视图进行编辑得到如图 10-65 所示的螺母。

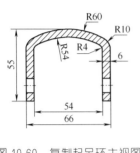

图 10-60　复制起吊环主视图

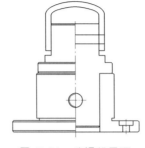

图 10-61　编辑起吊环

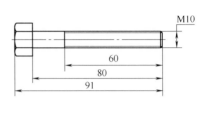

图 10-62　复制螺栓主视图

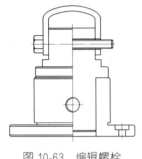

图 10-63　编辑螺栓

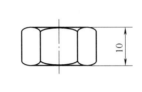

图 10-64　复制螺母主视图

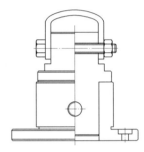

图 10-65　编辑螺母

步骤 8　绘制剖面线。使用"图案填充"命令在合适位置绘制剖面线，注意相接触的两个零件的剖面线角度尽量相反，如果无法使两个零件相反应该设置剖面线比例使者剖面线错开，便于读图，结果如图 10-66 所示。

（2）直接绘制装配图

直接绘制装配图就是按照装配组成关系在装配图中逐一绘制零件图得到装配图，下面具体介绍使用"cad_jxsj \ch10 typical \10.7"中的零件图直接绘制起吊座装配图过程。

步骤 1　使用本书提供的模板文件（GB _ A3 _ JXSJ）新建绘图文件，命名为"起吊座"。

步骤 2　绘制固定座。根据固定座零件图在装配图中的装配关系绘制如图 10-67 所示的固定座。

步骤 3　绘制连接轴。根据连接轴零件图在装配图中的装配关系绘制如图 10-68 所示的连接轴。

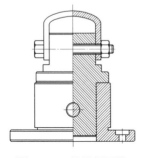

图 10-66　绘制剖面线

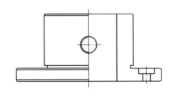

图 10-67　绘制固定座

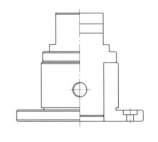

图 10-68　绘制连接轴

步骤 4 绘制销。根据销零件图在装配图中的装配关系绘制如图 10-69 所示的销。

步骤 5 绘制起吊环。根据起吊环零件图在装配图中的装配关系绘制如图 10-70 所示的起吊环。

步骤 6 绘制螺栓。根据螺栓零件图在装配图中的装配关系绘制如图 10-71 所示的螺栓。

图 10-69 绘制销　　　　　图 10-70 绘制起吊环　　　　　图 10-71 绘制螺栓

步骤 7 绘制螺母。根据螺母零件图在装配图中的装配关系绘制如图 10-72 所示的螺母。

步骤 8 绘制剖面线。参照第一种方法的步骤 8 绘制剖面线，结果如图 10-66 所示。

（3）起吊座标注

在起吊座主视图中需要标注起吊座装配的主要尺寸及技术要求，如图 10-73 所示。

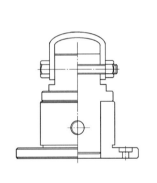

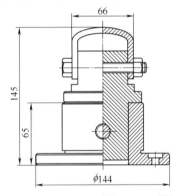

技术要求
1.零件在装配前必须清洗干净，不得有毛刺、飞边等缺陷。
2.装配过程中零件不得磕碰、划伤及锈蚀。
3.必须按照设计、工艺要求及相关标准进行装配。

图 10-72 绘制螺母　　　　　图 10-73 起吊座标注

（4）标注零件序号

首先设置多重引线样式，包括引线箭头符号及大小，零件序号箭头符号一般为小黑点，箭头大小为"5"，具体设置如图 10-74 所示。然后使用"多重引线"命令按照起吊座装配关系创建如图 10-75 所示的零件序号。

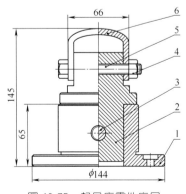

图 10-74 设置多重引线样式　　　　　图 10-75 起吊座零件序号

（5）起吊座明细表

起吊座明细表包括起吊座中各零件的序号、代号、名称、数量、材料、重量及备注等信息，具体如图 10-76 所示。使用"表格"命令按照零件序号顺序创建明细表，然后将明细表移动到标题栏上方。

6	106	起吊环	1	Q45		
5	105	螺栓	1	Q235		
4	104	螺母	1	235		
3	103	销	1	Q235		
2	102	连接轴	1	45		
1	101	固定座	1	HT200		
序号	代号	名称	数量	材料	重量	备注

图 10-76　起吊座明细表

10.8　典型机械制图案例：虎钳装配图

扫码看视频讲解

如图 10-77 所示的虎钳装配体，由固定钳身、钳口、螺杆、滑块、滑动座、垫圈（25 垫圈与 35 垫圈）、螺钉（螺钉与钳口螺钉）等零件装配而成，如图 10-78 所示。下面具体介绍使用直接绘制方法绘制如图 10-79 所示虎钳装配图的操作过程。

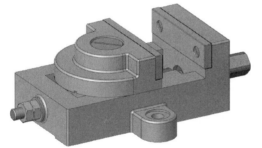

图 10-77　虎钳装配体

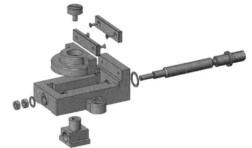

图 10-78　虎钳组成关系

虎钳装配图绘制思路及过程：

① 新建工程图文件，使用文件夹中提供的"GB_A3_JXSJ"模板新建工程图文件。

② 绘制如图 10-80 所示的固定钳身主视图、俯视图及左视图。

③ 绘制如图 10-81 所示的垫圈（25 垫圈与 35 垫圈）主、俯视图（左视图不绘制）。

④ 绘制如图 10-82 所示的螺杆，包括螺杆螺纹局部放大图及右端断面图。

⑤ 绘制如图 10-83 所示的螺母主视图、俯视图及左视图。

⑥ 绘制如图 10-84 所示的滑动座主视图、俯视图及左视图。

⑦ 绘制如图 10-85 所示的滑块主视图、俯视图及左视图。

⑧ 绘制如图 10-86 所示的螺钉主视图、俯视图及左视图。

⑨ 绘制如图 10-87 所示的钳口主视图、俯视图及左视图。

⑩ 绘制如图 10-88 所示的钳口螺钉（虎钳俯视图中绘制）。

⑪ 绘制如图 10-89 所示的剖面线（每个视图单独绘制剖面线）。

⑫ 创建如图 10-90 所示的虎钳标注及技术要求。

⑬ 使用"多重引线"命令创建如图 10-91 所示的虎钳零件序号。

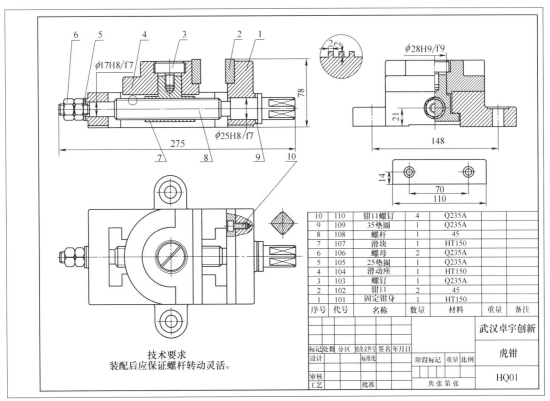

10	110	钳口螺钉	4	Q235A		
9	109	35垫圈	1	Q235A		
8	108	螺杆	1	45		
7	107	滑块	1	HT150		
6	106	螺母	2	Q235A		
5	105	25垫圈	1	Q235A		
4	104	滑动座	1	HT150		
3	103	螺钉	1	Q235A		
2	102	钳口	2	45		
1	101	固定钳身	1	HT150		
序号	代号	名称	数量	材料	重量	备注

武汉卓宇创新

虎钳

HQ01

技术要求
装配后应保证螺杆转动灵活。

图 10-79 虎钳装配图

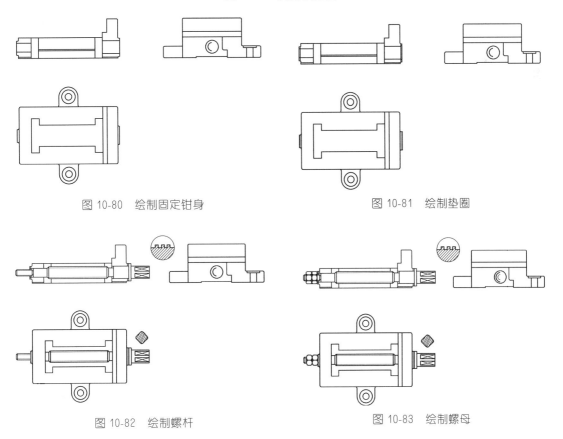

图 10-80 绘制固定钳身

图 10-81 绘制垫圈

图 10-82 绘制螺杆

图 10-83 绘制螺母

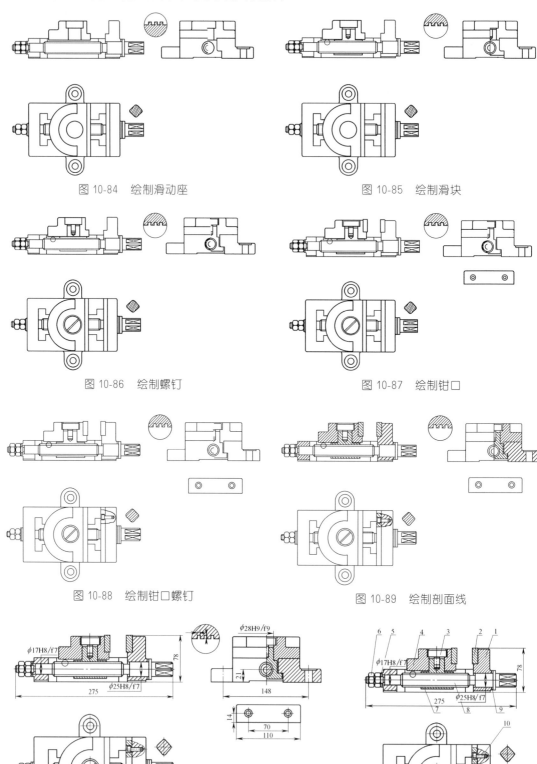

图 10-84　绘制滑动座

图 10-85　绘制滑块

图 10-86　绘制螺钉

图 10-87　绘制钳口

图 10-88　绘制钳口螺钉

图 10-89　绘制剖面线

技术要求
装配后应保证螺杆转动灵活。

图 10-90　虎钳标注

图 10-91　虎钳零件序号

⑭ 根据零件序号创建如图 10-92 所示的虎钳明细表。

10	110	钳口螺钉	4	Q235A		
9	109	35垫圈	1	Q235A		
8	108	螺杆	1	45		
7	107	滑块	1	HT150		
6	106	螺母	2	Q235A		
5	105	25垫圈	1	Q235A		
4	104	滑动座	1	HT150		
3	103	螺钉	1	Q235A		
2	102	钳口	2	45		
1	101	固定钳身	1	HT150		
序号	代号	名称	数量	材料	重量	备注

图 10-92 虎钳明细表

⑮ 具体过程：由于书籍写作篇幅限制，本书不详细介绍虎钳装配图绘图过程，读者可自行参看随书视频讲解，视频中有详尽的虎钳装配图绘图过程讲解。

第11章

三维实体设计

微信扫码，立即获取
全书配套视频与资源

为了机械设计时更直观地表达零件或产品的三维结构，在 AutoCAD 中提供了专门的三维实体设计工具，用来创建零件或产品的三维实体模型。本章主要介绍三维实体设计工具、三维实体设计方法及三维实体设计在机械设计中的应用。

11.1 三维实体设计基础

在学习与使用三维实体设计之前需要首先了解三维实体设计的基本问题，包括三维实体设计的主要作用及三维实体设计环境，下面对二者分别进行具体介绍。

11.1.1 三维实体设计作用

三维实体设计主要包括以下几个方面的作用：

① 便于查看。用户可以从模型空间的任意位置、任意角度查看模型外观结构。

② 快速生成二维图形。使用三维模型能够自动创建各种二维工程图视图（如主视图、俯视图、左视图及辅助视图等），大大提高了工程图出图效率。

③ 模型分析。使用三维模型便于用户进行干涉检查及各种工程分析。

④ 模型渲染。三维模型经过渲染能够更直观地表达产品设计意图。

11.1.2 三维实体设计环境

进行三维实体设计之前需要首先进入三维建模环境，主要包括以下两种方法：

（1）从二维绘图环境进入三维建模环境

在快速访问工具栏中单击"新建"按钮，系统弹出"选择样板"对话框，在对话框中选择二维绘图模板（如"acad"）进入二维绘图环境，在底部状态栏的 ⚙ ▾ 菜单中默认为"草图与注释"选项，如图 11-1 所示，表示当前绘图环境为二维绘图环境。

图 11-1 切换绘图环境

在底部状态栏的 ⚙ ▾ 菜单中选择"三维基础"选项，系统进入基本三维设计环境，如图 11-2 所示。在该环境的功能选项卡区域中只提供了一些简单、常用的三维实体设计工具，主要用于创建结构简单的三维实体模型。

在底部状态栏的 ⚙ ▾ 菜单中选择"三维建模"选项，系统进入完整三维设计环境，如图 11-3 所示。在该环境的功能选项卡区域中提供了完整的三维实体设计工具，实际工作中

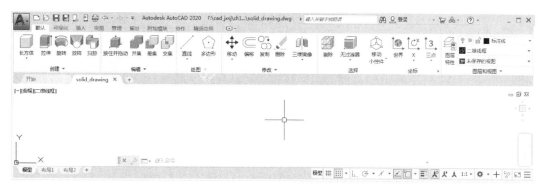

图 11-2 "三维基础"环境

主要使用"三维建模"环境进行三维实体模型设计。

图 11-3 "三维建模"环境

（2）直接新建三维绘图文件

在快速访问工具栏中单击"新建"按钮，系统弹出"选择样板"对话框，在对话框中选择如图 11-4 所示的"acad3D"模板（这是系统自带的三维绘图模板），此时系统进入三维绘图环境，然后参照第一种方法在底部状态栏的 菜单中设置"三维基础"或"三维建模"环境，如图 11-5 所示。

 说明：在本书及视频讲解中主要是使用第二种方法进入三维实体设计环境。

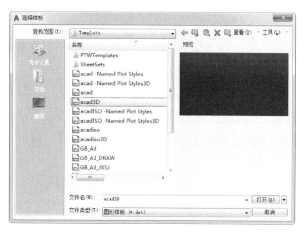

图 11-4 新建三维绘图文件

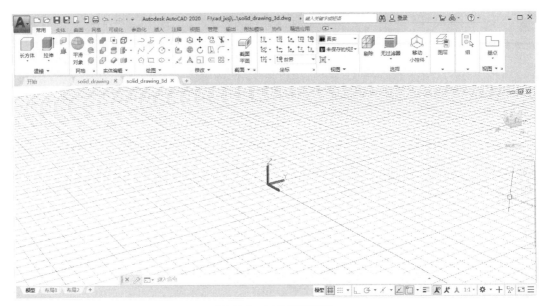

图 11-5　三维绘图环境

11.1.3　三维实体设计工具

按照 11.1.2 小节介绍的方法进入三维设计环境，系统提供了各种三维实体设计工具，下面主要介绍"三维建模"环境中的三维实体设计工具。

（1）"常用"选项卡

在"常用"选项卡中提供了各种常用的实体设计工具及辅助工具，包括建模、网格、实体编辑、绘图、修改、截面及坐标系等，如图 11-6 所示。

图 11-6　"常用"选项卡

（2）"实体"选项卡

在"实体"选项卡中提供了包括图元、实体、布尔值、实体编辑及截面等实体设计工具，如图 11-7 所示。

图 11-7　"实体"选项卡

（3）"曲面"选项卡

在"曲面"选项卡中提供了各种曲面设计工具，包括创建、编辑、控制点、曲线、投影几何图形及分析等，如图 11-8 所示。

图 11-8　"曲面"选项卡

（4）"网格"选项卡

在"网格"选项卡中提供了各种网格设计工具，包括图元、网格、网格编辑、转换网格、截面及选择等，如图 11-9 所示。

图 11-9 "网格"选项卡

（5）"可视化"选项卡

在"可视化"选项卡中提供了模型可视化工具，包括模型视口、视觉样式、光源、阳光和位置、材质、相机及渲染等，如图 11-10 所示。

图 11-10 "可视化"选项卡

11.2 三维实体基本操作

三维设计中为了提高三维设计效率，需要熟练掌握三维实体设计的基本操作，主要包括模型控制及模型显示等，下面对它们进行具体介绍。

11.2.1 模型控制

在三维实体设计中经常需要对模型进行控制，以便查看模型结构。关于模型控制操作请参看本书 1.3 节的介绍，此处不再赘述。

11.2.2 模型显示

模型显示是指三维模型的可视化样式。在 AutoCAD 中，提供了多种模型显示样式，下面打开练习文件 "cad_jxsj\ch11 solid\11.2\solid" 进行练习，打开模型如图 11-11 所示。

（1）视觉样式

在"可视化"选项卡的"视觉样式"区域使用如图 11-12 所示的下拉菜单设置三维模型视觉样式，一共包括十种，其中常用视觉样式效果如图 11-13 所示。

图 11-11 基体模型

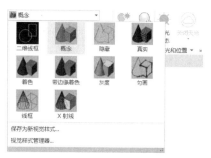

图 11-12 设置视觉样式

> 💡 **说明**：视觉样式中的"真实"与"着色"两种视觉样式比较接近，在本例中几乎是一样的，另外，"带边缘着色"与"着色"的主要区别是是否显示模型轮廓边线。

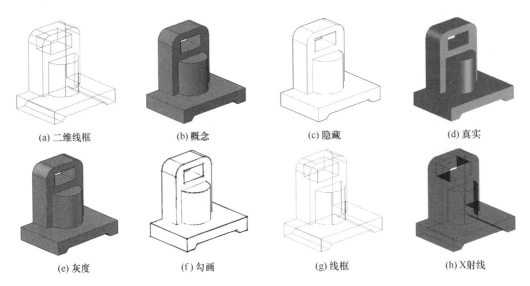

(a) 二维线框　　(b) 概念　　(c) 隐藏　　(d) 真实

(e) 灰度　　(f) 勾画　　(g) 线框　　(h) X射线

图 11-13　常用视觉样式效果

（2）边显示样式

在"可视化"选项卡的"视觉样式"区域使用如图 11-14 所示的下拉菜单设置三维模型边显示样式，一共包括三种边显示样式，显示效果如图 11-15 所示。

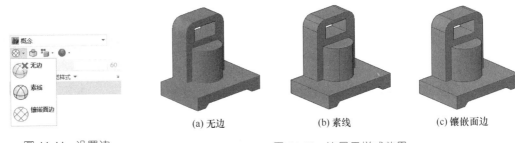

图 11-14　设置边
显示样式

(a) 无边　　(b) 素线　　(c) 镶嵌面边

图 11-15　边显示样式效果

（3）面显示样式

在"可视化"选项卡的"视觉样式"区域使用如图 11-16 所示的下拉菜单设置三维模型面显示样式，一共包括三种面显示样式，显示效果如图 11-17 所示。

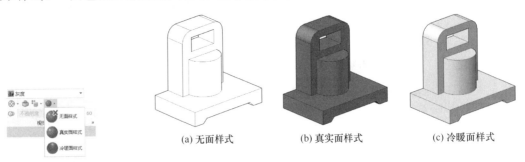

图 11-16　设置
面显示样式

(a) 无面样式　　(b) 真实面样式　　(c) 冷暖面样式

图 11-17　面显示样式效果

11.3 基本几何体

基本几何体主要包括长方体、圆柱体、圆锥体、球体、棱锥体、楔体与圆环体，在 AutoCAD 中经常使用这些基本几何体并可将其组合得到复杂的实体模型。

11.3.1 长方体

在"常用"选项卡"建模"区域的■菜单中单击■长方体按钮，创建如图 11-18 所示的长方体，长度（X 方向尺寸）为 100mm，宽度（Y 方向尺寸）为 50mm，高度（Z 方向尺寸）为 40mm。下面以此为例介绍长方体的创建。

步骤 1　在"常用"选项卡"建模"区域的■菜单中单击■长方体按钮，系统提示：BOX 指定第一个角点或 [中心(C)]：。

步骤 2　在命令栏中输入"0，0，0"并回车，表示第一个角点为坐标原点，系统提示：BOX 指定其他角点或 [立方体(C) 长度(L)]：。

步骤 3　在命令栏中输入"100，50，0"并回车，用于定义第二个角点，系统提示：BOX 指定高度或 [两点(2P)]〈-40.0000〉：。

步骤 4　在命令栏中输入"30"并回车，结果如图 11-19 所示。

> 说明：默认情况下创建的长方体显示为如图 11-19 所示的透视效果，如果需要显示为如图 11-18 所示的平行效果，需要在 View Cube 中右键单击如图 11-20 所示的位置，在弹出的快捷菜单中选择"平行"命令，如图 11-21 所示，即可设置三维模型的平行显示效果。

右键单击此位置

图 11-18　长方体　　　　图 11-19　创建长方体结果　　　　图 11-20　View Cube

11.3.2 圆柱体

在"常用"选项卡"建模"区域的■菜单中单击■圆柱体按钮，创建如图 11-22 所示的圆柱体，底面中心为坐标原点，直径为 50mm，高度为 60mm。下面以此为例介绍圆柱体的创建。

步骤 1　在"常用"选项卡"建模"区域的■菜单中单击■圆柱体按钮，系统提示：CYLINDER 指定底面的中心点或 [三点(3P) 两点(2P) 切点、切点、半径(T) 椭圆(E)]：。

步骤 2　在命令栏中输入"0，0，0"并回车，表示底面中心为坐标原点，系统提示：CYLINDER 指定底面半径或 [直径(D)]〈8.0000〉：。

步骤 3　在命令栏中输入"25"并回车，用于定义底面半径，系统提示：CYLINDER 指定高度或 [两点(2P) 轴端点(A)]〈120.0000〉：。

步骤 4　在命令栏中输入"60"并回车，结果如图 11-22 所示。

11.3.3 圆锥体

在"常用"选项卡"建模"区域的 菜单中单击 圆锥体 按钮，创建如图 11-23 所示的圆锥体，底面中心为坐标原点，半径为 60mm，高度为 70mm。下面以此为例介绍圆锥体的创建。

步骤 1 在"常用"选项卡"建模"区域的 菜单中单击 圆锥体 按钮，系统提示：CONE 指定底面的中心点或 [三点(3P) 两点(2P) 切点、切点、半径(T) 椭圆(E)]：。

步骤 2 在命令栏中输入"0，0，0"并回车，表示底面中心为坐标原点，系统提示：CONE 指定底面半径或 [直径(D)]<25.0000>：。

步骤 3 在命令栏中输入"30"并回车，用于定义底面半径，系统提示：CONE 指定高度或 [两点(2P) 轴端点(A) 顶面半径(T)]<60.0000>：。

步骤 4 在命令栏中输入"70"并回车，结果如图 11-23 所示。

图 11-21 设置平行投影

图 11-22 圆柱体

图 11-23 圆锥体

11.3.4 球体

在"常用"选项卡"建模"区域的 菜单中单击 球体 按钮，创建如图 11-24 所示的球体，球体中心为坐标原点，球半径为 50mm。下面以此为例介绍球体的创建。

步骤 1 在"常用"选项卡"建模"区域的 菜单中单击 球体 按钮，系统提示：SPHERE 指定中心点或 [三点(3P) 两点(2P) 切点、切点、半径(T)]：。

步骤 2 在命令栏中输入"0，0，0"并回车，表示球体中心为坐标原点，系统提示：SPHERE 指定半径或 [直径(D)]<30.0000>：。

步骤 3 在命令栏中输入"50"并回车，结果如图 11-24 所示。

11.3.5 棱锥体

在"常用"选项卡"建模"区域的 菜单中单击 棱锥体 按钮，创建如图 11-25 所示的棱锥体，底面中心为坐标原点，半径为 30mm，高度为 60mm。下面以此为例介绍棱锥体的创建。

步骤 1 在"常用"选项卡"建模"区域的 菜单中单击 棱锥体 按钮，系统提示：PYRAMID 指定底面的中心点或 [边(E) 侧面(S)]：。

步骤 2 在命令栏中输入"0，0，0"并回车，表示棱锥中心为坐标原点，系统提示：PYRAMID 指定底面半径或 [内接(I)]<50.0000>：。

步骤 3 在命令栏中输入"30"并回车，用于定义底面半径，系统提示：PYRAMID 指定高度或 [两点(2P) 轴端点(A) 顶面半径(T)]<60.0000>：。

步骤 4　在命令栏中输入"60"并回车，结果如图 11-25 所示。

11.3.6　楔体

在"常用"选项卡"建模"区域的 菜单中单击 楔体 按钮，创建如图 11-26 所示的楔体，楔体底面长度为 100mm，宽度为 20mm，高度为 90mm。下面以此为例介绍楔体的创建。

步骤 1　在"常用"选项卡"建模"区域的 菜单中单击 楔体 按钮，系统提示：WEDGE 指定第一个角点或 [中心(C)]：。

步骤 2　在命令栏中输入"0，0，0"并回车，表示楔体第一个角点为坐标原点，系统提示：WEDGE 指定其他角点或 [立方体(C) 长度(L)]：。

步骤 3　在命令栏中输入"100，20"并回车，用于定义另一个角点，系统提示：WEDGE 指定高度或 [两点(2P)]〈158，4661〉：。

步骤 4　在命令栏中输入"90"并回车，用于定义楔体高度，结果如图 11-26 所示。

11.3.7　圆环体

在"常用"选项卡"建模"区域的 菜单中单击 圆环体 按钮，创建如图 11-27 所示的圆环体，圆环中心为原点，圆环体半径为 50mm，圆管半径为 10mm。下面以此为例介绍圆环体的创建。

步骤 1　在"常用"选项卡"建模"区域的 菜单中单击 圆环体 按钮，系统提示：TORUS 指定中心点或 [三点(3P) 两点(2P) 切点、切点、半径(T)]：。

步骤 2　在命令栏中输入"0，0，0"并回车，表圆环体中心为坐标原点，系统提示：TORUS 指定半径或 [直径(D)]〈42.4264〉：。

步骤 3　在命令栏中输入"50"并回车，用于定义圆环体半径，系统提示：TORUS 指定圆管半径或 [两点(2P) 直径(D)]〈5.0000〉：。

步骤 4　在命令栏中输入"10"并回车，用于定义圆管半径，结果如图 11-27 所示。

图 11-24　球体　　　图 11-25　棱锥体　　　图 11-26　楔体　　　图 11-27　圆环体

11.4　三维实体建模

为了创建更复杂的三维实体模型，AutoCAD 提供了三维实体建模工具，包括拉伸、旋转、扫掠及放样，下面具体介绍这些三维实体建模工具。

11.4.1　拉伸

"拉伸"命令用于将二维平面图形沿着一定的方向（一般是垂直于二维平面的方向）拉伸一定高度形成三维实体。对如图 11-28 所示的二维图形，需要将其拉伸 15mm 得到如图 11-29 所示的三维实体，下面以此为例介绍拉伸实体的创建过程。

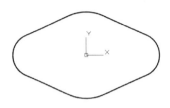

图 11-28　二维图形

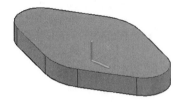

图 11-29　创建拉伸实体

步骤 1　打开练习文件：cad_jxsj \ch11 solid \11.4\extrude。

步骤 2　在底部状态栏的 ⚙ ▾ 菜单中选择"三维建模"选项，系统进入三维建模环境，将模型调整到如图 11-30 所示的视角方位以便于查看模型状态。

步骤 3　在"常用"选项卡"建模"区域的 🔲 菜单中单击 🔲拉伸 按钮，系统提示：**EX-TRUDE 选择要拉伸的对象或 [模式(MO)]：**。

步骤 4　选择二维图形为拉伸对象并回车，系统提示：**EXTRUDE 指定拉伸的高度或 [方向(D) 路径(P) 倾斜角(T)]〈15.0000〉：**。

步骤 5　在命令栏输入"－15"并回车，此时得到如图 11-31 所示的线框模型，在"可视化"选项卡的"视觉样式"区域的下拉列表中设置视觉样式为"灰度"，结果如图 11-32 所示。

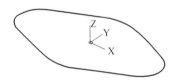

图 11-30　切换三维建模环境

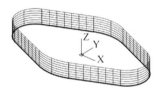

图 11-31　线框模型

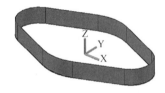

图 11-32　拉伸曲面

因为本例打开的图形文件并不是完整的封闭图形，所以使用"拉伸"命令创建的结果为拉伸曲面，如果需要将二维图形创建成如图 11-29 所示的拉伸实体，需要首先使用"合并"命令将二维图形合并成完整的封闭图形，然后使用"拉伸"命令即可得到如图 11-29 所示的拉伸实体模型。具体操作请参看随书视频讲解。

11.4.2　旋转

"旋转"命令用于将二维平面图形绕着指定轴线旋转一定角度（默认为 360°）形成回转实体。对如图 11-33 所示的二维图形。需要将其绕最下方水平直线旋转 360°得到如图 11-34 所示的回转实体，下面以此为例介绍旋转实体的创建过程。

图 11-33　二维草图

图 11-34　创建旋转实体

步骤 1　打开练习文件：cad_jxsj \ch11 solid \11.4\revolve。

步骤 2　在状态栏的 ⚙ ▾ 菜单中选择"三维建模"选项，系统进入三维建模环境。

步骤 3 在"常用"选项卡"建模"区域的 ![] 菜单中单击 ![]旋转 按钮，系统提示：RE-VOLVE 选择要旋转的对象或 [**模式(MO)**]：。

步骤 4 选择二维图形为旋转对象并回车，系统提示：REVOLVE 指定轴起点或根据以下选项之一定义轴 [**对象(O)X Y Z**]〈对象〉：。

步骤 5 选择最下方水平直线左端点为旋转轴起点，系统提示：REVOLVE 指定轴端点：。

步骤 6 选择最下方水平直线右端点为旋转轴终点，系统提示：REVOLVE 指定旋转角度或 [**起点角度(ST)反转(R)**]〈360〉：。

步骤 7 直接回车，表示按照系统默认的 360°创建旋转实体，结果如图 11-34 所示。

11.4.3 扫掠

"扫掠"命令用于将一个二维平面图形沿着另外一个二维图形扫掠（扫描）形成实体，创建扫掠实体必须具备两大要素，分别是扫掠对象（截面）与扫掠路径。如图 11-35 所示，现在需要将扫掠对象沿着扫掠路径进行扫掠得到如图 11-36 所示的扫掠实体。

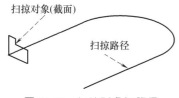

图 11-35 扫掠对象与路径

图 11-36 创建扫掠实体

步骤 1 打开练习文件：cad_jxsj\ch11 solid\11.4\sweep。

步骤 2 创建扫掠路径。以坐标原点为起点创建如图 11-37 所示的扫掠路径。

步骤 3 创建扫掠对象（截面）。在"视图"选项卡的"命名视图"区域设置视图方向为"前视"方向，表示在前视方向绘图（此处相当于切换绘图平面），如图 11-38 所示。然后以坐标原点为起点创建如图 11-39 所示的图形作为扫掠对象（截面）。

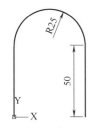

图 11-37 创建扫掠路径

图 11-38 设置视图方向

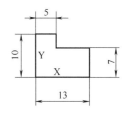

图 11-39 创建扫掠对象

> 💡 **说明**：此处在创建扫掠路径与扫掠对象时一定要注意，扫掠路径与扫掠对象是在两个不同的平面上绘制的两个不同的图形，如图 11-40 所示。

步骤 4 合并图形。选择"合并"命令分别对扫掠路径与扫掠对象进行合并。

步骤 5 在状态栏的 ⚙ ▾ 菜单中选择"三维建模"选项，系统进入三维建模环境。

步骤 6 在"常用"选项卡"建模"区域的 ![] 菜单中单击 ![]扫掠 按钮，系统提示：SWEEP 选择要扫掠的对象或 [**模式(MO)**]：。

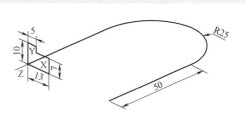

图 11-40 扫掠路径与对象

步骤7　选择如图 11-39 所示的二维图形为扫掠对象并回车，系统提示：SWEEP 选择扫掠路径或 [对齐(A) 基点(B) 比例(S) 扭曲(T)]:。

步骤8　选择如图 11-37 所示的二维图形为扫掠路径并回车，结果如图 11-36 所示。

11.4.4　放样

"放样"命令用于将空间一组二维图形进行混合形成实体。对如图 11-41 所示的二维图形，需要将该二维图形进行复制得到如图 11-42 所示的一组二维图形，然后使用"放样"命令创建如图 11-43 所示的放样实体，下面具体介绍其方法。

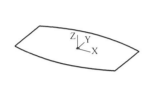

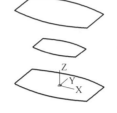

图 11-41　二维图形　　　　　图 11-42　一组二维图形　　　　　图 11-43　创建放样实体

步骤1　打开练习文件：cad_jxsj \ch11 solid \11.4\loft。

步骤2　在状态栏的 ⚙ ▾ 菜单中选择"三维建模"选项，系统进入三维建模环境。

步骤3　创建中间图形。首先选择"复制"命令将底部图形向上复制 40mm（相当于中间图形与底部图形之间的间距为 40mm），然后使用"缩放"命令缩放 0.5 倍得到中间图形。

步骤4　创建顶部图形。选择"复制"命令将底部图形向上复制 80mm（相当于顶部图形与底部图形之间的间距为 80mm）。

步骤5　在"常用"选项卡"建模"区域的 🟦 菜单中单击 🟦 放样 按钮，系统提示。LOFT 按放样次序选择横截面或 [点(PO) 合并多条边(J) 模式(MO)]:。

步骤6　按照一定的顺序依次选择以上创建的三个二维图形作为放样截面，系统自动将选择的截面进行混合，得到如图 11-43 所示的放样实体。

11.5　布尔运算

布尔运算用于在实体模型之间进行加材料或减材料的几何运算，主要包括并集、差集及交集运算。在三维实体设计中，通过布尔运算可以将若干简单的几何实体进行组合，得到复杂的几何实体。布尔运算是三维实体设计中最重要的工具之一。

如图 11-44 所示的模型，其中包括一个球体与四个圆柱体，下面以该模型为例介绍布尔运算的操作。学习本节可以打开练习文件 "cad_jxsj \ch11 solid \11.5\boolean" 进行练习。

11.5.1　并集

"并集"命令用于将多个实体对象合并成一个整体。在"常用"选项卡"实体编辑"区域单击"并集"按钮 🟥，选择如图 11-44 所示所有的实体（一个球体与四个圆柱体）为合并对象并回车，系统将选择的所有实体合并成一个整体，如图 11-45 所示。完成实体合并后，在球体与圆柱体相交的部位可以创建倒圆角结构（合并之前无法创建此处的倒圆角），结果如图 11-46 所示。

图 11-44 球体与圆柱体

图 11-45 创建并集

图 11-46 合并后倒圆角

11.5.2 差集

"差集"命令用于在一个实体中减去其余实体,在"常用"选项卡"实体编辑"区域单击"差集"按钮 ,首先选择如图 11-44 所示的球体并回车,然后选择所有的圆柱体并回车,表示从球体中减去四个圆柱体,结果如图 11-47 所示。

11.5.3 交集

"交集"命令用于创建多个实体对象的公共实体(相交实体),本例首先选择"并集"命令创建所有圆柱体的合并实体,然后在"常用"选项卡"实体编辑"区域单击"交集"按钮 ,选择合并的圆柱体与球体并回车,系统创建合并圆柱体与球体的公共实体(相交实体),结果如图 11-48 所示。

图 11-47 创建差集

图 11-48 创建交集

💡 **说明**:此处在创建交集之前一定要首先将所有的圆柱体合并,否则无法正确创建实体之间的交集,因为所有的圆柱体都是彼此独立时,圆柱体之间并没有交集。

11.6 三维实体编辑

三维实体编辑工具用于在三维实体上添加各种细节结构,主要包括圆角边(倒圆角)、倒角边(倒斜角)、倾斜面(拔模)、抽壳、剖切及压印等。

11.6.1 圆角边

"圆角边"命令用于在实体模型边角位置创建倒圆角结构。对如图 11-49 所示的滑座基体模型,需要在模型边角位置创建倒圆角,结果如图 11-50 所示。

步骤 1 打开练习文件:cad_jxsj\ch11 solid\11.6\filletedge。

步骤 2 在"实体"选项卡"实体编辑"的 菜单中单击 按钮,系统提示:FILLETEDGE 选择边或 [链(C) 球(L) 半径(R)]:。

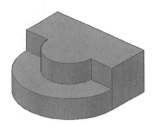

图 11-49　滑座基体

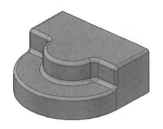

图 11-50　创建倒圆角

步骤 3　在命令栏中输入"R"并回车，表示设置圆角半径，系统提示：FILLETEDGE 输入圆角半径〈2.0000〉：。

步骤 4　在命令栏中输入"3"并回车，表示圆角半径为 3mm，系统提示：FILLETEDGE 选择边或［链(C) 环(L) 半径(R)］：。

步骤 5　选择如图 11-51 所示的模型边线一为圆角边线创建圆角一，系统提示：FILLETEDGE 按 Enter 键接受圆角或［半径(R)］：。

步骤 6　直接按回车键接受创建的圆角结构，完成圆角创建。

步骤 7　按空格键继续创建圆角，系统提示：FILLETEDGE 选择边或［链(C) 环(L) 半径(R)］：。

步骤 8　在命令栏中输入"C"并回车，表示选择边链创建圆角，系统提示：FILLETEDGE 选择边链或［边(E) 半径(R)］：。

步骤 9　在命令栏中输入"R"并回车，表示设置圆角半径，系统提示：FILLETEDGE 输入圆角半径〈3.0000〉：。

步骤 10　在命令栏中输入"2"并回车，表示圆角半径为 2mm，系统提示：FILLETEDGE 选择边链或［边(E) 半径(R)］：。

步骤 11　选择如图 11-52 所示的模型边线二为圆角边线创建圆角二，系统提示：FILLETEDGE 按 Enter 键接受圆角或［半径(R)］：。

步骤 12　直接按回车键接受创建的圆角结构，完成圆角创建。

步骤 13　参照以上步骤，选择如图 11-53 所示的边线三创建圆角三，圆角半径为 1.5mm。

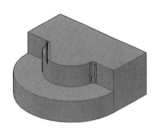

图 11-51　选择圆角边线一

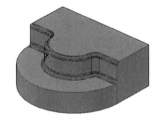

图 11-52　选择圆角边线二

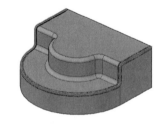

图 11-53　选择圆角边线三

说明：在三维实体设计中，如果需要删除模型中的倒圆角结构，需要首先在"常用"选项卡的"选择"区域设置过滤器，如图 11-54 所示选择"面"选项，然后选择如图 11-55 所示的圆角面后单击右键，在弹出的快捷菜单中选择"删除"命令，如图 11-55 所示，系统删除选中的圆角面，结果如图 11-56 所示。

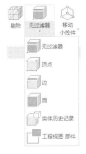

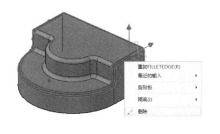

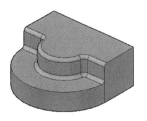

图 11-54 设置过滤器　　　　　图 11-55 删除面　　　　　图 11-56 删除圆角面

11.6.2 倒角边

"倒角边"命令用于在实体模型边角位置创建倒斜角结构。对如图 11-57 所示的回转体模型，需要在模型右侧边角位置创建倒斜角，结果如图 11-58 所示。

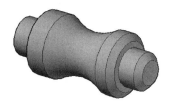

图 11-57 回转体　　　　　　　　图 11-58 创建倒斜角

步骤 1 打开练习文件：cad_jxsj \ch11 solid \11.6\chamferedge。

步骤 2 在"实体"选项卡"实体编辑"的 菜单中单击 倒角边 按钮，系统提示：CHAMFEREDGE 选择一条边或 [环(L) 距离(D)]：。

步骤 3 在命令栏中输入"D"并回车，表示设置倒角距离，系统提示：CHAMFEREDGE 指定距离 1〈1.0000〉：。

步骤 4 在命令栏中输入"5"并回车，表示倒角第一距离为 5mm，系统提示：CHAMFEREDGE 指定距离 2〈1.0000〉：。

步骤 5 在命令栏中输入"5"并回车，表示倒角第二距离为 5mm，系统提示：CHAMFEREDGE 选择一条边或 [环(L) 距离(D)]：。

步骤 6 选择如图 11-59 所示的模型边线为倒角边线一创建倒角一，系统提示：CHAMFEREDGE 选择同一个面上的其他边或 [环(L) 距离(D)]：。

说明： 创建倒角时只能选择同一平面上的边线创建倒角，否则无法创建多个倒角。

步骤 7 直接回车，系统提示：CHAMFEREDGE 按 Enter 键接受倒角或 [距离(D)]：。

步骤 8 直接按回车键接受创建的倒角结构，完成倒角的创建。

步骤 9 参照以上步骤，选择如图 11-60 所示的边线创建倒角，倒角距离均为 2mm。

图 11-59 选择倒角边线一　　　　　图 11-60 选择倒角边线二

11.6.3 倾斜面

"倾斜面"命令用于在实体模型表面创建拔模斜度。对如图 11-61 所示的泵盖基体模型，需要在模型上部长圆形凸台侧面创建拔模斜度，结果如图 11-62 所示。

图 11-61　泵盖基体

图 11-62　创建倾斜面

步骤 1　打开练习文件：cad_jxsj \ch11 solid \11.6\solidedit。

步骤 2　在"实体"选项卡"实体编辑"的 菜单中单击 倾斜面 按钮，系统提示：SOLIDEDIT 选择面或 [放弃(U) 删除(R)]：。

步骤 3　选择如图 11-63 所示的长圆形凸台侧面为倾斜面对象，系统提示：SOLIDEDIT 选择面或 [放弃(U) 删除(R) 全部(ALL)]：。

步骤 4　直接回车，系统提示：SOLIDEDIT 指定基点：。

步骤 5　选择如图 11-64 所示的模型顶点为基点，系统提示：SOLIDEDIT 指定沿倾斜轴的另一个点：。

步骤 6　选择如图 11-65 所示的模型顶点为倾斜轴另一点，系统提示：SOLIDEDIT 指定倾斜角度：。

步骤 7　在命令栏中输入"15"并回车，表示倾斜角度为 15°，系统提示：SOLIDEDIT [拉伸(E) 移动(M) 旋转(R) 偏移(O) 倾斜(T) 删除(D) 复制(C) 颜色(L) 材质(A) 放弃(U) 退出(X)]〈退出〉：。

步骤 8　直接回车，完成倾斜面的创建。

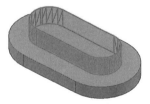

图 11-63　选择面

图 11-64　定义基点

图 11-65　定义倾斜轴另一点

11.6.4 抽壳

"抽壳"命令用于将实体按照给定厚度值将实体内部掏空，形成均匀壁厚的壳体结构。对如图 11-66 所示的实体模型，需要将实体底面去掉然后将内部掏空形成 1mm 厚度的均匀壳体，结果如图 11-67 所示。

图 11-66　实体模型

图 11-67　创建抽壳

步骤 1 打开练习文件：cad_jxsj \ch11 solid \11.6\shell。

步骤 2 在"实体"选项卡"实体编辑"的 ▦ 菜单中单击▦抽壳按钮，系统提示：SOL-IDEDIT 选择三维实体：。

步骤 3 选择整个实体模型为抽壳对象，系统提示：SOLIDEDIT 删除面或［放弃(U) 添加(A) 全部(ALL)]：。

步骤 4 选择实体模型底面为删除面，表示将该面删除掉然后抽壳，系统提示：SOL-IDEDIT 输入抽壳偏移距离：。

步骤 5 在命令栏中输入"1"并回车，表示抽壳厚度为1mm，完成抽壳的创建。

11.6.5 剖切

"剖切"命令用于对实体模型进行切除，用来切除的工具可以是基准面、曲面、轴或使用三点创建的面等。对如图 11-68 所示的实体模型，需要使用 ZX 基准面将实体模型下半部分切除掉，切除结果如图 11-69 所示。

步骤 1 打开练习文件：cad_jxsj \ch11 solid \11.6\slice。

步骤 2 在"实体"选项卡"实体编辑"区域单击 ▦ 剖切 按钮，系统提示：SLICE 选择要剖切的对象：。

步骤 3 选择整个实体模型为剖切对象，系统提示：SLICE 指定切面的起点或 ［平面对象(O) 曲面(S) z 轴(Z) 视图(V) xy(XY) yz(YZ) zx(ZX) 三点(3)]〈三点〉：。

步骤 4 在命令栏中输入"ZX"并回车，表示使用 ZX 平面剖切实体，系统提示：SLICE 指定 ZX 平面上的点〈0，0，0〉：。

步骤 5 直接回车，表示接受原点为 ZX 平面上的点，系统提示：SLICE 在所需的侧面上指定点或［保留两个侧面(B)]〈保留两个侧面〉：。

步骤 6 在模型上选择如图 11-70 所示的顶点为参考点，表示该点所在侧为保留侧。

图 11-68 实体模型

图 11-69 创建剖切

选择该点

图 11-70 选择参考点

11.7 三维实体修改

"实体修改"命令用来对选中的实体对象进行变换，主要包括移动、复制旋转、缩放、镜像阵列等，下面具体介绍这些三维实体修改的操作。

11.7.1 移动、复制、旋转

"移动"命令用于将一个实体对象按照指定方式进行平移，"复制"命令用于将一个实体对象按照一定方式进行复制，"旋转"命令用于将实体对象按照一定方式进行旋转，这是三维实体设计中常用的实体变换工具。

对如图 11-71 所示的曲轴模型，现在已经完成了模型创建如图 11-72 所示，需要将轴上实体进行移动、复制及旋转变换，然后使用布尔运算得到最终的曲轴模型。下面打开练习文件"cad_jxsj\ch11 solid\11.7\copy"具体介绍其操作。

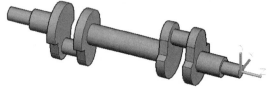

图 11-71　曲轴模型

图 11-72　已经完成的结构

（1）移动

下面具体介绍使用"移动"命令将轴上实体移动到如图 11-73 所示位置的操作。

步骤 1　在"常用"选项卡"修改"区域单击 ✛ 按钮，系统提示：MOVE 选择对象：。

步骤 2　选择如图 11-74 所示轴上实体对象为移动对象，系统提示：MOVE 指定基点或 [位移(D)]〈位移〉：。

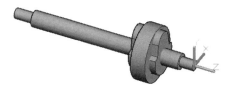

图 11-73　移动实体

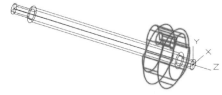

图 11-74　选择移动对象

说明：在选择移动对象时，为了便于选择，需要将视觉样式设置为线框。

步骤 3　选择如图 11-75 所示圆心点为移动基点，系统提示：MOVE 指定第二个点或 〈使用第一个点作为位移〉：。

步骤 4　在命令栏中输入"0，0，－20"并回车，表示沿着 Z 轴负方向移动 20mm，完成移动操作。

（2）复制

下面具体介绍使用"复制"命令将轴上实体复制到如图 11-76 所示位置的操作。

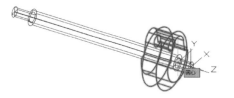

图 11-75　选择移动基点

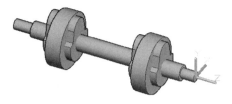

图 11-76　复制实体

步骤 1　在"常用"选项卡"修改"区域单击 ⌗ 按钮，系统提示：COPY 选择对象：。

步骤 2　选择轴上所有实体为复制对象，系统提示：COPY 指定基点或 [位移(D) 模式(O)]〈位移〉：。

步骤 3　选择如图 11-77 所示圆心点为复制基点，系统提示：COPY 指定第二个点或 [阵列(A)]〈使用第一个点作为位移〉：。

步骤 4　沿轴向方向向左拖动鼠标，然后在命令栏中输入"100"并回车，表示沿轴向方向复制到相距 100mm 的位置，系统提示：COPY 指定第二个点或 [阵列(A) 退出(E) 放弃(U)]〈退出〉：。

步骤5 直接回车，完成复制实体操作。

（3）旋转

下面具体介绍使用"旋转"命令将轴上实体（前文复制的实体）旋转到如图 11-78 所示位置的操作（相当于将前文复制的实体旋转 180°）。

步骤1 在"常用"选项卡"修改"区域单击 ↻ 按钮，系统提示：ROTATE 选择对象：。

步骤2 选择上一步骤复制的实体为旋转对象，系统提示：ROTATE 指定基点：。

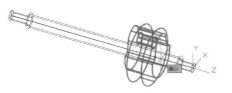

图 11-77　定义复制基点

图 11-78　旋转实体

步骤3 选择如图 11-79 所示圆心点为旋转基点，系统提示：ROTATE 指定旋转角度，或 [复制(C) 参照(R)]〈0〉：。

步骤4 在命令栏中输入"180"并回车，表示将实体旋转 180°，并回车，完成旋转操作。

（4）布尔操作

下面具体介绍使用布尔操作对轴实体及轴上实体进行布尔运算得到曲轴模型的操作。

步骤1 创建并集。在"常用"选项卡"实体编辑"区域单击"并集"按钮 🔲，选择如图 11-80 所示的实体为合并对象并回车。

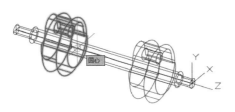

图 11-79　定义旋转基点

图 11-80　定义并集

步骤2 创建差集。在"常用"选项卡"实体编辑"区域单击"差集"按钮 🔲，首先选择步骤 1 得到的并集对象，然后选择如图 11-81 所示实体为求差对象，结果如图 11-82 所示。

图 11-81　选择求差对象

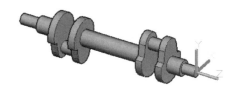

图 11-82　差集结果

步骤3 创建并集。在"常用"选项卡"实体编辑"区域单击"并集"按钮 🔲，选择步骤 2 的差集对象及其余实体为合并对象并回车，结果如图 11-83 所示。

11.7.2 缩放

"缩放"命令用来对选中的实体对象进行缩放处理，其具体操作类似于二维绘图中的"缩放"命令。下面以如图 11-84 所示的模型为例介绍缩放操作。

图 11-83　定义并集

图 11-84　缩放实体

步骤 1　打开练习文件：cad_jxsj \ch11 solid \11. 7\scale。

步骤 2　在"实体"选项卡"实体编辑"区域单击 □ 按钮，系统提示：SCALE 选择对象：。

步骤 3　选择实体模型为缩放对象并回车，系统提示：SCALE 指定基点：。

步骤 4　在命令栏输入"0，0，0"并回车，表示缩放基点为坐标原点，系统提示：SCALE 指定比例因子或 [**复制(C) 参照(R)**]：。

步骤 5　在命令栏输入"0.5"并回车，表示将实体缩小到原来的一半。

11.7.3　镜像

"镜像"命令用于将选中的实体对象沿着一个平面进行对称复制。对如图 11-85 所示的实体模型，需要将左侧的 U 形凸台镜像到右侧，结果如图 11-86 所示。

步骤 1　打开练习文件：cad_jxsj \ch11 solid \11. 7\mirror。

步骤 2　在"实体"选项卡"实体编辑"区域单击 ⬛ 按钮，系统提示：MIRROR3D 选择对象：。

步骤 3　选择如图 11-87 所示的 U 形实体为镜像对象并回车，系统提示：MIRROR3D [对象(O) 最近的(L) Z轴(Z) 视图(V) XY 平面(XY) YZ 平面(YZ) ZX 平面(ZX) 三点(3)]〈三点〉：。

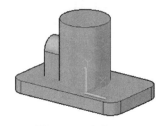

图 11-85　实体模型

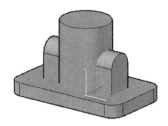

图 11-86　镜像实体

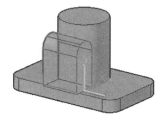

图 11-87　选择镜像对象

步骤 4　在命令栏中输入"XY"并回车，表示使用 XY 面作为镜像面，系统提示：MIRROR3D 指定 XY 平面上的点 〈0，0，0〉：。

步骤 5　直接回车，表示使用坐标原点作为镜像平面上的参考点，系统提示：MIRROR3D 是否删除源对象？[**是(Y) 否(N)**]〈否〉：。

步骤 6　直接回车，表示在镜像后不删除源对象，结果如图 11-86 所示。

11.7.4　阵列

"阵列"命令用于将选中的实体对象按照一定排列规律进行复制，主要包括矩形阵列、圆形阵列及路径（曲线）阵列三种类型，下面具体介绍三维实体的阵列操作。

（1）矩形阵列

对如图 11-88 所示的示例模型，需要将其中的圆柱体进行矩形阵列复制操作，结果如图 11-89 所示。下面以此为例介绍矩形阵列的操作。

图 11-88 示例模型

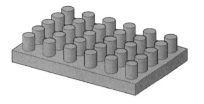

图 11-89 矩形阵列

步骤 1 打开练习文件：cad_jxsj \ch11 solid \11.7\arrayrect。

步骤 2 在"常用"选项卡"修改"区域单击 菜单中的 矩形阵列 按钮，系统提示：ARRAYRECT 选择对象：。

步骤 3 选择模型中的圆柱体为阵列对象并回车，系统提示：ARRAYRECT 选择夹点以编辑阵列或［关联(AS) 基点(B) 计数(COU) 间距(S) 列数(COL) 行数(R) 层数(L) 退出(X)]〈退出〉：。

同时在选项卡区域中弹出如图 11-90 所示的"阵列创建"选项卡，在该选项卡中可以直观、高效地定义矩形阵列参数。具体参数如图 11-90 所示设置，结果如图 11-91 所示。

类型	列			行 ▼			层级			特性		关闭
矩形	列数:	6		行数:	5		级别:	1		关联 基点		关闭阵列
	介于:	20.0000		介于:	15.0000		介于:	18.0000				
	总计:	100.0000		总计:	60.0000		总计:	18.0000				

图 11-90 定义矩形阵列

图 11-91 定义矩形阵列结果

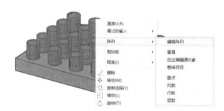

图 11-92 编辑阵列参数

说明： 完成矩形阵列后，在模型中选中阵列对象，系统再次弹出如图 11-90 所示的"阵列创建"选项卡，在该操控板中可以编辑阵列参数。另外，选中阵列对象后单击右键，系统会弹出如图 11-92 所示的快捷菜单，使用该快捷菜单同样可以编辑阵列参数。

（2）圆形阵列

对如图 11-93 所示的示例模型，需要将其中的圆柱体进行圆形阵列复制操作，结果如图 11-94 所示。下面以此为例介绍圆形阵列的操作。

步骤 1 打开练习文件：cad_jxsj \ch11 solid \11.7\arraypolar。

步骤 2 在"常用"选项卡"修改"区域单击 菜单中的 环形阵列 按钮，系统提示：ARRAYPOLAR 选择对象：。

步骤 3 选择模型中的圆柱体为阵列对象并回车，系统提示：ARRAYPOLAR 指定阵列的中心点或［基点(B) 旋转轴(A)]：。

步骤 4 选择如图 11-95 所示的圆心为圆形阵列中心点，系统提示：ARRAYPOLAR 选择夹点以编辑阵列或［关联(AS) 基点(B) 项目(I) 项目间角度(A) 填充角度(F) 行(ROW)

层(L) 旋转项目(ROT) 退出(X)]〈退出〉：。

图 11-93　示例模型

图 11-94　圆形阵列

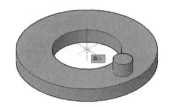
图 11-95　选择阵列基点

同时在选项卡区域中弹出如图 11-96 所示的"阵列创建"选项卡，在该选项卡中可以直观、高效地定义圆形阵列参数。具体参数设置如图 11-96 所示。

图 11-96　定义圆形阵列

（3）路径阵列

对如图 11-97 所示的示例模型，需要将其中的圆柱体沿着曲线方向进行阵列复制操作，结果如图 11-98 所示。下面以此为例介绍路径阵列的操作。

图 11-97　示例模型

图 11-98　曲线阵列

步骤 1　打开练习文件：cad_jxsj \ch11 solid \11.7\arraypath。

步骤 2　在"常用"选项卡"修改"区域单击 菜单中的 路径阵列 按钮，系统提示：ARRAYPATH 选择对象：。

步骤 3　选择模型中的圆柱体为阵列对象并回车，系统提示：ARRAYPATH 选择路径曲线：。

步骤 4　选择模型中的曲线为路径曲线，系统提示：ARRAYPATH 选择夹点以编辑阵列或 [关联(AS) 方法(M) 基点(B) 切向(T) 项目(I) 行(R) 层(L) 对齐项目(A) z 方向(Z) 退出(X)]〈退出〉：。

同时在选项卡区域中弹出如图 11-99 所示的"阵列创建"选项卡，在该选项卡中可以直观、高效地定义曲线阵列参数（阵列个数为 20）。具体参数设置如图 11-99 所示。

图 11-99　定义曲线阵列

默认情况下得到的路径阵列结果如图 11-100 所示，主要原因是系统自动选择的阵列基点（起始点）位置不对，需要手动选择。在"阵列创建"选项卡中单击"基点"按钮，并选择原始圆柱体底面圆心为基点，此时阵列结果如图 11-101 所示。

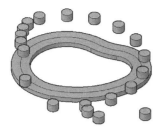

图 11-100　初步曲线阵列

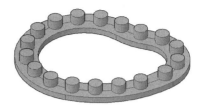

图 11-101　定义曲线阵列结果

11.8　绘图视图与坐标系

在三维实体设计中经常需要在不同的视图方向或不同位置创建实体对象。在不同视图方向创建实体对象时，可以使用系统自带的视图工具切换视图方向创建实体；在不同位置创建实体对象时，需要在不同位置创建合适的坐标系以创建实体。

11.8.1　绘图视图

"三维建模"环境的"视图"选项卡中，"命名视图"区域的工具可用来设置和管理绘图视图，包括视图列表、新建视图及视图管理器等，如图 11-102 所示。

图 11-102　视图工具

> **说明**：在 AutoCAD 选项卡中凡是有"命名视图"区域的，都可以用来设置和管理绘图视图。本小节主要介绍"三维建模"环境中"视图"选项卡的命名视图工具。

在"视图"选项卡的"命名视图"区域展开视图列表，如图 11-103 所示，可使用该列表来切换视图方向，包括系统自带的视图方向或用户自定义的视图方向。

在"视图"选项卡的"命名视图"区域单击 [新建视图] 按钮，系统弹出如图 11-104 所示的"新建视图/快照特性"对话框，可使用该对话框新建视图方向。

在"视图"选项卡的"命名视图"区域单击 [视图 管理器] 按钮，系统弹出如图 11-105 所示的"视图管理器"对话框，可使用该对话框管理视图方向。

图 11-103　视图列表　　图 11-104　"新建视图/快照特性"对话框　　图 11-105　"视图管理器"对话框

对如图 11-106 所示的基座零件图，现在要求根据零件图创建如图 11-107 所示的基座零件模型。为了创建基座零件模型，需要首先分析基座零件各个视图方向的结构特点。基座零件前视图如图 11-108 所示，俯视图如图 11-109 所示，左视图如图 11-110 所示。

接下来根据基座零件三个视图方向的结构特点分别在三个视图方向创建二维图形，然后根据二维图形创建各个方向的拉伸实体并进行布尔运算得到基座零件模型。

步骤 1　打开练习文件：cad_jxsj \ch11 solid \11.8\view。

步骤 2　创建各个视图方向的二维图形，为三维实体建模做准备。

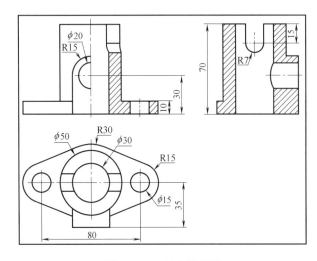

图 11-106　基座零件图　　　　　　　　　　　图 11-107　基座零件模型

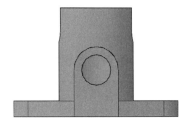　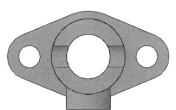　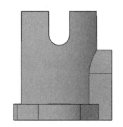

图 11-108　前视图　　　　　　　图 11-109　俯视图　　　　　　　图 11-110　左视图

① 创建俯视图图形。本例打开的练习文件默认是在俯视图方向，直接在俯视图方向根据基座零件图尺寸创建如图 11-111 所示的俯视图图形。

② 创建前视图图形。在"视图"选项卡"命名视图"区域的视图列表中选择"前视"选项，表示切换至前视图方向，在前视图方向根据基座零件图尺寸创建如图 11-112 所示的前视图图形。

③ 创建左视图图形。在"视图"选项卡"命名视图"区域的视图列表中选择"左视"选项，表示切换至左视图方向，在左视图方向根据基座零件图尺寸创建如图 11-113 所示的左视图图形。

④ 创建新视图。创建各个视图方向二维图形结果如图 11-114 所示，将模型调整到如图 11-114 所示的方向，在"视图"选项卡的"命令视图"区域单击　　 新建视图 按钮，系统弹出"新建视图/快照特性"对话框，在对话框中输入视图名称为"V"，视图类别为"轴测图"，其他保持默认设置，单击"确定"按钮，完成新视图的创建，如图 11-115 所示。

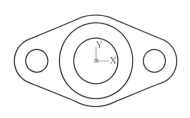

图 11-111　俯视图图形

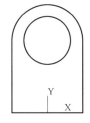

图 11-112　前视图图形

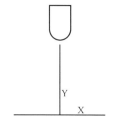

图 11-113　左视图图形

说明：此处创建新视图的主要目的是方便以后随时在该方向查看模型，创建新视图后只需要在"视图"选项卡"命名视图"区域的视图列表中选择创建的视图即可。

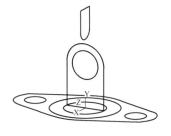

图 11-114　创建各视图方向图形结果

图 11-115　新建视图

步骤 3　创建各个视图方向的拉伸实体。

① 创建底板拉伸实体。选择俯视图中菱形轮廓及两侧小圆为拉伸对象创建拉伸实体，拉伸方向向上，拉伸高度为 10mm，结果如图 11-116 所示。

② 创建圆柱拉伸实体。选择俯视图中中间两个同心圆为拉伸对象创建拉伸实体，拉伸方向向上，拉伸高度为 70mm，结果如图 11-117 所示。

③ 创建前视拉伸实体。选择前视图二维图形为拉伸对象创建拉伸实体，拉伸方向向前，拉伸高度为 35mm，结果如图 11-118 所示。

④ 创建左视拉伸实体。选择左视图二维图形为拉伸对象创建拉伸实体，拉伸方向向左，拉伸高度为 25mm，结果如图 11-119 所示。

图 11-116　底板拉伸实体

图 11-117　圆柱拉伸实体

图 11-118　前视拉伸实体

步骤 4　创建布尔运算。完成各方向实体创建后再使用布尔运算工具对实体进行并集及差集运算，得到如图 11-120 所示的基座零件实体。

11.8.2　绘图坐标系

"三维建模"环境的"常用"选项卡中，"坐标"区域的工具用来定义和管理绘图坐标系，包括旋转坐标系、定义坐标系原点等，如图 11-121 所示。

图 11-119　左视拉伸实体

图 11-120　布尔运算后得到实体

💡 **说明：** 在 AutoCAD 选项卡中凡是有"坐标"区域的，都可以用来设置和管理绘图坐标系。本小节主要介绍"三维建模"环境中"常用"选项卡的坐标工具。

图 11-121　坐标工具

对如图 11-122 所示的支架零件图，现在要求根据零件图创建如图 11-123 所示的支架零件模型。为了创建支架零件模型，需要在合适位置创建坐标系，然后在坐标系 XY 平面上绘制二维图形并拉伸，最后对拉伸实体进行布尔运算。下面具体介绍其创建方法。

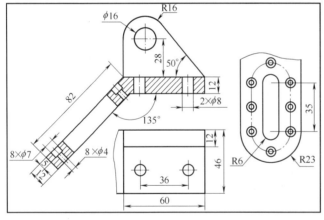

图 11-122　支架零件图

图 11-123　支架零件模型

步骤 1　打开练习文件：cad_jxsj \ch11 solid \11.8\ucs。

步骤 2　创建俯视图形。本例打开的练习文件默认是在俯视图方向，直接在俯视图方向根据支架零件图尺寸创建如图 11-124 所示的俯视图形。

步骤 3　创建前视图形。创建前视图形需要首先创建合适的坐标系，然后在坐标系 XY 平面上绘制前视图形，下面具体介绍其方法。

① 定义坐标系原点。在"常用"选项卡的"坐标"区域单击"原点"按钮，选择如图 11-125 所示的顶点为坐标系原点，此时坐标系原点移动到选择的顶点位置。

② 定义坐标系 Z 轴方向。绘制二维图形需要在坐标系的 XY 平面上绘制，通过定义 Z

轴方向来定义坐标系 XY 平面。在"常用"选项卡的"坐标"区域单击"Z 轴矢量"按钮 ，依次选择如图 11-126 所示的起点与终点，系统以起点到终点方向作为坐标系 Z 轴矢量方向，此时坐标系如图 11-126 所示（注意 XY 平面方向）。

③ 定义坐标系原点。因为支架零件板厚为 12mm，需要将坐标系沿着 Y 轴方向移动 12mm，在"常用"选项卡的"坐标"区域单击"原点"按钮 ，在命令栏输入"0，12，0"为坐标原点，此时坐标系原点移动到定义的坐标点位置，如图 11-127 所示。

④ 切换视图方向。使用 View Cube 工具将视图方向调整到 XY 平面方向，如图 11-128 所示，此时可以直接在 XY 平面上创建二维图形。

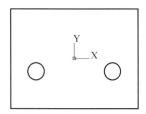
图 11-124 创建俯视图形

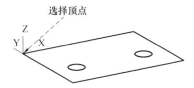
图 11-125 定义坐标系原点（一）

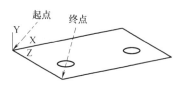
图 11-126 定义坐标系 Z 轴方向

说明： 此处在切换视图方向时一定不要使用"命名视图"区域的视图列表来切换视图方向，否则以上创建的坐标系会重新回到初始位置，如图 11-129 所示。

⑤ 创建前视图形。在 XY 平面上创建如图 11-130 所示的二维图形，完成前视图形绘制后，旋转图形到如图 11-131 所示的方向查看图形结果。

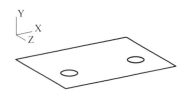
图 11-127 定义坐标系原点（二）

图 11-128 切换视图方向

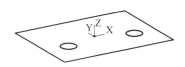
图 11-129 原始坐标系

步骤 4 创建侧视图形。创建侧视图形需要首先创建合适的坐标系，然后在坐标系 XY 平面上绘制侧视图形。下面具体介绍其方法。

① 定义坐标系原点。在"常用"选项卡的"坐标"区域单击"原点"按钮 ，选择如图 11-132 所示的顶点为坐标系原点，此时坐标系原点移动到选择的顶点位置。

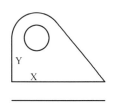
图 11-130 创建前视图形

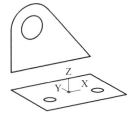
图 11-131 查看前视图形结果

图 11-132 定义坐标系原点

② 旋转坐标系。在"常用"选项卡的"坐标"区域选择 菜单中的 命令，表示沿 Y 轴旋转坐标系，在命令栏中输入"-45"并回车，表示将坐标系沿 Y 轴旋转 $-45°$，结果如图 11-133 所示，此时可以直接在 XY 平面上创建二维图形。

③ 创建侧视图形。在 *XY* 平面上创建如图 11-134 所示的二维图形，完成侧视图形绘制后，旋转图形到如图 11-135 所示的方向查看图形结果。

步骤 5　创建拉伸实体。分别使用以上创建的三个方向的二维草图创建拉伸实体，拉伸高度为 12mm，创建拉伸实体结果如图 11-136 所示（具体操作请参看随书视频讲解）。

步骤 6　创建布尔运算。在拉伸实体之间使用"并集"与"差集"命令进行布尔运算，最终结果如图 11-137 所示（具体操作请参看随书视频讲解）。

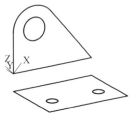

图 11-133　旋转坐标系

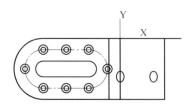

图 11-134　创建侧视图形

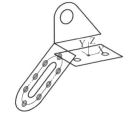

图 11-135　查看侧视图形结果

图 11-136　创建拉伸实体结果

图 11-137　布尔运算

11.9　三维实体标注

扫码看视频讲解

　　三维实体标注就是直接在三维模型上创建工程图标注，通过三维实体标注能够直观反映三维模型结构尺寸，从而大大提高识图效率。在 AutoCAD 中创建三维实体标注的操作与二维图形标注的操作是类似的，主要区别就是三维实体需要在不同方向创建合适坐标系进行标注。下面以如图 11-138 所示的基座模型为例介绍三维实体标注，结果如图 11-139 所示。

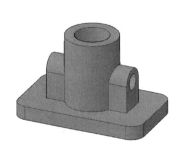

图 11-138　基座模型

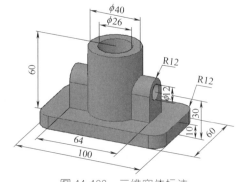

图 11-139　三维实体标注

步骤 1　打开练习文件：cad_jxsj \ch11 solid \11.9\3d_dim。

步骤 2　标注竖直线性尺寸及直径尺寸。在"注释"选项卡的"标注"区域选择命令，在模型上选择合适的标注对象，创建如图 11-140 所示的线性尺寸及直径尺寸标注，注意在直径尺寸前面加直径符号。

步骤 3 旋转坐标系。为了标注模型底面水平方向的尺寸，需要将坐标系 XY 平面旋转到水平方向。在"常用"选项卡的"坐标"区域选择 ⌐ 菜单中的 ⌐x 命令，表示沿 X 轴旋转坐标系，在命令栏中输入"－90"并回车，表示将坐标系沿 X 轴旋转－90°，结果如图 11-141 所示，此时可以直接在 XY 平面上标注水平方向尺寸。

步骤 4 标注水平线性尺寸。在"注释"选项卡的"标注"区域选择 ⌐线性 命令，在模型上选择合适的标注对象创建如图 11-142 所示的线性尺寸标注。

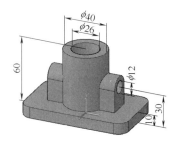

图 11-140 标注竖直线性尺寸

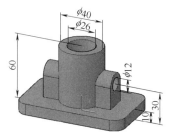

图 11-141 旋转坐标系

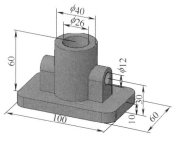

图 11-142 标注水平线性尺寸

步骤 5 定义坐标系原点。为了标注模型两侧凸台宽度尺寸，需要将坐标系原点移动到底板上表面。在"常用"选项卡的"坐标"区域单击"原点"按钮 ⌐ ，在命令栏输入"0，0，10"作为坐标原点，此时坐标系原点移动到定义的坐标点位置，如图 11-143 所示。

步骤 6 标注凸台宽度尺寸。在"注释"选项卡的"标注"区域选择 ⌐线性 命令，在模型上选择合适的标注对象创建如图 11-144 所示的凸台宽度尺寸标注。

步骤 7 标注圆弧半径尺寸。在"注释"选项卡的

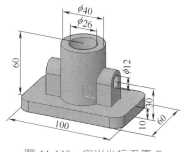

图 11-143 定义坐标系原点

"引线"区域单击"多重引线"按钮 ⌐ ，在模型上选择圆弧对象创建如图 11-145 所示的圆弧半径尺寸标注。

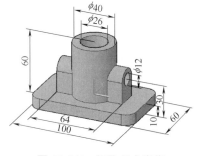

图 11-144 标注凸台宽度

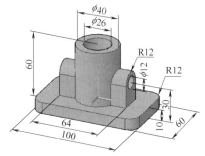

图 11-145 标注圆弧半径

11.10 使用三维模型创建工程图视图

在 AutoCAD 中使用三维模型可以用来创建工程图视图，将来可以直接打印出图，且使

用三维模型创建工程图视图能够大大地提高工程图出图效率。

💡 **说明**：本书第 9 章介绍了各种工程图视图创建方法，前面介绍的方法都是直接在模型空间使用二维绘图工具绘制的，这种方法需要较强的空间想象能力才能做好工程图视图，本节介绍的方法是直接根据三维模型创建工程图视图，既直观又高效。

11.10.1 创建工程图视图操作

对如图 11-146 所示的基座模型，需要创建如图 11-147 所示的基座工程图，包括基本三视图及尺寸标注。下面以此为例介绍创建三维模型工程图视图的操作。

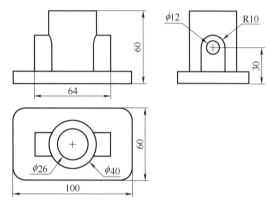

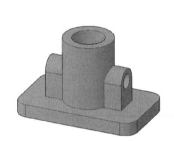

图 11-146 基座模型

图 11-147 基座工程图

步骤 1 打开练习文件：cad_jxsj \ch11 solid \11. 10\01\base。

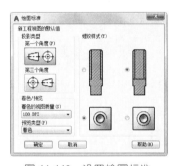

图 11-148 设置绘图标准

步骤 2 设置绘图标准。创建绘图布局之前需要首先设置绘图标准，在"常用"选项卡的第 2 个"视图"区域单击 ↘ 按钮，系统弹出如图 11-148 所示的"绘图标准"对话框，在该对话框中可设置绘图布局，具体设置如图 11-148 所示，单击"确定"按钮。

步骤 3 创建工程图布局。在"常用"选项卡的第 2 个"视图"区域选择 ⬜ 菜单中的 ⬜从模型空间命令，表示使用模型空间的三维模型创建工程图视图，系统提示：VIEWBASE **选择对象或 ［整个模型(E)］〈整个模型〉：**。

直接回车，表示使用模型空间的整个模型创建工程图视图，系统提示：VIEWBASE **输入要置为当前的新的或现有布局名称或 ［?］〈布局 1〉：**。

在命令栏输入"基座布局"并回车，完成工程图布局创建。

💡 **说明**：在创建工程图布局时还可以在"常用"选项卡的"视图"区域选择 ⬜ 菜单中的 ⬜从 Inventor命令，表示使用 Inventor 软件创建的三维模型创建工程图视图。

步骤 4 创建工程图视图。完成工程图布局创建后，系统弹出如图 11-149 所示的"布

图 11-149 "布局"选项卡

局"选项卡，可使用该选项卡定义工程图视图，下面具体介绍其方法。

① 创建主视图。在"方向"列表中选择 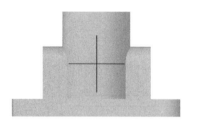前视 方向
为视图方向，此时模型视图如图 11-150 所示。在 菜单
中选择 可见线 命令，其余采用系统默认设置，在合适位置
单击以放置主视图，在"布局"选项卡中单击 ✔ 按钮，
完成主视图的创建。

② 创建投影视图。完成主视图的创建后，在主视图
下方合适位置单击放置俯视图，在主视图右侧合适位置单
击放置左视图，直接回车结束工程图视图的创建。

图 11-150 主视图预览

步骤 5 设置布局环境。完成工程图视图创建后，系统进入如图 11-151 所示的布局环
境，此时创建的工程图视图与图纸之间的大小比例不符合要求，需要设置。

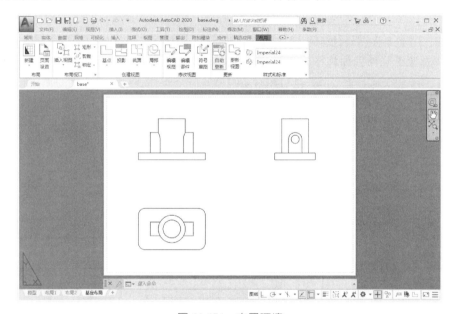

图 11-151 布局环境

在底部工具栏选中"基座布局"单击右键，在弹出的快捷菜单中选择"页面设置管理
器"命令，系统弹出如图 11-152 所示的"页面设置管理器"对话框。在对话框中选中"基
座布局"对象，然后单击"修改"按钮，系统弹出如图 11-153 所示的"页面设置-基座布

图 11-152 页面设置管理器

图 11-153 设置页面属性

局"对话框，在该对话框中可设置页面属性，包括图纸尺寸、比例、单位等，具体设置如图 11-153 所示，单击"确定"按钮，完成页面设置，结果如图 11-154 所示。

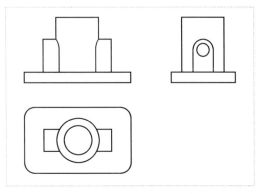

图 11-154 设置页面属性结果   图 11-155 创建工程图标注

步骤 6 创建工程图标注。使用"注释"选项卡中的标注工具创建如图 11-155 所示的尺寸标注，注意应正确设置标注样式（具体操作请参看随书视频讲解）。

11.10.2 创建高级工程图视图

在布局环境中使用三维模型能够轻松创建各种工程图剖视图及局部视图，掌握这种方法能够极大地提高工程图视图创建效率，下面具体介绍其方法。

（1）全剖视图

对如图 11-156 所示的滑块零件模型，现在已经完成了左视图的创建，需要继续创建如图 11-157 所示的全剖视图，下面以此为例介绍全剖视图的创建。

图 11-156 滑块零件

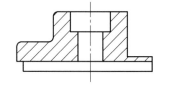

图 11-157 全剖视图

步骤 1 打开练习文件：cad_jxsj \ch11 solid \11.10\02\full_section_view。

步骤 2 选择命令。在底部状态栏中单击"全剖视图"进入布局环境，在"布局"选项卡中选择 菜单中的 全剖 命令。

步骤 3 定义剖切位置。选中左视图，首先在左视图中捕捉中心线，在如图 11-158 所示位置单击以确定全剖起始位置，然后向下拖动鼠标到如图 11-159 所示的位置，以确定全剖终止位置，表示在起点与终点的连线位置对零件进行剖切。

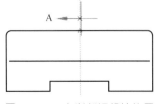

图 11-158 定义剖切起始位置

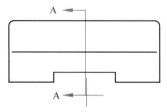

图 11-159 定义剖切终止位置

步骤4　定义剖切属性。完成剖切位置定义后系统弹出如图 11-160 所示的"截面视图创建"选项卡，在该选项卡中定义剖切属性，单击 ✔ 按钮完成全剖视图的创建。

图 11-160　"截面视图创建"选项卡

完成全剖视图的创建后如果需要修改全剖视图，需要首先选中全剖视图，如图 11-161 所示。此时系统弹出如图 11-162 所示的"布局"选项卡，单击"编辑视图"按钮，系统再次弹出如图 11-160 所示的"截面视图创建"选项卡，在 下拉列表中选择"切片"选项，可以只显示剖视图的横断面，如图 11-163 所示。

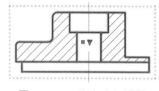

图 11-161　选中全剖视图

图 11-162　"布局"选项卡

图 11-163　只显示剖视图横断面

另外，在剖视图中选中剖面线对象，系统弹出如图 11-164 所示的"工程视图图案填充编辑器"选项卡，在该选项卡中设置剖面线属性。

图 11-164　设置剖面线属性

（2）半剖视图

如图 11-165 所示的基座零件模型，现在已经完成了俯视图的创建，需要继续创建如图 11-166 所示的半剖视图，下面以此为例介绍半剖视图的创建。

图 11-165　基座零件

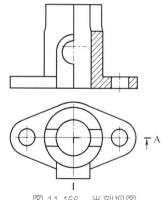

图 11-166　半剖视图

步骤1　打开练习文件：cad_jxsj \ch11 solid \11.10\02\half_section_view。
步骤2　选择命令。在底部状态栏中单击"半剖视图"进入布局环境，在"布局"选项

卡中选择 菜单中的 半剖 命令。

步骤 3 定义剖切位置。选中俯视图，首先在俯视图中捕捉水平中心线，在如图 11-167 所示位置单击以确定半剖起点，然后在如图 11-168 所示中心圆圆心位置单击以确定中心点，最后在俯视图正下方合适位置单击以确定剖切终点，如图 11-169 所示。

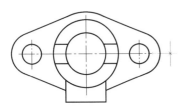

图 11-167 定义起点

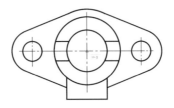

图 11-168 定义中心点

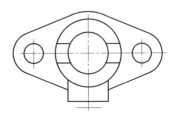

图 11-169 定义终点

💡 说明：本例在创建半剖视图时需要设置切割线符号，即选中剖切线，在"布局"选项卡的"样式和标准"区域的 下拉列表中选择"Metric50"选项。

步骤 4 定义剖切属性。完成剖切位置定义后系统弹出"截面视图创建"选项卡，在该选项卡中采用默认设置，单击 ✔ 按钮完成半剖视图的创建。

（3）阶梯剖视图

对如图 11-170 所示的模板零件模型，现在已经完成了俯视图的创建，需要继续创建如图 11-171 所示的阶梯剖视图，下面以此为例介绍阶梯剖视图的创建。

图 11-170 模板零件

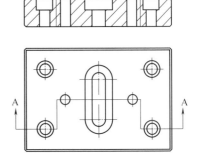

图 11-171 阶梯剖视图

步骤 1 打开练习文件：cad_jxsj \ch11 solid \11.10\02\step_section_view。

步骤 2 选择命令。在底部状态栏中单击"阶梯剖视图"进入布局环境，在"布局"选项卡中选择 菜单中的 阶梯剖 命令。

步骤 3 定义剖切位置。选中俯视图，在视图中依次单击如图 11-172 所示的位置以定义剖切线（具体操作请参看随书视频讲解）。

步骤 4 定义剖切属性。完成剖切位置定义后系统弹出"截面视图创建"选项卡，在该选项卡中采用默认设置，单击 ✔ 按钮完成阶梯剖视图的创建。

（4）旋转剖视图

对如图 11-173 所示的轴承端盖零件模型，现在已经完成了主视图的创建，需要继续创建如图 11-174 所示的旋转剖视图，下面以此为例介绍旋转剖视图的创建。

步骤 1 打开练习文件：cad_jxsj \ch11 solid \11.10\02\revolved_section_view。

步骤 2 选择命令。在底部状态栏中单击"旋转剖视图"进入布局环境，在"布局"选

项卡中选择  菜单中的 旋转剖 命令。

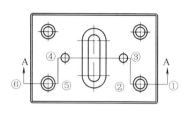

图 11-172　定义剖切位置

图 11-173　轴承端盖零件

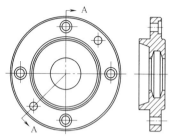

图 11-174　旋转剖视图

步骤 3　定义剖切位置。选中主视图，首先在主视图中捕捉竖直中心线，在如图 11-175 所示位置单击以确定旋转剖起点，然后在如图 11-176 所示中心圆圆心位置单击以确定中心点，最后在如图 11-177 所示位置单击以确定剖切终点。

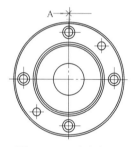

图 11-175　定义起点

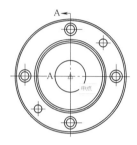

图 11-176　定义中心点

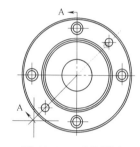

图 11-177　定义终点

步骤 4　定义剖切属性。完成剖切位置定义后系统弹出"截面视图创建"选项卡，在该选项卡中采用默认设置，单击 ✔ 按钮完成旋转剖视图的创建，结果如图 11-178 所示，此时得到的旋转剖视图剖面线不完整，需要使用绘图工具重新绘制剖切区域并填充剖面线以得到正确的剖面线。

（5）局部视图

对如图 11-179 所示的轴零件模型，现在已经完成了主视图的创建，需要继续创建如图 11-180 所示的局部放大视图，下面以此为例介绍局部放大视图的创建。

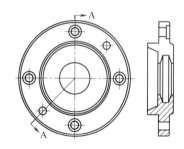

图 11-178　初步的旋转剖视

图 11-179　轴零件模型

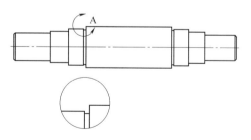

图 11-180　局部放大视图

步骤 1　打开练习文件：cad_jxsj \ch11 solid \11.10\02\detailed_view。

步骤 2　选择命令。在底部状态栏中单击"局部视图"进入布局环境，在"布局"选项

卡中选择 菜单中的 圆形 命令，表示创建圆形边界的局部放大视图。

说明： 在"布局"选项卡中选择 菜单中的 矩形 命令，表示创建矩形边界的局部放大视图，具体操作方法与圆形局部放大视图创建方法一致。

步骤3 定义局部放大视图。选中主视图，在视图中需要放大的位置绘制一个圆作为放大区域，系统弹出如图 11-181 所示的"局部视图创建"选项卡，在 下拉列表中设置放大比例，单击"平滑带边框"按钮 ，表示局部放大图中带边框，取消选中"显示视图标签"按钮，表示在局部视图中不带视图标签，单击 ✔ 按钮完成局部放大视图的创建。

图 11-181　定义局部视图

11.11　三维实体设计案例

本章前面十节系统介绍了三维实体设计操作及知识点，为了加深读者对三维实体设计的理解并更好地应用于实践，下面通过两个具体案例详细介绍三维实体设计。

11.11.1　支座零件三维建模

对如图 11-182 所示的支座零件工程图，需要按照图中结构及尺寸要求创建支座零件三

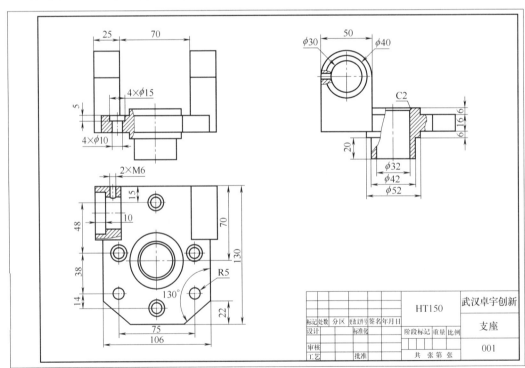

图 11-182　支座零件工程图

维模型，下面具体介绍支座零件三维建模过程。

支座零件三维建模思路：

① 首先创建如图 11-183 所示的二维图形，这些二维图形为三维设计做准备。

② 然后使用创建的二维图形创建如图 11-184 所示的实体。

③ 最后对创建的实体对象进行布尔运算，结果如图 11-185 所示。

④ 具体过程：由于书籍写作篇幅限制，本书不详细介绍支座零件建模过程，读者可自行参看随书视频讲解，视频中有详尽的支座零件三维建模过程讲解。

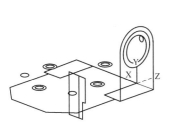

图 11-183 创建二维图形

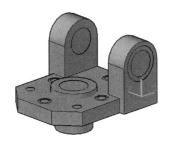

图 11-184 创建实体

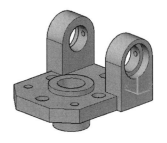

图 11-185 实体布尔运算后

11.11.2 阀体零件三维建模

对如图 11-186 所示的阀体零件工程图，需要按照图中结构及尺寸要求创建阀体零件三维模型，下面具体介绍阀体零件三维建模过程。

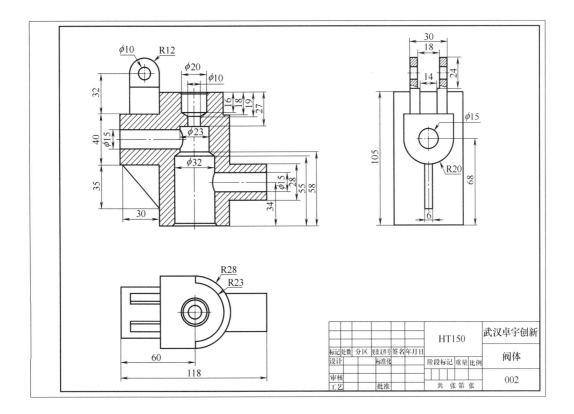

图 11-186 阀体零件工程图

阀体零件三维建模思路：

① 首先创建如图 11-187 所示的二维图形，这些二维图形为三维设计做准备。

② 然后使用创建的二维图形创建如图 11-188 所示的实体。

③ 最后对创建的实体对象进行布尔运算，结果如图 11-189 所示。

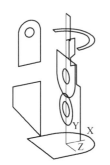

图 11-187　创建二维图形　　　　图 11-188　创建实体　　　　图 11-189　实体布尔运算后

④ 具体过程：由于书籍写作篇幅限制，本书不详细介绍阀体零件建模过程，读者可自行参看随书视频讲解，视频中有详尽的阀体零件三维建模过程讲解。

第12章

图形文件转换及打印

微信扫码，立即获取
全书配套视频与资源

实际工作中图形文件的转换是非常频繁的，经常需要将 CAD 图形文件转换成其他格式的文件，或将其他格式的文件转换成 CAD 图形文件，通过文件转换能够轻松实现不同文件之间的共享。另外，图形文件设计完成后通过打印出图，形成纸质文档，便于实际工作交流与存档。本章主要介绍 CAD 图形文件转换及打印操作。

12.1 图形文件转换

使用 AutoCAD 绘制的图形文件简称为"CAD 文件"（或"DWG 文件"），图形文件转换就是将 CAD 文件转换为其他格式的文件或将其他格式的文件转换为 CAD 文件，下面具体介绍实际工作中常用的图形文件转换操作。

12.1.1 CAD 版本转换

使用不同版本的 AutoCAD 绘制的图形文件直接保存后将生成不同版本的 CAD 文件，比如使用 AutoCAD 2020 绘制的图形文件将直接保存为 2020 版本的 CAD 文件，低版本的软件无法直接打开高版本的文件（如使用 AutoCAD 2008 软件就不能直接打开 2020 版本的 CAD 文件），这种情况下需要将高版本的文件转换为低版本的文件，以便在低版本软件中打开。下面以如图 12-1 所示的法兰盘图形文件为例介绍 CAD 版本转换操作。

步骤 1 打开练习文件：cad_jxsj\ch12 post \12.1\flange。

> **说明：** 本例打开的图形文件为 2020 版本的 CAD 文件，无法在低版本 AutoCAD 软件中打开。

步骤 2 选择命令。在"快速访问"工具条中单击"另存为"按钮，系统弹出"图形另存为"对话框，如图 12-2 所示，在该对话框设置其他版本保存类型即可转换图形文件版本。

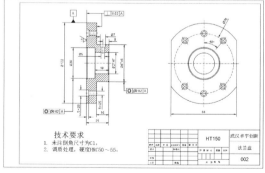

图 12-1 法兰盘图形文件

图 12-2 "图形另存为"对话框

步骤3 设置保存类型。在对话框的"文件类型"下拉列表中选择"AutoCAD 2010/LT2010图形（*.dwg）"选项，表示将当前版本的文件转换成2010版本的CAD文件。

步骤4 设置保存名称。在对话框的"文件名"文本框中设置文件名称"flange2010"。

步骤5 在"图形另存为"对话框中单击"保存"按钮，完成CAD版本转换。

> **说明：**文件转换中，高版本的CAD文件有时会影响与其他三维设计软件之间的转换，例如使用Inventor 2016软件无法转换2020版本的CAD文件，但是可以转换较低版本的CAD文件（如2010版本的CAD文件），这也是CAD版本转换的实际应用。

12.1.2 CAD文件转换PDF文件

将CAD文件转换为PDF文件后可以不用通过AutoCAD软件打开图形文件。下面继续使用如图12-1所示的图形文件为例介绍CAD文件转换PDF文件操作。

步骤1 设置PDF输出选项。输出PDF文件之前需要首先设置PDF选项，在"输出"选项卡的"输出为DWF/PDF"区域单击"输出为PDF选项"按钮 📠，系统弹出如图12-3所示的"输出为PDF选项"对话框，在该对话框中可设置PDF输出选项。本例将"矢量质量"设置为1200dpi，其余选项采用系统默认设置，单击"确定"按钮，完成设置。

步骤2 输出PDF文件。在"输出"选项卡的"输出为DWF/PDF"区域中选择 📄 菜单中的 📠 PDF 命令，系统弹出如图12-4所示的"另存为PDF"对话框，具体设置如下：

图12-3 设置PDF选项

图12-4 "另存为PDF"对话框

① 在"PDF预设"下拉列表中选择"DWG To PDF"选项。

② 在"当前设置"区域可以看到PDF选项设置，单击"选项"按钮，系统弹出"输出为DWF/PDF选项"对话框，本例采用系统默认设置，单击"确定"按钮。

③ 在"输出控制"区域的"精度"下拉列表中选择"适用于制造业"选项。

④ 在"输出"下拉列表中选择"显示"选项，表示按照当前显示输出PDF文件，此时PDF文件中图形文件没有完全填充整个页面，输出结果如图12-5所示。

为了改善输出PDF文件结果，需要重新设置PDF选项。在如图12-4所示的"另存为PDF"对话框中的"输出"下拉列表中选择"窗口"选项，然后依次选择图形边框的对角点以确定输出范围，此时输出的PDF文件依然没有完全填充PDF文件，结果如图12-6所示。

为了使输出的图形文件完全填充整个PDF图形文件，需要在"另存为PDF"对话框中

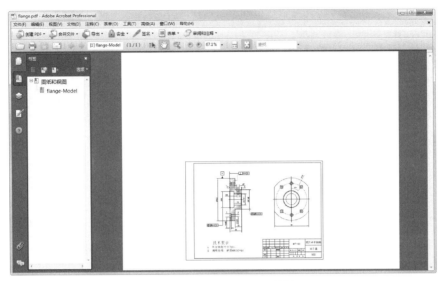

图 12-5　输出"显示"结果

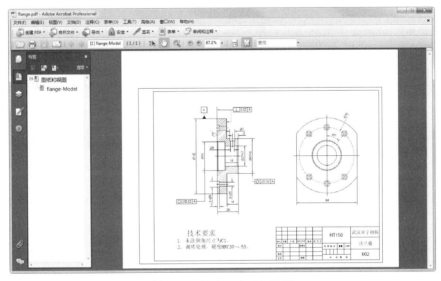

图 12-6　输出"窗口"结果

的"输出"下拉列表中选择"窗口"选项后，在"页面设置"下拉列表中选择"替代"选项，表示按照新的"页面设置"输出 PDF 文件。单击"页面设置替代"按钮，系统弹出如图

12-7 所示的"页面设置替代"对话框，在"图纸尺寸"下拉列表中选择"ISO full bleed A3（420.00×297.00 毫米）"选项，在"打印比例"区域选中"布满图纸"选项，单击"确定"按钮，单击"保存"按钮，结果如图 12-8 所示。

　　另外，在输出 PDF 文件时还可以设置文件戳记。在"另存为 PDF"对话框的"输出控制"区域选中"包含打印戳记"选

图 12-7　设置页面替代

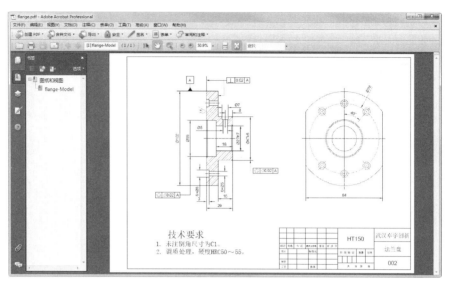

图 12-8　设置页面结果

项，单击"打印戳记设置"按钮，系统弹出如图 12-9 所示的"打印戳记"对话框，在"打印戳记字段"区域选中所有选项，然后单击"添加/编辑"按钮，系统弹出如图 12-10 所示的"用户定义的字段"对话框，单击"添加"按钮，输入字段（如单位名称"武汉卓宇创新"），单击"确定"按钮，然后在"打印戳记"对话框的"用户定义的字段"下拉列表中选择设置的字段，单击"确定"按钮。其余设置采用前文设置，单击"保存"按钮，结果如图 12-11 所示。

图 12-9　"打印戳记"对话框

图 12-10　添加字段

12.1.3　CAD 与三维设计软件的转换

　　AutoCAD 是目前市面上主流的一款二维设计软件，主要用于二维图形的设计，随着计算机行业的不断发展及市场需求的不断提高，市面上不断涌现出多款优秀的三维设计软件，如 Pro/E、Creo、UG/NX、CATIA、SolidWorks、Inventor 及 SolidEdge 等，这些软件的主要功能是三维设计，但是也能够方便、高效地生成二维工程图。不管是 CAD 文件，还是这些三维软件生成的文件都能够方便地进行图形文件转换，下面具体介绍这两者文件之间的转换操作。

　　（1）CAD 与 Pro/E、Creo、UG/NX、CATIA、SolidWorks 文件转换

　　使用 Pro/E、Creo、UG/NX、CATIA、SolidWorks、Inventor 及 SolidEdge 等软件创

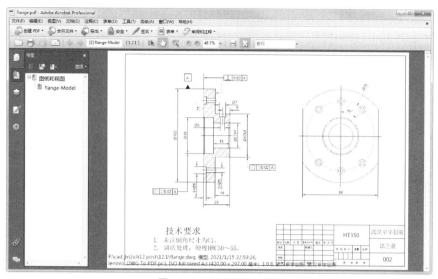

图 12-11　最终输出结果

建的二维工程图与 CAD 文件之间可以直接进行转换。下面以 CAD 文件与 SolidWorks 文件之间的转换为例介绍文件转换操作（其他三维软件转换与此类似）。

第一种情况：将 CAD 文件转换到 SolidWorks 软件生成 SolidWorks 二维工程图。下面以如图 12-12 所示的虎钳 CAD 文件为例介绍转换 SolidWorks 二维工程图操作。

说明：这种情况在一些涉及软件系统转型的企业中应用比较广泛，例如有些企业以前主要使用 AutoCAD 软件绘图设计，但是随着市场需求的不断提高及企业升级的要求，需要改用三维设计软件（如 SolidWorks）进行绘图设计，这时可以将以前的 CAD 文件转换成对应三维设计软件的文件格式，这样既避免了重复性的绘图设计，又提高了软件系统的转型效率，节约了转型成本。

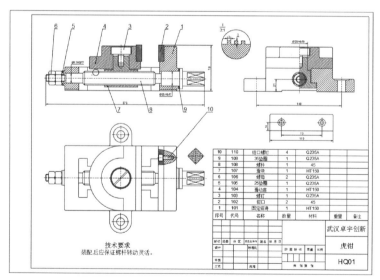

图 12-12　虎钳 CAD 文件

步骤 1　在 SolidWorks 软件中打开练习文件：cad_jxsj \ch12 post \12.1\vice。

步骤 2　设置输入类型。打开文件时，系统弹出如图 12-13 所示的 "DXF/DWG 输入"

对话框，在对话框中选中"生成新的 SOLIDWORKS 工程图"选项，表示将 DWG 文件转换到新的 SolidWorks 工程图中，单击"下一步"按钮。

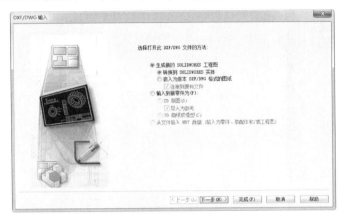

图 12-13 "DXF/DWG 输入"对话框

步骤 3 设置图层映射。设置输入类型后，系统弹出如图 12-14 所示的"DXF/DWG 输入-工程图图层映射"对话框，在该对话框中设置显示图层，选中"所有所选图层"选项，具体设置如图 12-14 所示，单击"下一步"按钮。

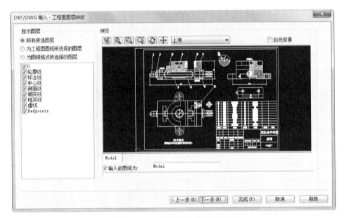

图 12-14 设置图层映射

步骤 4 设置文档属性。设置图层映射后，系统弹出如图 12-15 所示的"DXF/DWG 输

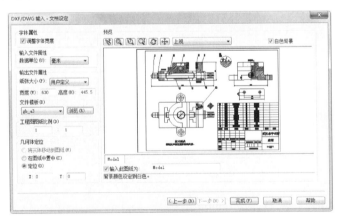

图 12-15 设置文档属性

入-文档设定"对话框，在该对话框中设置转换到 SolidWorks 工程图的具体属性，包括单位、图纸幅面、文件模板、工程图图纸比例等，具体设置如图 12-15 所示，结果如图 12-16 所示。

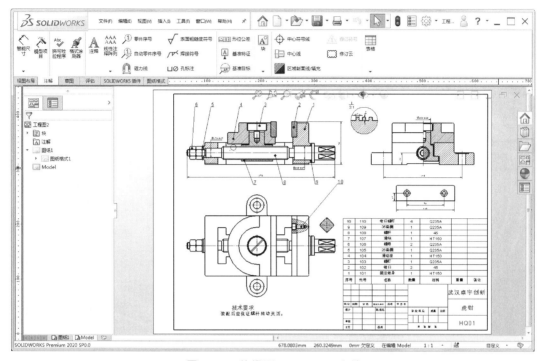

图 12-16　转换到 SolidWorks 文件

说明：此步骤中在设置文档属性时一定要注意，"DXF/DWG 输入-文档设定"对话框中预览窗口中的红色矩形框为转换区域范围，设置文档属性时一定要将转换的工程图都设置到红色矩形框内部，否则无法转换完整的工程图文件。

第二种情况：将 CAD 文件转换到 SolidWorks 软件创建 SolidWorks 三维模型，下面以如图 12-17 所示的模板 CAD 文件为例介绍转换为如图 12-18 所示模板三维模型的操作。

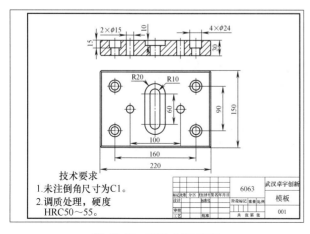

图 12-17　模板 CAD 文件

图 12-18　模板三维模型

> 💡 **说明：**这种情况在一些涉及软件系统转型的企业中应用也比较广泛，还有就是在需要根据客户提供的 CAD 图纸进行三维设计的场合（如模具设计）中同样需要使用这种方法进行快速设计，这样能够大大提高三维设计效率，节约设计成本。

步骤 1　在 AutoCAD 2020 软件中打开练习文件：cad_jxsj \ch12 post \12.1\board。

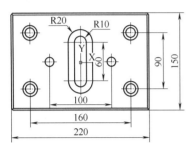

图 12-19　新建 CAD 文件

步骤 2　新建 CAD 文件。任意新建一个 CAD 文件，然后将打开文件的俯视图复制到新建的 CAD 文件中并将图形中心点移动到坐标原点位置，如图 12-19 所示。

步骤 3　在 SolidWorks 软件中打开步骤 2 新建的 CAD 文件。

步骤 4　设置输入类型。打开文件时，系统弹出如图 12-20 所示的 "DXF/DWG 输入" 对话框，在对话框中选中 "输入到新零件为" 选项，表示将 DWG 文件转换到新的 SolidWorks 零件文件中，单击 "下一步" 按钮。

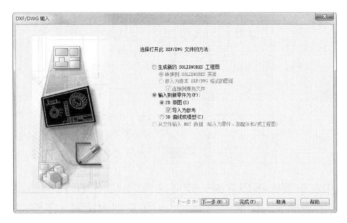

图 12-20　"DXF/DWG 输入" 对话框

步骤 5　设置文档属性。设置输入类型后，系统弹出如图 12-21 所示的 "DXF/DWG 输入-文档设定" 对话框，在该对话框中设置转换到 SolidWorks 零件的具体属性，包括单位、图层及视图等，具体设置如图 12-21 所示，单击 "下一步" 按钮。

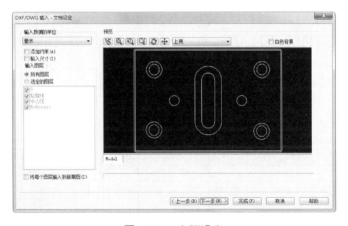

图 12-21　文档设定

步骤 6　设置图层映射。设置文档设定后，系统弹出如图 12-22 所示的 "DXF/DWG 输入-工程图图层映射"对话框，采用系统默认设置，单击 "下一步"按钮，系统弹出如图 12-23 所示的 "SOLIDWORKS"对话框，单击 "是"按钮，结果如图 12-24 所示。

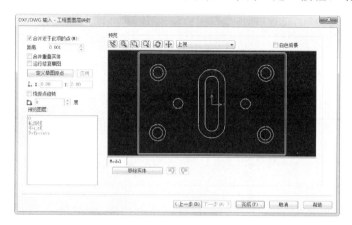

图 12-22　工程图图层映射　　　　　　图 12-23　"SOLIDWORKS"对话框

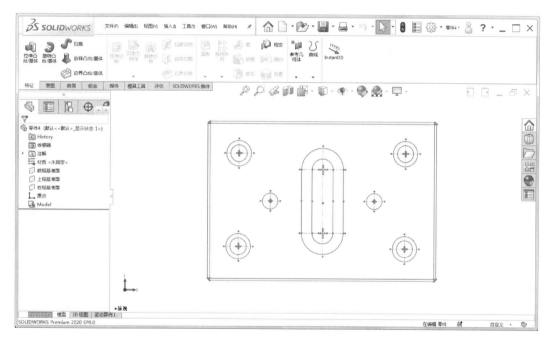

图 12-24　转换到 SolidWorks 软件结果

步骤 7　创建三维模型。完成以上转换操作后，接下来就可以在 SolidWorks 软件中根据转换的文件进行三维建模，下面具体介绍其方法。

① 创建主体。在 SolidWorks 软件中选择 "拉伸凸台/基体"命令使用转换的草图创建如图 12-25 所示的主体结构。

② 创建贯通孔。在 SolidWorks 软件中选择 "拉伸切除"命令使用转换的草图创建如图 12-26 所示的贯通孔结构。

③ 创建盲孔。在 SolidWorks 软件中选择 "拉伸切除"命令使用转换的草图创建如图 12-27 所示的盲孔结构。

图 12-25　创建主体　　　　　图 12-26　创建贯通孔　　　　　图 12-27　创建盲孔

　　第三种情况：将 SolidWorks 二维工程图转换成 CAD 文件，下面以如图 12-28 所示的 SolidWorks 二维工程图为例介绍转换 CAD 文件操作。

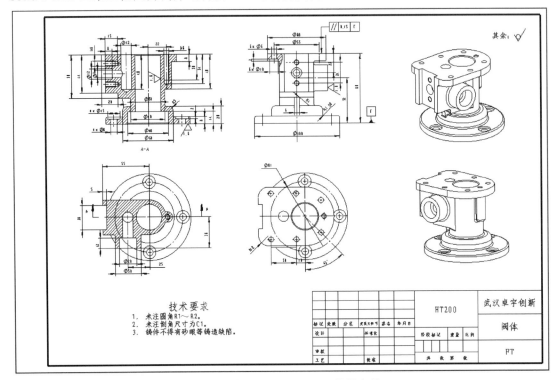

图 12-28　阀体 SolidWorks 工程图文件

> 💡 **说明：** 虽然 AutoCAD 软件属于专业的二维图形设计软件，而且绘制的二维图形比较符合机械制图规范化要求，但是 AutoCAD 在绘图过程中总体比较繁琐，特别是视图比较多、视图结构比较复杂的场合，会大大影响 AutoCAD 绘图效率，此时可以使用三维设计软件在完成三维建模后使用其工程图功能快速生成工程图二维图形文件，然后转换到 AutoCAD 中进行修饰，这样能够辅助 AutoCAD 绘图并提高出图效率。

　　步骤 1　在 SolidWorks 软件中打开练习文件：cad_jxsj \ch12 post \12.1\pump_body。
　　步骤 2　转换 DWG 文件。选择"另存为"命令，系统弹出"另存为"对话框，在该对话框的"保存类型"下拉列表中设置保存文件类型为 Dwg，采用系统默认的文件名称，如图 12-29 所示，单击"保存"按钮，完成工程图文件转换，如图 12-30 所示。
　　（2）CAD 文件与 SolidEdge 文件转换
　　在 SolidEdge 软件中提供了专门的方法将 CAD 二维图形文件转换成 SolidEdge 三维模型文件，从而大大地提高了三维模型设计效率。下面以如图 12-31 所示的法兰盘 CAD 文件为例介绍该转换操作，结果如图 12-32 所示。

图 12-29 另存为文件

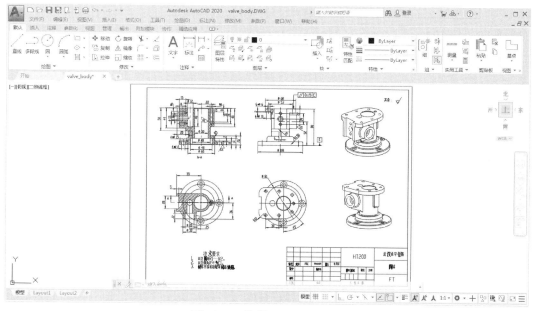

图 12-30 转换 CAD 文件结果

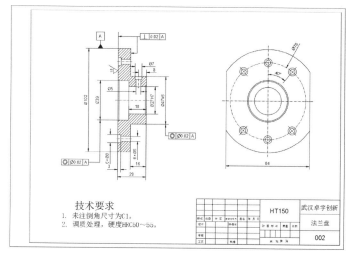

图 12-31 法兰盘 CAD 文件

图 12-32 法兰盘模型

步骤 1 在 SolidEdge 软件中选择"打开"命令，系统弹出如图 12-33 所示的"打开文件"对话框，选择文件"cad_jxsj \ch12 post \12.1\flange"，在对话框中单击"选项"按钮

系统弹出如图 12-34 所示的"AutoCAD 到 SolidEdge 转换向导"对话框。

图 12-33　打开文件

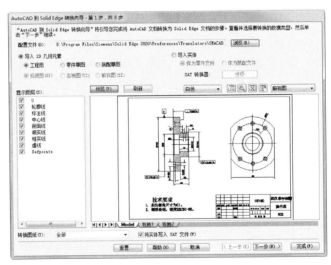

图 12-34　AutoCAD 到 SolidEdge 转换向导（一）

图 12-35　AutoCAD 到 SolidEdge 转换向导（二）

步骤2　设置转换选项。在"AutoCAD 到 SolidEdge 转换向导"对话框中按照向导提示逐步设置转换选项，具体设置如图 12-34 到图 12-41 所示，设置完成后，在如图 12-41 所示的对话框中单击"完成"按钮，完成转换，结果如图 12-42 所示。

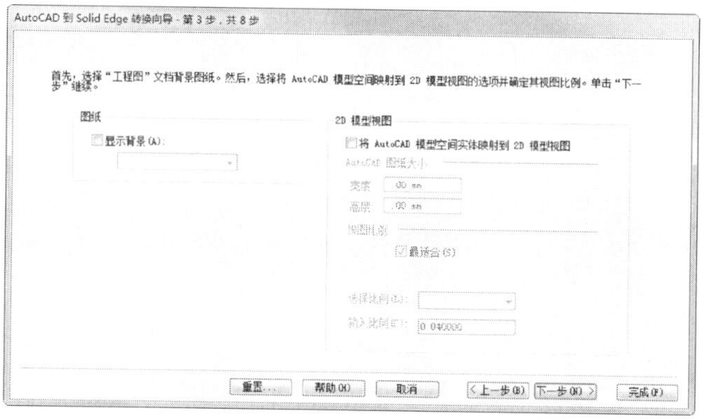

图 12-36　AutoCAD 到 SolidEdge 转换向导（三）

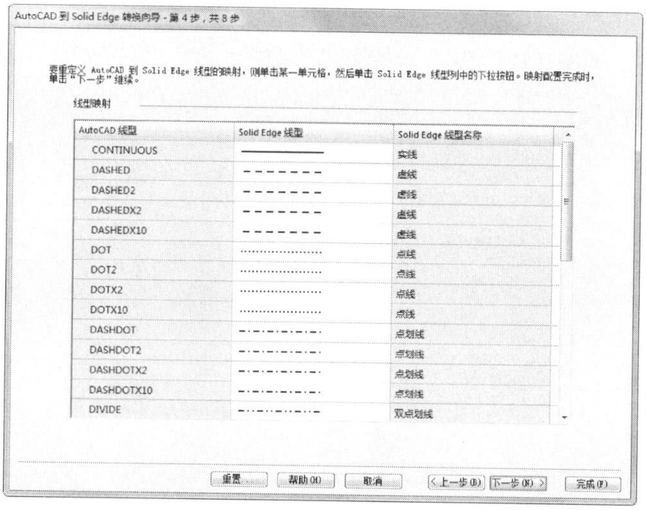

图 12-37　AutoCAD 到 SolidEdge 转换向导（四）

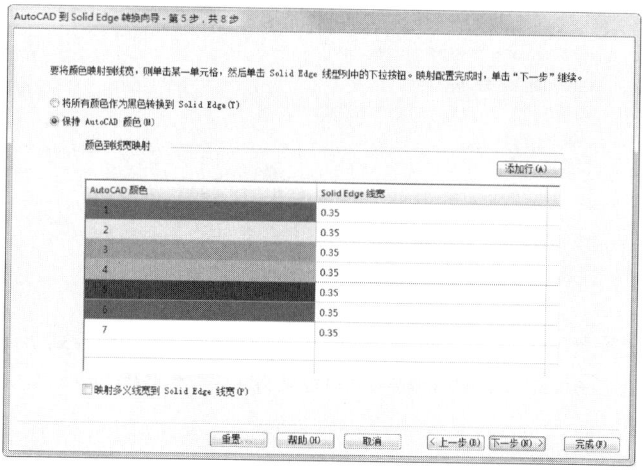

图 12-38　AutoCAD 到 SolidEdge 转换向导（五）

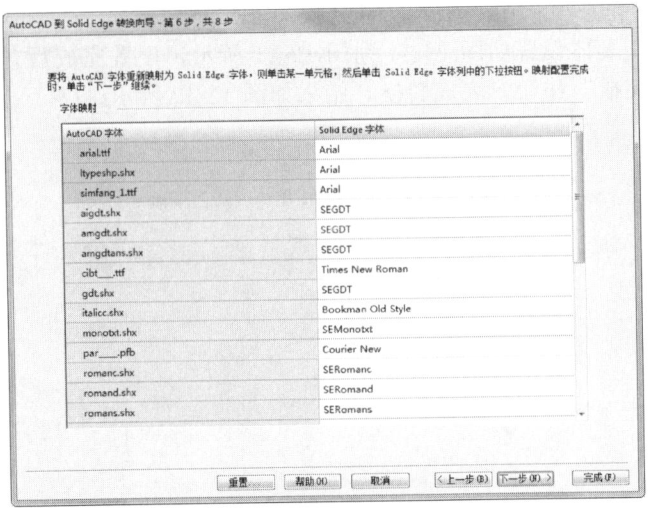

图 12-39　AutoCAD 到 SolidEdge 转换向导（六）

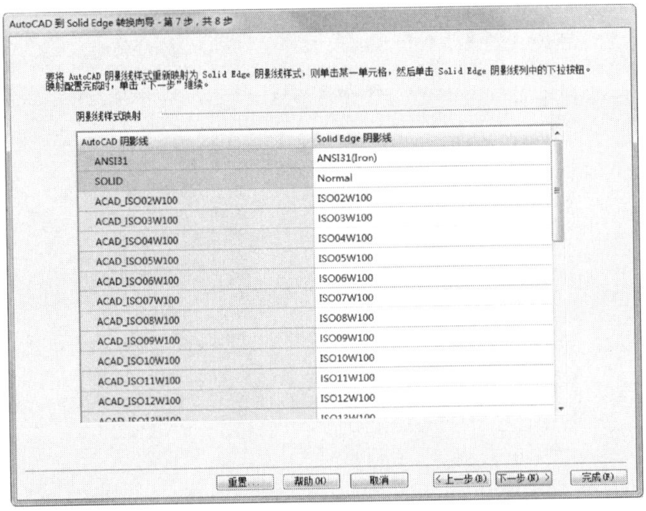

图 12-40　AutoCAD 到 SolidEdge 转换向导（七）

图 12-41　AutoCAD 到 SolidEdge 转换向导（八）

> **说明：** 按照以上操作只是将 CAD 文件导入到 SolidEdge 中得到 SolidEdge 工程图文件，接下来可以根据导入的 SolidEdge 工程图文件创建三维模型。

步骤 3　创建三维模型参考。转换 CAD 文件后，在 SolidEdge 界面的"工具"选项卡中单击"创建 3D"按钮，系统弹出如图 12-43 所示的"创建 3D"对话框。

说明： 导入 CAD 文件后，需要将图形中多余的中心线删除，否则会影响后面创建三维模型过程，具体操作请参看随书视频讲解。

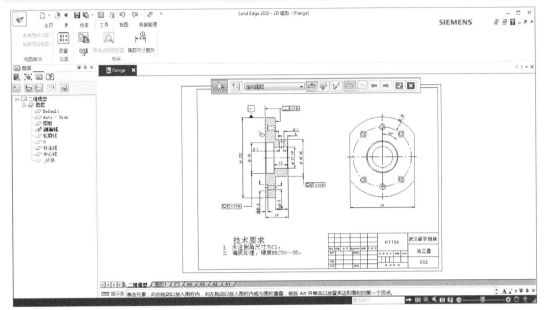

图 12-42 转换 SolidEdge 文件结果

① 选择模板。在对话框中单击"浏览"按钮，系统弹出如图 12-44 所示的"新建"对话框，在对话框中选择如图 12-44 所示的模板，单击"确定"按钮。

图 12-43 "创建 3D"对话框

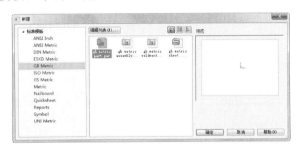

图 12-44 选择模板

② 定义前视图。选择模板后，单击"下一步"按钮，系统弹出如图 12-45 所示的对话框，在"原视图方向"下拉列表中选择"前视图"选项，然后选择图纸中的主视图作为"前视图"对象，表示将选择的图形对象插入到三维模型作为前视图草图。

③ 定义左视图。定义前视图后，单击"下一步"按钮，系统弹出如图 12-46 所示的对话框，选择图纸中的左视图作为"左视图"对象，表示将选择的图形对象插入到三维模型作为左视图草图。单击"设置折叠线"按钮，选择左视图中的中心线作为折叠线（相当于对齐线），单击"完成"按钮，结果如图 12-47 所示。

步骤 4 创建三维模型。完成以上操作后可以根据导入结果创建三维模型。

① 创建旋转主体。在 SolidEdge 软件中选择"旋转"命令使用转换的草图创建如图 12-48 所示的旋转主体结构。

② 创建贯通孔。在 SolidEdge 软件中选择"除料"命令使用转换的草图创建如图 12-49 所示的贯通孔结构。

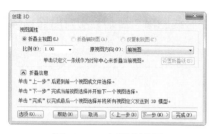

图 12-45　定义前视图

图 12-46　定义左视图

③ 创建两侧切除结构。在 SolidEdge 软件中选择"除料"命令使用转换的草图创建如图 12-50 所示的两侧切除结构。

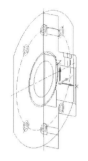
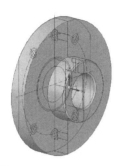
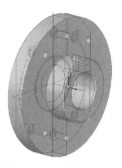

图 12-47　定义视图　　图 12-48　创建旋转主体　　图 12-49　创建贯通孔　　图 12-50　创建两侧切除

（3）CAD 文件与 Inventor 文件转换

AutoCAD 软件与 Inventor 软件都是 AutoDesk 公司推出的设计软件，在 Inventor 中可以直接打开 CAD 文件进行编辑，也可以将 CAD 文件导入到 Inventor 草图环境进行三维模型设计。下面以如图 12-31 所示的法兰盘 CAD 文件为例具体介绍该方法。

步骤 1　直接在 Inventor 软件中打开 CAD 文件。在 Inventor 中选择"打开"命令，选择练习文件"cad_jxsj \ch12 post \12.1\flange2010"，结果如图 12-51 所示。

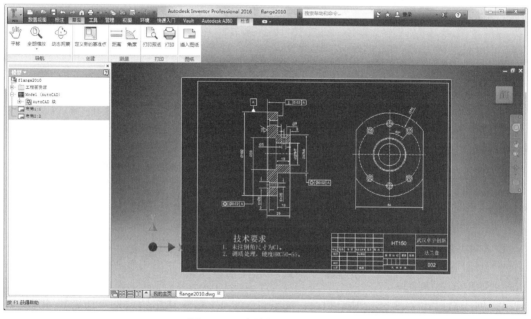

图 12-51　直接打开 CAD 文件

说明：使用 Inventor 软件打开 CAD 文件时一定要注意文件版本，一般情况下，Inventor 不能打开同版本的 CAD 文件，只能打开较低版本的 CAD 文件。

步骤 2　在草图环境中导入 CAD 文件。在草图环境中单击 ACAD 按钮，系统弹出如图 12-52 所示的"图层和对象导入选项"对话框，在该对话框中可设置导入选项。本例采用系统默认设置，单击"下一步"按钮，系统弹出如图 12-53 所示的"导入目标选项"对话框，采用系统默认设置，单击"完成"按钮，结果如图 12-54 所示。

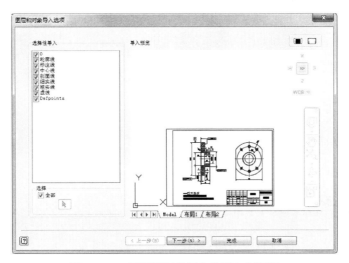

图 12-52　"图层和对象导入选项"对话框

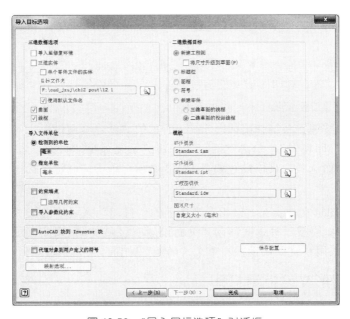

图 12-53　"导入目标选项"对话框

说明：此处将 CAD 文件导入到 Inventor 草图中作为草图文件，以后可以使用导入的草图文件创建三维模型，具体操作与前文介绍的其他软件类似，此处不再赘述。

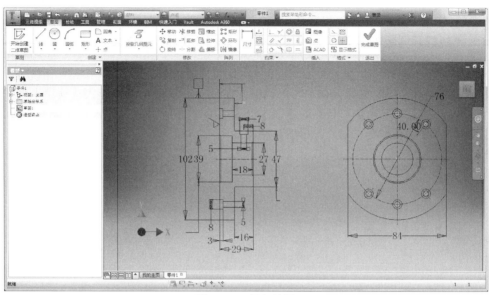

图 12-54　导入结果

12.2　图形文件打印

图形文件设计完成后通过打印出图，形成纸质文件，便于实际工作中交流与存档。下面具体介绍图形文件打印操作及图形文件批量打印方法。

12.2.1　图形文件打印操作

连接打印机后可以将图形文件打印出图，下面以如图 12-55 所示的齿轮 CAD 文件为例介绍打印图形文件操作。

步骤 1　打开练习文件：cad_jxsj \ch12 post \12.2\gear。

步骤 2　页面设置。打印图形文件前需要首先设置页面属性。在"输出"选项卡的"打印"区域单击 页面设置管理器 按钮，系统弹出如图 12-56 所示的"页面设置管理器"对话框，单击"新建"按钮，系统弹出如图 12-57 所示的"新建页面设置"对话框，输入新页面设置名称为"A3 打印设置"，单击"确定"按钮。系统弹出"页面设置-模型"对话框，在该对话框中设置页面选项，具体设置如图 12-58 所示，单击"确定"按钮，新建页面设置结果如图 12-59 所示。

步骤 3　打印图形文件。在"输出"选项卡的"打印"区域单击 按钮，系统弹出如图 12-60 所示的"打印-模型"对话框，在"页面设置"区域的"名称"下拉列表中选择"A3 打印设置"，其余采用系统默认设置，单击"确定"按钮，开始打印。

12.2.2　图形文件批量打印

如果需要打印多份图形文件，为提高打印效率，可以使用批量打印的方法进行打印。首先在 AutoCAD 中打开"cad_jxsj \ch12 post \12.2"文件夹中的多张图形文件，如图 12-61 所示；然后在"输出"选项卡的"打印"区域单击"批处理打印"按钮 ，系统弹出如图 12-62 所示的"发布"对话框；最后采用系统默认设置，单击"发布"按钮，系统自动批量打印图形文件。

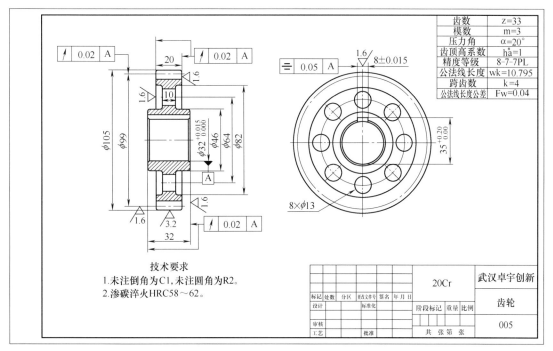

齿数	z=33
模数	m=3
压力角	α=20°
齿顶高系数	h̄a=1
精度等级	8-7-7PL
公法线长度	wk=10.795
跨齿数	k=4
公法线长度公差	Fw=0.04

技术要求
1.未注倒角为C1,未注圆角为R2。
2.渗碳淬火HRC58~62。

								20Cr		武汉卓宇创新
标记	处数	分区	更改文件号	签名	年 月 日					齿轮
设计			标准化				阶段标记	重量	比例	
审核										005
工艺			批准				共 张 第 张			

图 12-55 齿轮 CAD 文件

图 12-56 页面设置管理器

图 12-57 新建页面设置

图 12-58 页面设置

图 12-59 新建页面设置结果

图 12-60 "打印-模型"对话框

图 12-61 打开图形文件

图 12-62 "发布"对话框

附 录

AutoCAD常用快捷键

附表 1　常用 CTRL 快捷键

快捷键	注　　释	快捷键	注　　释
【CTRL】+1	PROPERTIES,修改特性	【CTRL】+C	COPYCLIP,复制
【CTRL】+2	ADCENTER,设计中心	【CTRL】+V	PASTECLIP,粘贴
【CTRL】+O	OPEN,打开文件	【CTRL】+B	SNAP,栅格捕捉
【CTRL】+N,M	NEW,新建文件	【CTRL】+F	OSNAP,对象捕捉
【CTRL】+P	PRINT,打印文件	【CTRL】+G	GRID,栅格
【CTRL】+S	SAVE,保存文件	【CTRL】+L	ORTHO,正交
【CTRL】+Z	UNDO,放弃	【CTRL】+W	对象追踪
【CTRL】+X	CUTCLIP,剪切	【CTRL】+U	极轴

附表 2　常用功能键

快捷键	注　　释	快捷键	注　　释
【F1】	HELP,帮助	【F7】	GRIP,栅格
【F2】	文本窗口	【F8】	正交
【F3】	OSNAP,对象捕捉		

附表 3　绘图命令快捷键

快捷键	注　　释	快捷键	注　　释
PO	POINT,点	EL	ELLIPSE,椭圆
L	LINE,直线	REG	REGION,面域
XL	XLINE,构造线	MT	MTEXT,多行文本
PL	PLINE,多段线	T	MTEXT,多行文本
ML	MLINE,多线	B	BLOCK,块定义
SPL	SPLINE,样条曲线	I	INSERT,插入块

续表

快捷键	注 释	快捷键	注 释
POL	POLYGON,正多边形	W	WBLOCK,定义块文件
REC	RECTANGLE,矩形	DIV	DIVIDE,等分
C	CIRCLE,圆	ME	MEASURE,定距等分
A	ARC,圆弧	H	BHATCH,填充
DO	DONUT,圆环		

附表 4 修改命令快捷键

快捷键	注 释	快捷键	注 释
CO	COPY,复制	EX	EXTEND,延伸
MI	MIRROR,镜像	S	STRETCH,拉伸
AR	ARRAY,阵列	LEN	LENGTHEN,直线拉长
O	OFFSET,偏移	SC	SCALE,比例缩放
RO	ROTATE,旋转	BR	BREAK,打断
M	MOVE,移动	CHA	CHAMFER,倒角
E、DEL(DELETE)键	ERASE,删除	F	FILLET,倒圆角
X	EXPLODE,分解	PE	PEDIT,多段线编辑
TR	TRIM,修剪	ED	DDEDIT,修改文本

附表 5 视窗缩放快捷键

快捷键	注 释	快捷键	注 释
P	PAN,平移	Z+P	返回上一视图
Z+空格+空格	实时缩放	Z+E	显示全图
Z	局部放大	Z+W	显示窗选部分

附表 6 尺寸标注快捷键

快捷键	注 释	快捷键	注 释
DLI	DIMLINEAR,直线标注	DBA	DIMBASELINE,基线标注
DAL	DIMALIGNED,对齐标注	DCO	DIMCONTINUE,连续标注
DRA	DIMRADIUS,半径标注	D	DIMSTYLE,标注样式
DDI	DIMDIAMETER,直径标注	DED	DIMEDIT,编辑标注
DAN	DIMANGULAR,角度标注	DOV	DIMOVERRIDE,替换标注系统变量
DCE	DIMCENTER,中心标注	DAR	弧度标注,CAD2006
DOR	DIMORDINATE,点标注	DJO	折弯标注,CAD2006
LE	QLEADER,快速引出标注		

附表 7　对象特性快捷键

快捷键	注　释	快捷键	注　释
ADC	ADCENTER,设计中心	IMP	IMPORT,输入文件
CH,MO	PROPERTIES,修改特性	OP,PR	OPTIONS,自定义 CAD 设置
MA	MATCHPROP,属性匹配	PRINT	PLOT,打印
ST	STYLE,文字样式	PU	PURGE,清除垃圾
COL	COLOR,设置颜色	RE	REDRAW,重新生成
LA	LAYER,图层操作	REN	RENAME,重命名
LT	LINETYPE,线形	SN	SNAP,捕捉栅格
LTS	LTSCALE,线形比例	DS	DSETTINGS,设置极轴追踪
LW	LWEIGHT ,线宽	OS	OSNAP,设置捕捉模式
UN	UNITS,图形单位	PRE	PREVIEW,打印预览
ATT	ATTDEF,属性定义	TO	TOOLBAR,工具栏
ATE	ATTEDIT,编辑属性	V	VIEW,命名视图
BO	BOUNDARY,边界创建, 包括创建闭合多段线和面域	AA	AREA,面积
AL	ALIGN,对齐	DI	DIST,距离
EXIT	QUIT,退出	LI	LIST,显示图形数据信息
EXP	EXPORT,输出其他格式文件